与世界相交　与时代相通

"十四五"时期国家重点出版物出版专项规划项目

"一带一路"交通运输国际工程建设与管理丛书

"一带一路"
国际工程测量指南

张冠军 编著

"THE BELT AND ROAD"
INTERNATIONAL ENGINEERING
SURVEY GUIDE

人民交通出版社股份有限公司

北 京

内 容 提 要

本书是作者在国际工程测量领域长期潜心研究及探索实践的成果。针对国际工程项目特点,结合典型案例,提出了具有针对性、实用性和可操作性的测量工作实施对策。全书分两篇:第一篇为共建"一带一路"合作国家测量概况,涵盖了非洲、亚洲、欧洲、大洋洲、南美洲、北美洲的 138 个国家,内容包括每个国家的大地测量概况、坐标系统和高程基准以及投影和坐标转换参数;第二篇为"一带一路"国际工程测量项目实施对策,包括国际工程测量前准备工作、控制测量基准设计、测量精度设计、坐标转换、无控制点起算的测量方法、测量监理、国外测量项目典型案例等内容。

本书可供从事国际工程建设的管理者、测量技术人员及研究国外工程测量的技术人员使用,亦可供高等院校测量相关专业师生参考。

图书在版编目(CIP)数据

"一带一路"国际工程测量指南 / 张冠军编著. —
北京:人民交通出版社股份有限公司,2022.11

  ISBN 978-7-114-18206-8

  Ⅰ. ①一… Ⅱ. ①张… Ⅲ. ①工程测量—指南 Ⅳ.
①TB22-62

  中国版本图书馆 CIP 数据核字(2022)第 165205 号

Yidaiyilu Guoji Gongcheng Celiang Zhinan
书　　名:"一带一路"国际工程测量指南
著 作 者:张冠军
责任编辑:谢海龙　刘国坤
责任校对:赵媛媛　魏佳宁
责任印制:刘高彤
出版发行:人民交通出版社股份有限公司
地　　址:(100011)北京市朝阳区安定门外外馆斜街 3 号
网　　址:http://www.ccpcl.com.cn
销售电话:(010)85285857
总 经 销:人民交通出版社股份有限公司发行部
经　　销:各地新华书店
印　　刷:北京建宏印刷有限公司
开　　本:720×960　1/16
印　　张:21.25
字　　数:382 千
版　　次:2022 年 11 月　第 1 版
印　　次:2024 年 12 月　第 2 次印刷
书　　号:ISBN 978-7-114-18206-8
定　　价:96.00 元
(有印刷、装订质量问题的图书,由本公司负责调换)

作者简介

ABOUT THE AUTHOR

张冠军

男，1973年生，内蒙古人，武汉大学测绘工程硕士，正高级工程师，注册测绘师、注册监理工程师。现任中国铁路设计集团有限公司测绘地理信息研究院总工程师。主要研究方向为精密工程测量、卫星定位测量、铁路工程变形监测、国际工程测量等。中国测绘学会工程测量分会副主任委员，全国测绘地理信息专用计量测试技术委员会委员，中国卫星导航定位协会铁路北斗专委会委员，天津市测绘地理信息协会专家，《铁道勘察》审稿专家。入选原铁道部青年科技拔尖人才、国铁集团专业拔尖人才。

主持完成京沪高铁、石太客专、大西高铁等几十项国家重大铁路测绘工程项目，太行山、吕梁山、南吕梁山等20多座长大隧道控制测量，泰国高铁、坦赞铁路修复改造初测等10多个国外测绘工程项目。获省部级科技进步奖、省部级优秀测绘工程奖共计30余项，主编出版专著3部，发表学术论文20余篇。

前言

　　2013年9月和10月，中国国家主席习近平在出访哈萨克斯坦和印度尼西亚时先后提出共建"丝绸之路经济带"和"21世纪海上丝绸之路"的重大倡议。"一带一路"倡议得到了越来越多国家和国际组织的积极响应，受到国际社会广泛关注，影响力日益扩大。共建"一带一路"倡议以政策沟通、设施联通、贸易畅通、资金融通和民心相通为主要内容扎实推进，取得明显成效，一批具有标志性的早期成果开始显现，参与各国得到了实实在在的好处，对共建"一带一路"的认同感和参与度不断增强。

　　其中设施联通是共建"一带一路"的优先方向，基础设施建设投资占比较大，铁路、公路、机场、港口、水利、通信、电力等各行各业的工程建设项目逐年增加，各类工程建设都离不开测量工作，越来越多的中国企业和测量相关技术人员将有机会参与到"一带一路"的项目之中。据统计，中国境外企业员工总数也逐年增加，2020年中国境外企业从业员工总数达361.3万人，雇佣外方员工218.8万人。

　　"走出去"承担国际工程项目的工程建设企业和测量技术人员，都十分渴望在出国前可对当地国测量情况有所了解，能收集到一些相关的测量资料，或有成功案例可以借鉴，并能提前谋划应对策略，从而编制切实可行的测量技术方案。时常想起2002年自己初次出国参加国外测量项目的忐忑、迷茫和无助，那时在国内基本收集不到国外测量资料和公开出版物，想得到一些基础的测量资料非常困难。由于国外项目的特殊性，每一个国外项目都会令人终生难忘——难忘相关资料和文献的匮乏,难忘不同国家、不同项目总会有意想不到的众多技术难题,难忘治安、法律、财务、饮食、健康等很多方面的问题。鉴于以上原因,希望能尽我所能,将曾经困扰过的基础资料缺乏和其他诸多测量技术难题的解决方案,编著成一本能指导国外工程测量的参考书,可以为日后出国承担国外工程建设的管理者及测量同行们提供借鉴和帮助。

本人供职于中国铁路设计集团有限公司测绘地理信息研究院,依托集团公司海外项目平台,曾在柬埔寨、缅甸、泰国、坦桑尼亚、赞比亚、乌干达、塞拉利昂、摩洛哥等十几个国家和地区进行过考察或从事过测量工作,主持完成的坦赞铁路修复工程初测、泛亚铁路柬埔寨境内缺失段初测、塞拉利昂矿区铁路初测等多个项目,先后获得中国测绘学会、天津市等优秀测绘工程奖。对于我来说,很庆幸参与了众多国外工程测量项目,通过努力和坚持,今天再回首往事的时候,为能完成这些项目而喜悦,通过从事国外工程测量,丰富了自己的人生经历,也积累了宝贵的精神财富和国外工程测量技术经验。

本书通过多种途径,悉心收集、整理、翻译了共建"一带一路"合作国家的大量测量资料。根据国家信息中心主办的"中国一带一路网",已同中国签订共建"一带一路"合作文件的国家一览(截至2020年1月)中共计138个国家。资料的主要来源有:联合国全球地理空间信息管理专家委员会(UN-GGIM)、国际大地测量协会(IAG)、国际测量师联合会(FIG)、国际摄影测量与遥感协会(ISPRS)等国际组织网站及相关国家测绘机构网站,国际测量类会议报告、国家报告,相关测量论文文献,图书资料,美国路易斯安那州立大学大地测量系主任Clifford J. Mugnier教授"Grids and Datums"系列专栏文章,以及从事国外工程及相关科研课题积累的相关国家和地区的大地测量、地形图、标准规范等资料。在此基础上,结合众多国外测量项目成功案例,总结提出有针对性的工程测量项目实施对策,历经2年多时间编著完成了本书。

全书分两篇,共13章内容。第一篇为共建"一带一路"合作国家测量概况,按照非洲、亚洲、欧洲、大洋洲、南美洲、北美洲分为6章内容，共计 138 个国家，主要介绍各国家的大地测量概况、坐标系统和高程基准以及投影和坐标转换参数等内容。第二篇为"一带一路"国际工程测量项目实施对策，包括国际工程测量前准备工作、控制测量基准设计、测量精度设计、坐标转换、无控制点起算的测量方法、测量监理以及国外测量项目典型案例 7 章，针对国际工程测量项目特点，从准备工作到技术设计、标准选用、测量实践提出全过程实施对策，给出投影变形、坐标转换等算例 14 个，整理了中国测量技术标准为主、外国测量技术标准为主、中外结合及国际项目招标文件中测量技术要求4 个典型案例作为工程参考。书后还附有"一带一路"各国家测绘部门及网址一览表和世界各国家或地区坐标基准一览表，以便读者和同行查阅。书中共建"一带一路"合作国家相关基础测量资料内容较为全面，数据翔实，国际工程测量对策针对性强，案例丰富，具有很强的实用性和可操作性。

本书是作者多年从事国际工程测量工作的一些总结，是奉献给测量同行们的一份薄礼，也庆幸我们处在这个伟大的时代，才有幸能为共建"一带一路"倡议尽微薄之力，为构建人类命运共同体添砖加瓦。

在本书的编写过程中，中国铁路设计集团有限公司正高级工程师、注册测绘师张志刚，高级工程师、注册测绘师匡团结参与了第 1 至6 章中大量的国别文献资料收集和编译工作，在此表示衷心的感谢。同时，本书得到中国铁路设计集团有限公司各级领导和同事们的大力支持和帮助，得到人民交通出版社股份有限公司陈志敏副总编的指导和帮助，在此一并表示感谢。

由于本人所从事铁路工程测量的局限、掌握资料不够全面及翻译专业水平有限，书中难免存在不足和疏漏之处，恳请各位专家和读者批评指正。

张冠军

2021 年 1 月

主要缩略词

缩略词	全　称	释　义
AFREF	the African Geodetic Reference Frame	非洲大地参考框架
AMS	Army Map Service	美国陆军地图服务局
APREF	the Asia-Pacific Reference Frame	亚太参考框架
BM	Bench Mark	水准点
CORS	Continuously Operating Reference Stations	连续运行基准站
CS 42/SK-42	Coordinate System 42	苏联普尔科沃 1942 坐标系统
DEM	Digital Elevation Model	数字高程模型
DLG	Digital Line Graphics	数字线划图/矢量数字地图
DOM	Digital Orthophoto Map	数字正射影像图
DOS	the Directorate of Overseas Surveys	英国海外测量局
DSM	Digital Surface Model	数字地面模型
DTM	Digital Terrain Model	数字地形模型
EDM	Electronic Distance Measurement	光电测距
ED 50	European Datum 1950	1950 年欧洲基准
EUREF	the European Reference Frame	欧洲参考框架
FIG	International Federation of Surveyors（FIG 为法文缩写）	国际测量师联合会
GIS	Geographic Information System	地理信息系统
GNSS	Global Navigation Satellite System	全球导航卫星系统
GPS	Global Positioning System	全球定位系统
GRS	Geodetic Reference System	大地参考系
GSD	Ground Sample Distance	地面采样间距
IAG	International Association of Geodesy	国际大地测量协会
IGN	Institute Geographique National, France	法国国家地理研究所
IGS	International GNSS Service	国际 GNSS 服务
IMU	Inertial Measurement Unit	惯性测量单元
INS	Inertial Navigation System	惯性导航系统

续上表

缩略词	全　称	释　义
InSAR	Interferometric Synthetic Aperture Radar	合成孔径雷达干涉测量
IUGG	International Union of Geodesy and Geophysics	国际大地测量学和地球物理学联合会
ISPRS	International Society for Photogrammetry and Remote Sensing	国际摄影测量与遥感协会
ITRF	International Terrestrial Reference Frame	国际地球参考框架
LiDAR	Light Detection and Ranging	激光雷达(激光扫描仪)
MSL	Mean Sea Level	平均海平面
NAREF	the North America Reference Frame	北美参考框架
NGA	National Geospatial-Intelligence Agency	美国国家地理空间情报局,2004年由NIMA更名为NGA
NIMA	The U. S. National Imagery and Mapping Agency	美国国家图像与制图局(以前称为DMA)
OGP/ EPSG	the International Association of Oil and Gas Producers/ the European Petroleum Survey Group	国际石油和天然气生产商协会/欧洲石油勘探组织(由其定义的大地测量参数数据集)
PDOP	Position Dilution of Precision	位置精度衰减因子
POS	Position and Orientation System	定位测姿系统
PPP	Precise Point Positioning	精密单点定位
RINEX	Receiver Independent Exchange Format	接收机可交换格式
RTK	Real Time Kinematic	实时动态
SIRGAS	Sistema de Referencia Geocéntrico para las AméricaS	南美大地参考框架
TM	Transverse Mercator	横轴墨卡托投影
UN-GGIM	United Nations Initiative on Global Geospatial Information Management	联合国全球地理空间信息管理专家委员会
USGS	United States Geological Survey	美国地质调查局
UTM	Universal Transverse Mercator	通用横轴墨卡托投影
VRS	Virtual Reference Stations	虚拟参考站
WGS	World Geodetic System	世界大地坐标系

符 号

符号	释 义
a,b	椭球的长半轴,椭球的短半轴
f	扁率
e,e'	椭球的第一偏心率,椭球的第二偏心率
M,N	子午圈的曲率半径,卯酉圈的曲率半径
R	地球平均曲率半径
B,L,H	经度,纬度,大地高
N	北纬,北坐标
S	南纬
E	东经,东坐标
W	西经
FN	北坐标加常数
FE	东坐标加常数
X,Y,Z	空间直角坐标
x,y	平面直角坐标
$H_g,H_r/h$	正高,正常高
W	重力位
N,ζ	大地水准面差距,高程异常
ρ	$\rho = 180 \times 3600/\pi$
α	方位角、旋转角
Δ	坐标增量
$^\circ\ '\ ''$	度、分、秒
ε_X 、ε_Y 、ε_Z	旋转参数
^{G}	Gon, Grads,百分度,$100^G = 90°$
m	比例因子

目录

第一篇 共建"一带一路"合作国家测量概况

第1章 非洲／003

1.1 苏丹(Sudan)／006

1.2 南非(South Africa)／007

1.3 塞内加尔(Senegal)／008

1.4 塞拉利昂(Sierra Leone)／008

1.5 科特迪瓦(Cote d'Ivoire)／009

1.6 索马里(Somalia)／009

1.7 喀麦隆(Cameroon)／010

1.8 南苏丹(South Sudan)／010

1.9 塞舌尔(Seychelles)／011

1.10 几内亚(Guinea)／011

1.11 加纳(Ghana)／012

1.12 赞比亚(Zambia)／012

1.13 莫桑比克(Mozambique)／013

1.14 加蓬(Gabon)／014

1.15 纳米比亚(Namibia)／014

1.16 毛里塔尼亚(Mauritania)／015

1.17 安哥拉(Angola)／015

1.18 吉布提(Djibouti)／016

1.19 埃塞俄比亚(Ethiopia)／017

1.20 肯尼亚(Kenya)／018

1.21 尼日利亚(Nigeria)／019

1.22 乍得(Chad) / 020

1.23 刚果(布)(Congo-Brazzaville) / 020

1.24 津巴布韦(Zimbabwe) / 020

1.25 阿尔及利亚(Algeria) / 021

1.26 坦桑尼亚(Tanzania) / 022

1.27 布隆迪(Burundi) / 023

1.28 佛得角(Cabe Verde) / 024

1.29 乌干达(Uganda) / 024

1.30 冈比亚(Gambia) / 025

1.31 多哥(Togo) / 026

1.32 卢旺达(Rwanda) / 026

1.33 摩洛哥(Morocco) / 027

1.34 马达加斯加(Madagascar) / 028

1.35 突尼斯(Tunisia) / 028

1.36 利比亚(Libya) / 029

1.37 埃及(Egypt) / 030

1.38 赤道几内亚(Equatorial Guinea) / 032

1.39 利比里亚(Liberia) / 033

1.40 莱索托(Lesotho) / 033

1.41 科摩罗(Comoros) / 034

1.42 贝宁(Benin) / 034

1.43 马里(Mali) / 035

1.44 尼日尔(Niger) / 035

第2章 亚洲 / 036

2.1 韩国(Korea) / 037

2.2 蒙古(Mongolia) / 040

2.3 新加坡(Singapore) / 041

2.4 东帝汶(Timor-Leste) / 042

2.5 马来西亚(Malaysia) / 043

2.6 缅甸(Myanmar) / 047

2.7 柬埔寨(Cambodia) / 049

2.8 越南(Vietnam) / 050

2.9 老挝(Laos) / 051

2.10　文莱（Brunei）/ 053

2.11　巴基斯坦（Pakistan）/ 054

2.12　斯里兰卡（Sri Lanka）/ 055

2.13　孟加拉国（Bangladesh）/ 056

2.14　尼泊尔（Nepal）/ 058

2.15　马尔代夫（Maldives）/ 059

2.16　阿联酋（The United Arab Emirates）/ 060

2.17　科威特（Kuwait）/ 061

2.18　土耳其（Turkey）/ 061

2.19　卡塔尔（Qatar）/ 063

2.20　阿曼（Oman）/ 064

2.21　黎巴嫩（Lebanon）/ 065

2.22　沙特阿拉伯（Saudi Arabia）/ 066

2.23　巴林（Bahrain）/ 067

2.24　伊朗（Iran）/ 067

2.25　伊拉克（Iraq）/ 068

2.26　阿富汗（Afghanistan）/ 069

2.27　阿塞拜疆（Azerbaijan）/ 070

2.28　格鲁吉亚（Georgia）/ 071

2.29　亚美尼亚（Armenia）/ 072

2.30　哈萨克斯坦（Kazakhstan）/ 072

2.31　吉尔吉斯斯坦（Kyrgyzstan）/ 073

2.32　塔吉克斯坦（Tajikistan）/ 074

2.33　乌兹别克斯坦（Uzbekistan）/ 074

2.34　泰国（Thailand）/ 075

2.35　印度尼西亚（Indonesia）/ 077

2.36　菲律宾（Philippines）/ 079

2.37　也门（Yemen）/ 081

第3章　欧洲 / 083

3.1　塞浦路斯（Cyprus）/ 085

3.2　俄罗斯（Russia）/ 086

3.3　奥地利（Austria）/ 088

3.4　希腊（Greece）/ 090

3.5　波兰(Poland) / 091

3.6　塞尔维亚(Serbia) / 094

3.7　捷克(Czech) / 094

3.8　保加利亚(Bulgaria) / 095

3.9　斯洛伐克(Slovakia) / 097

3.10　阿尔巴尼亚(Albania) / 097

3.11　克罗地亚(Croatia) / 099

3.12　波黑(Bosnia and Herzegovina) / 101

3.13　黑山(Montenegro) / 102

3.14　爱沙尼亚(Estonia) / 102

3.15　立陶宛(Lithuania) / 104

3.16　斯洛文尼亚(Slovenia) / 104

3.17　匈牙利(Hungary) / 106

3.18　北马其顿(North Macedonia) / 108

3.19　罗马尼亚(Romania) / 111

3.20　拉脱维亚(Latvia) / 113

3.21　乌克兰(Ukraine) / 116

3.22　白俄罗斯(Belarus) / 116

3.23　摩尔多瓦(Moldova) / 117

3.24　马耳他(Malta) / 118

3.25　葡萄牙(Portugal) / 119

3.26　意大利(Italy) / 120

3.27　卢森堡(Luxembourg) / 122

第4章　大洋洲 / 123

4.1　新西兰(New Zealand) / 123

4.2　巴布亚新几内亚(Papau New Guinea) / 128

4.3　萨摩亚(Samoa) / 130

4.4　纽埃(Niue) / 131

4.5　斐济(Fiji) / 132

4.6　密克罗尼西亚(Micronesia) / 133

4.7　库克群岛(Cook Islands) / 133

4.8　汤加(Tonga) / 134

4.9　瓦努阿图(Vanuatu) / 135

4.10　所罗门群岛(Solomon Islands) / 136

4.11　基里巴斯(Kiribati) / 137

第5章　南美洲 / 140

5.1　智利(Chile) / 141

5.2　圭亚那(Guyana) / 142

5.3　玻利维亚(Bolivia) / 142

5.4　乌拉圭(Uruguay) / 143

5.5　委内瑞拉(Venezuela) / 144

5.6　苏里南(Suriname) / 145

5.7　厄瓜多尔(Ecuador) / 145

5.8　秘鲁(Peru) / 146

第6章　北美洲 / 148

6.1　哥斯达黎加(Costa Rica) / 150

6.2　巴拿马(Panama) / 151

6.3　萨尔瓦多(El Salvador) / 152

6.4　多米尼加(Dominican) / 153

6.5　特立尼达和多巴哥(Trinidad and Tobago) / 154

6.6　安提瓜和巴布达(Antigua and Barbuda) / 154

6.7　多米尼克(Dominica) / 155

6.8　格林纳达(Grenada) / 155

6.9　巴巴多斯(Barbados) / 155

6.10　古巴(Cuba) / 156

6.11　牙买加(Jamaica) / 158

第二篇　"一带一路"国际工程测量项目实施对策

第7章　国际工程测量前准备工作 / 161

7.1　资料收集及考察 / 162

7.2　人员、仪器设备准备和通关手续 / 163

7.3　测量费用预算 / 181

7.4　风险评估 / 183

7.5　技术设计及境外安全措施的制定 / 184

第8章　控制测量基准设计 / 187

8.1　椭球与坐标投影 / 187

8.2　平面基准的设计 / 209

8.3　高程基准的设计 / 216

第9章　测量精度设计 / 224

9.1　控制测量等级的确定 / 224

9.2　地形测量标准及成图方式 / 233

第10章　坐标转换 / 239

10.1　坐标变换 / 240

10.2　坐标转换 / 249

第11章　无控制点起算的测量方法 / 256

11.1　框架控制网 / 256

11.2　精密单点定位(PPP) / 257

11.3　GNSS 高程测量 / 259

第12章　测量监理 / 261

12.1　测量监理内容 / 262

12.2　测量监理方式 / 264

12.3　援外项目监理 / 264

第13章　国外测量项目典型案例 / 265

13.1　泰国高速铁路定测工程测量设计方案 / 265

13.2　塞尔维亚既有铁路改造工程测量案例 / 274

13.3　坦赞铁路修复改造工程初测工程测量技术总结案例 / 279

13.4　某国家铁路勘察设计项目测绘工作招标文件案例 / 285

附录1　共建"一带一路"合作国家测绘部门及网址一览表 / 293

附录2　世界各国家或地区坐标基准一览表 / 300

参考文献/ 307

第  篇

Part 1

⌄

共建"一带一路"合作国家测量概况

本篇编译收录了已同中国签订共建"一带一路"合作文件的138个国家(中国"一带一路"网公布,截至2020年1月)有关测量概况,分非洲、亚洲、欧洲、大洋洲、南美洲、北美洲6章内容,同时介绍了各洲地理位置概况及洲际区域的大地基准情况。各章按国别介绍大地测量历史及现状、坐标系统和高程基准、投影和坐标转换参数等相关情况。由于收集和掌握的资料所限,各国别内容详简程度有所不同。

CHAPTER 1

第 1 章

非　　洲

非洲(Africa),全称阿非利加洲,位于东半球的西南部,欧洲以南,亚洲之西,东濒印度洋,西临大西洋,纵跨赤道南北,面积大约为 3020 万 km^2(土地面积),约占全球总陆地面积的 20.2%,次于亚洲,为世界第二大洲,同时也是人口第二大洲(约 12.86 亿)。

非洲大陆东至哈丰角(东经 51°24′,北纬 10°27′),南至厄加勒斯角(东经 20°02′,南纬34°51′),西至佛得角(西经 17°33′,北纬 14°45′),北至吉兰角(本赛卡角)(东经 9°50′,北纬 37°21′)。

非洲大陆高原面积广阔,海拔在 500~1000m 的高原占非洲面积的 60% 以上,有“高原大陆”之称。海拔 2000m 以上的山地高原约占非洲面积 5%。低于海拔 200m 的平原多分布在沿海地带,不足非洲面积的 10%。非洲大陆平均海拔为 650m。

非洲是世界古人类和古文明的发源地之一,公元前 4000 年便有最早的文字记载。非洲北部的埃及是世界文明发源地之一。

依据联合国经济和社会事务部统计司发布的最新的联合国地理方案,为方便统计,把非洲分为北非、撒哈拉以南非洲(撒哈拉以南非洲分为中非、东非、南非、西非),共有 57 个国家和地区。截至 2020 年 1 月,已同中国签订共建"一带一路"合作文件的非洲国家共计 44 个。

非洲的测量历史悠久,据史料记载,公元前 4000 年,古埃及就有了土地测量员,他们应该是世界上最早从事地理测量这一行业的专业人员。因历史原因,非洲大地测量的发展几近停滞,主要应用西方国家殖民统治时期建立的大地控制网进行测量活动。

非洲各大区域概括起来主要的大地基准有三个:北非一些国家使用 1950 年欧洲大地基准面(ED 50);东非一些国家使用 1958 年青尼罗河基准,有些文献中称为阿丁丹(Adindan)基准;中非和南非的一些国家使用较广泛的为弧基准(Arc)或开普敦基准(Cape)。非洲主要国家当地基准与世界大地坐标系(WGS 84)基准三参数转换见表 1-1。

非洲主要国家当地基准与 WGS 84 基准三参数转换值 表 1-1

坐标基准	参考椭球	$\Delta X(\text{m})$	$\Delta Y(\text{m})$	$\Delta Z(\text{m})$	使用国家	$m_X(\text{m})$	$m_Y(\text{m})$	$m_Z(\text{m})$	点数量
Adindan	Clarke 1880	−134	−2	210	喀麦隆	25	25	25	1
Adindan	Clarke 1880	−165	−11	206	埃塞俄比亚	3	3	3	8
Adindan	Clarke 1880	−123	−20	220	马里	25	25	25	1
Adindan	Clarke 1880	−166	−15	204	埃塞俄比亚;苏丹	5	5	3	22
Adindan	Clarke 1880	−128	−18	224	塞内加尔	25	25	25	2
Adindan	Clarke 1880	−161	−14	205	苏丹	3	5	3	14
Afgooye	Krassovsky	−43	−163	45	索马里	25	25	25	1
Arc 1950	Clarke 1880	−138	−105	−289	博茨瓦纳	3	5	3	9
Arc 1950	Clarke 1880	−153	−5	−292	布隆迪	20	20	20	3
Arc 1950	Clarke 1880	−125	−108	−295	莱索托	3	3	8	5
Arc 1950	Clarke 1880	−161	−73	−317	马拉维	9	24	8	6
Arc 1950	Clarke 1880	−134	−105	−295	斯威士兰	15	15	15	4
Arc 1950	Clarke 1880	−169	−19	−278	扎伊尔	25	25	25	2
Arc 1950	Clarke 1880	−147	−74	−283	赞比亚	21	21	27	5
Arc 1950	Clarke 1880	−142	−96	−293	津巴布韦	5	8	11	10
ED 50	International 1924	−130	−117	−151	埃及	6	8	8	0
Cape	Clarke 1880	−136	−108	−292	南非	3	6	6	5
Minna	Clarke 1880	−81	−84	115	喀麦隆	25	25	25	2

续上表

坐标基准	参考椭球	$\Delta X(\mathrm{m})$	$\Delta Y(\mathrm{m})$	$\Delta Z(\mathrm{m})$	使用国家	$m_X(\mathrm{m})$	$m_Y(\mathrm{m})$	$m_Z(\mathrm{m})$	点数量
Minna	Clarke 1880	−92	−93	122	尼日利亚	3	6	5	6
Tananarive Observatory 1925	International 1924	−189	−242	−91	马达加斯加	−1	−1	−1	0
Pointe Noire 1948	Clarke 1880	−148	51	−291	刚果（布）	25	25	25	1
Voirol 1960	Clarke 1880	−123	−206	219	阿尔及利亚	25	25	25	2
Zanderij	International 1924	−265	120	−358	苏里南	5	5	8	5
M'Poraloko	Clarke 1880	−74	−130	42	加隆	25	25	25	1
Liberia 1964	Clarke 1880	−90	40	88	利比亚	15	15	15	4
Leigon	Clarke 1880	−130	29	364	加纳	2	3	2	8
Bissau	International 1924	−173	253	27	几内亚比绍	25	25	25	2

随着非洲国家相继独立及美国全球定位系统（GPS）技术的发展，各国逐渐开始建立自己的国家大地控制基准以及推进大地控制测量现代化工作。

2000 年，在南非开普敦举行的全球空间数据基础设施会议上，首次提出了利用全球导航卫星系统统一非洲参考框架的概念，即非洲参考框架（AFREF），旨在统一非洲 54 个国家和地区的大地基准框架和垂直基准。其目标是定义非洲大地参考框架，与国际地球参考框架（ITRF）基准完全一致，建立连续、永久的全球定位系统台站，实现统一的垂直基准，建立精确的非洲大地水准面。进而作为各国三维基准网的基础，使每个国家或每个用户都能方便使用，并确定现有国家参考框架与国际参考框架之间的关系。

2009 年，建立了 AFREF 运营数据中心（ODC），以处理来自全球导航卫星系统连续运行参考站（CORS）的数据。

近年来，随着 AFREF 项目的推进，非洲已经建立了大量的 CORS 站，但这方面的数据信息比较少，站点的位置也很难找到，给用户和研究人员带来困难。三位地理专家 Clement Ogaja（美国）、Eldar Rubinov（澳大利亚）和 Derrick Koome（肯尼亚）看到差距并采取行动，创建了 CORSMAP 网站平台，网址：www.corsmap.com。截至2019 年 1 月，已有 27 个非洲国家的 253 个 CORS 站信息和数据接入了这个网站平台，由于各国语言、技术等各方面原因，还有很多国家建立了 CORS 站，信息和数据却未被接入平台。

1.1 苏丹(Sudan)

苏丹共和国(苏丹)位于非洲东北部,红海西岸。北邻埃及,西接利比亚、乍得、中非,南毗南苏丹,东接埃塞俄比亚、厄立特里亚。

早在1899年,苏丹在尼罗河沿岸就开始了地理测绘,并建立早期的三角网用于控制地形测量。

作为从挪威到南非的"30°子午线"测量的一部分,苏丹于1935年开始大地测量工作。其原点是位于埃及开罗附近的维纳斯(Venus)站,后扩展到了苏丹北部的阿丁丹(Adindan)。参考椭球为海福德1909(Hayford 1909),其中椭球长半轴 $a = 6378388\text{m}$,扁率 $f = 1/297$ 。

1958年青尼罗河基准是苏丹和北非大部分国家和地区公认的经典基准,有些文献中称为阿丁丹(Adindan)基准,阿丁丹其实是原点的名称,而不是基准的名称。原点位于阿丁丹车站, $B = 22°10'07.1098''\text{N}$, $L = 31°29'21.6079''\text{E}$,参考椭球为克拉克1880(Clarke 1880),其中: $a = 6378249.145\text{m}$, $f = 1/293.465$ 。

美国国家图像与测绘局(NIMA)根据苏丹13个点计算了 WGS 84 到 1958 年青尼罗河基准(Adindan 原点)的转换参数为: $\Delta X = +162.6\text{m} \pm 0.3025\text{m}$, $\Delta Y = +15.1\text{m} \pm 0.3025\text{m}$, $\Delta Z = -204.5\text{m} \pm 0.3025\text{m}$;RMS $= 1.0906\text{m}$ 。

目前,苏丹国家测绘局(SNSA)采用 ITRF 2008(IGS 2008)作为苏丹官方参考系统 SRS 2020,参考椭球为 WGS 84($a = 6378137\text{m}$, $f = 1/298.257223563$),通用横轴墨卡托投影(UTM)分带参数见表1-2。

苏丹 UTM 投影分带参数 表1-2

UTM 投影带	34N	35N	36N	37N
中央子午线经度(°)	21E	27E	33E	39E
原点纬度(°)	0			
比例因子	0.9996			
东坐标加常数(FE)(m)	500000			
北坐标加常数(FN)(m)	0			

高程基准基于苏丹港红海平均海水面,重力基准为 IGSN71 站。历史上,苏丹高程基准曾使用过亚历山大垂直基准。

1.2 南非(South Africa)

南非共和国(南非)位于非洲大陆的最南端。其东、南、西三面被印度洋和大西洋环抱,陆地上与纳米比亚、博茨瓦纳、莱索托、津巴布韦、莫桑比克和斯威士兰接壤。东面隔印度洋和澳大利亚相望,西面隔大西洋和巴西、阿根廷相望。

南非国家坐标系(SACRS)的建立可分为两个阶段。

早在 19 世纪末至 20 世纪初,英国天文学家为了验证南半球的大小和形状而在南非开展了大地测量,测量数据后来为地形图和航海图提供大地测量控制参考。从 20 世纪 20 年代开始,进行了广泛的大地测量,最终约有 29000 个三角点覆盖了整个国家。其原点位于伊丽莎白港附近的比勒陀利亚,称为南非开普敦(Cape)基准。Cape 基准使用 UTM 投影,带宽为 2°,参考椭球为 Clarke 1880(修正)($a = 6378249.145326m$, $f = 1/293.466307656$),用 L_o 表示分带坐标系。

随着 GPS 等现代定位技术的发展,南非推动了国家大地测量现代化,1999 年 1 月 1 日,南非国家坐标系(SACRS)开始使用 Hartebeesthoek 94 基准(ITRF 91),其参考椭球从 Clarke 1880(修正)改为了 WGS 84 椭球,投影为高斯投影,带宽仍为 2°,FE、FN 均为 0,用 WG 表示分带坐标系。坐标带现称为 WG17、WG19、WG21 等(94 基准)。德班地区使用的坐标带为 WG31。94 基准通过约 57000 多个覆盖全国的三角点和城镇控制点以及 GNSS 连续参考站网络(TrigNet)实现和维持,到 2010 年 9 月已建有 55 个站,并在进一步扩展。

Cape 基准至 94 基准参数转换为: $\Delta X = +134.7m$, $\Delta Y = +110.9m$, $\Delta Z = +292.7m$。

高程基准为在开普敦测定的平均海平面(TSO 1956),并在伊丽莎白港、东伦敦和德班等港口得到验潮观测验证。水准点分三级,分别为基本基准点(FBM)、主要基准点(MBM)和中间基准点(IB)。对应三个水准测量等级及水准路线。FBM 为一等水准路线,约在城镇 65km 附近选点,位于一、二、三等水准路线的交叉点,选址一般位于地方政府所有的土地上;MBM 在 FBM 之间每隔 8 ~ 10km 设置,IB 在 MBM 之间每隔 1 ~ 2km 设置,FBM 和 MBM 应位于坚固的岩石基础上。水准测量不应在 FBM 埋设完成 6 个月内和 MBM 及 IB 埋设完成 2 周内进行。各级水准点间的水准测量高差精度为 0.3mm 乘以测段距离(单位:km)。

1.3 塞内加尔(Senegal)

塞内加尔共和国(塞内加尔)位于非洲西部凸出部位的最西端。北接毛里塔尼亚,东邻马里,南接几内亚和几内亚比绍,西临佛得角群岛。

塞内加尔最早的大地测量基准是 1885 年由西班牙在达喀尔东码头上确定的。最早的大地测量是 1903 年在达喀尔市进行的,原点位于 $B = 14°40'27''N$, $L = 17°25'22''W$。

1944 年美国兵团办公室发布的塞内加尔 TM 投影带参数,参考椭球为 Clarke 1880($a = 6378249.145m, f = 1/293.465$)。原点纬度 $B_0 = 13°N$,中央子午线 $L_0 = 16°W$,比例因子 $m_0 = 0.99975$,东坐标加常数 FE $= 400km$,北坐标加常数 FN $= 500km$。

1945 年 12 月 12 日,法国国家地理研究所(IGN)的第 SGC1312 号文件规定使用新的塞内加尔基准,其参数是:纬度原点位于赤道,中央子午线 $L_0 = 13°30'$ W,原点比例因子 $m_0 = 0.999$,FE $=$ FN $= 1000km$,参考椭球为 International 1909,其中 $a = 6378388m, f = 1/297$。

1950 年 9 月 20 日,IGN 撤销了 SGC1312 文件规定,取而代之的是塞内加尔的 UTM 基准,使用 Clarke 1880 椭球。

1933 年至 1997 年,塞内加尔大地测量网有五个大地基准,其中约夫(Yoff) 200 基准、58 点基准、Adindan 基准和 1974 基准使用 UTM 投影,椭球为 Clarke 1880,而 Hatt 基准使用赤平投影。

Yoff 200 基准与 WGS 84 的转换参数为:$\Delta X = -31m, \Delta Y = +173m, \Delta Z = +90m$;Adindan 基准坐标与 WGS 84 的转换参数为:$\Delta X = -128m, \Delta Y = -18m, \Delta Z = +224m$。

2004 年建立了新的地心基准,即塞内加尔大地基准 2004(NSGD 2004),参考框架为 ITRF 2000,参考椭球为 GRS 80。

在工程实践中,大地控制点有两组坐标,一组是传统三角点的坐标,另一组是 NSGD 2004 新的地心基准坐标,通过 GPS 联测,求解出转换参数进行使用。

塞内加尔覆盖全国的水准网,高程基准原点为 IGN,于达喀尔港测得平均海平面而建立,塞内加尔大地水准面与椭球面之间的起伏较小且相当均匀。

1.4 塞拉利昂(Sierra Leone)

塞拉利昂共和国(塞拉利昂)位于西非大西洋岸。北部及东部被几内亚包围,东南与利比里亚接壤,西、西南濒临大西洋。

塞拉利昂 1924 年基准,原点位于 $B = 08°28'44.4''N, L = 13°13'03.81''W$,参考椭球为 McCaw(其中: $a = 6378306.0648m, f = 1/296$),TM 投影,其中中央子午线 $L_0 = 12°00'W$,原点纬度 $B_0 = 6°40'N$,原点比例因子 $m_0 = 1$,FE = 152.4km,FN = 0。

1960 年塞拉利昂基准,原点位于 $B = 08°27'17.567''N, L = -12°49'40.186''W$,参考椭球为 Clarke 1880($a = 6378249.145m, f = 1/293.465$),中央子午线 $L_0 = 12°W$,UTM 投影。

根据美国国家图像与制图局(NIMA)发布的 TR 8350.2,从 1960 年塞拉利昂基准到 WGS 84 的转换参数为: $\Delta X = -88m, \Delta Y = +4m, \Delta Z = +101m$。

1.5　科特迪瓦(Cote d'Ivoire)

科特迪瓦共和国(科特迪瓦)位于非洲西部。西与利比里亚和几内亚交界,北与马里和布基纳法索为邻,东与加纳相连,南濒几内亚湾。

1945 年 12 月,法国国家地理研究所发布了法属西非使用高斯投影系统的通知,使用了 TM 投影,参考椭球为 Hayford 1909(International 1909)。度量单位是米,中央子午线 $L_0 = 6°30'W$,原点纬度在赤道上,原点比例因子 $m_0 = 0.999$,FN 和 FE 都是 100km。

科特迪瓦国家基准名为阿比让(Abidjan)基准,使用参考椭球为 Clarke 1880($a = 6378249.145m, f = 1/293.465$)。欧洲石油研究小组数据库列出了 1948 年 Abidjan 基准原点为: $B = 05°18'51.01''N, L = 04°02'06.04''W$。

欧洲石油研究小组数据库列出从 Abidjan 基准到 WGS 84 的转换参数: $\Delta X = -124.76m, \Delta Y = +53m, \Delta Z = +466.70m$。

1950 年塔布(Tabou)基准原点位于科特迪瓦西部港口,其中: $B = 04°24'40''N, L = 07°21'29''W$。本地测量网可能基于 Hatt 方位角等距投影,原点位于 Tabou 基线东端,其中 $X = 50000m, Y = 50000m$,Y 轴被定义为与子午线平行。基准原点局部网格坐标为 $X = 50228.36m, Y = 50460.60m$。

1.6　索马里(Somalia)

索马里联邦共和国(索马里)位于非洲大陆最东部的索马里半岛。北临亚丁湾,东、南濒印度洋,西接肯尼亚和埃塞俄比亚,西北接吉布提。

索马里北部基准原点位于柏培拉码头,$B = 10°26'24.0''N, L = 45°00'39.0''E$,

参考椭球为 Clarke 1880($a = 6378249.145m, f = 1/293.465$)。

在索马里南部,基准原点位于摩加迪沙西北部的多洛湾附近,$B = 04°10'36.60''N$, $L = 42°50'00.15''E$,椭球是 Clarke 1880。这个基准可能是 1932 年到 1935 年间建立的。

继续往南还有一个基准,通常被认为是索马里的主要系统:阿夫戈耶(Afgooye)基准。1962 年至 1968 年由苏联建立,原点为"BMTs30",位于拉福镇东南阿夫戈耶一个方形水箱的顶部,$B = 02°06'12.14''N, L = 45°09'55.46''E, H = 128.210m$,参考椭球为 Krassovsky 1940($a = 6378245m, f = 1/298.3$)。高斯—克吕格横轴墨卡托投影,中央子午线 $L_0 = 45°E$,原点比例因子 $m_0 = 1.0$,FE = 500km。根据 TR 8350.2,Afgooye 基准到 WGS 84 基准的三参数转换为:$\Delta X = -43m \pm 25m$, $\Delta Y = -163m \pm 25m, \Delta Z = +45m \pm 25m$。

索马里坐标系最常见的是东非分带,其中中央子午线分别为:$J = 42°30'E$, $K = 47°30'E, L = 52°30'E$,原点比例因子 $m_0 = 0.9995$,FE = 400km,FN = 4500km,参考椭球为 Clarke 1880。

1.7 喀麦隆(Cameroon)

喀麦隆共和国(喀麦隆)位于非洲中部。西南濒几内亚湾,西接尼日利亚,东北接乍得,东与中非共和国、刚果(布)为邻,南与加蓬、赤道几内亚毗连。

1948 年,建立杜阿拉(Douala)基准原点,$B = 4°00'40.64''N, L = 9°42'30.41''E$,参考椭球为 Clarke 1880,采用高斯投影。

Douala 基准后被 1962 年 Manoca 基准取代,原点位于 Manoca 的中心,$B = 3°51'49.896''N, L = 9°36'49.347''E$,参考椭球为 Clarke 1880,UTM 投影。

WGS 72 与 1962 年 Manoca 基准转换参数为:$\Delta X = -56.7m, \Delta Y = -171.8m$, $\Delta Z = -38.7m, \varepsilon_X = \varepsilon_Y = 0'', \varepsilon_Z = 0.814'', m = -0.38ppm$。

1.8 南苏丹(South Sudan)

南苏丹共和国(南苏丹)位于非洲东北部,北纬 4° ~ 10°线之间,系内陆国。东邻埃塞俄比亚,南接肯尼亚、乌干达和刚果(金),西邻中非共和国,北接苏丹。

南苏丹是目前世界最不发达国家之一,2011 年南苏丹独立建国,由于独立之前和之后大部分时间里一直卷入内战,其各类基础设施和社会服务严重缺失,暂未收集到其独立后的大地测量相关资料。建国后由联合国、谷歌、世界银行等机构利用卫星影像更新了南苏丹的谷歌地球和谷歌地图。

其历史上大地测量情况参见1.1节。

1.9　塞舌尔(Seychelles)

塞舌尔共和国(塞舌尔)是坐落在东部非洲印度洋上的一个群岛国家,由115个大小岛屿组成。西距肯尼亚蒙巴萨港1593km,西南距马达加斯加925km,东北距印度孟买2813km,南与毛里求斯隔海相望。

1878年的阿尔达布拉环礁基准位于"北基点",方位等距投影(也称为卡西尼投影),中央子午线$L_0 = 46°14'24.8''$E,$B_0 = 9°23'22.7''$S,比例因子$m_0 = 1.0$,FE = FN = 10km。

1943年,英国对塞舌尔进行了第一次现代、永久性的三角测量。基准原点位于东南部岛屿$B = 4°40'39.460''$S,$L = 55°32'00.166''$E。参考椭球为Clarke 1880($a = 6378249.145$m,$f = 1/293.465$)。高斯—克吕格TM投影,中央子午线$L_0 = 53°$E,原点纬度$B_0 = 10°$S,比例因子$m_0 = 0.9995$,FE = 500km,FN = 1100km。

1.10　几内亚(Guinea)

几内亚共和国(几内亚)位于西非西岸。北邻几内亚比绍、塞内加尔和马里,东与科特迪瓦、南与塞拉利昂和利比里亚接壤,西濒大西洋。

几内亚最早的基准是1905年科纳克里(Conakry)基准,其中$B = 9°30'58.997''$N,$L = 13°42'47.483''$W,参考椭球为Clarke 1880($a = 6378249.2$m,$f = 1/293.4660208$)。

美国1943年发布的几内亚地区基准是基于兰勃特圆锥正射投影,定义参数为原点纬度$B_0' = 7°$N,中央子午线$L_0 = 0°$,原点比例因子$m_0 = 0.99932$,FN = 500km,FE = 1800km。Clarke 1880椭球给出的参数为$a = 6378249.145$m,$f = 1/293.465$。

法属几内亚地区有两个坐标分带:以$L_0 = 13°30'$W的塞内加尔和$L_0 = 6°30'$W的科特迪瓦,原点比例因子$m_0 = 0.999$,参考椭球是国际椭球,其中$a = 6378388$m,$f = 1/297$。

1950年9月30日起,几内亚的所有新测绘都在UTM投影上完成的。

几内亚全国从本地基准到WGS 84的基准转换参数为:$\Delta a = -112,145$m,$\Delta f \times 10^4 = -0.54750714$,$\Delta X = -83$m ± 15m,$\Delta Y = +37$m ± 15m,$\Delta Z = +124$m ± 15m。

1.11 加纳（Ghana）

加纳共和国（加纳）位于非洲西部、几内亚湾北岸。西邻科特迪瓦，北接布基纳法索，东毗多哥，南濒大西洋。

1929 年阿克拉（Accra）基准，原点为：$B = 5°38'52.270''$N，$L = 0°11'46.080''$W。参考椭球为陆军部（War Office）1926（McCaw 1924）（$a = 6378300$m，$f = 1/296$）。采用 TM 投影，中央子午线 $L_0 = 1°$W，原点的 X 坐标为 $4°40'$N，Y 坐标的加常数 900000m。从 1929 年 Accra 基准到 WGS 84 基准的转换参数：$\Delta X = -199$m，$\Delta Y = +32$m，$\Delta Z = +322$m。

新的基准是 1977 年 Leigon 基准，参考椭球为 Clarke 1880，其中 $a = 6378249.145$m，$f = 1/293.465$，FE = 274319.736m，FN = 0，TM 投影。

从 Leigon 基准到 WGS 84 的三参数转换为：$\Delta X = -130$m ± 2m，$\Delta Y = +29$m ± 3m，$\Delta Z = +364$m ± 2m。七参数转换为：$\Delta X = -110.90$m，$\Delta Y = -9.13$m，$\Delta Z = +69.46$m，$m = +3.11 \times 10^{-6}$，$\varepsilon_X = -1.30''$，$\varepsilon_Y = +9.53''$，$\varepsilon_Z = +0.32''$。1977 年 Leigon 基准上的点（GCS T20/24）"Wa"坐标为：$B = 10°02'47.7770''$N，$L = 2°28'17.3746''$W，平均海平面 MSL 高程 = 359.7m；在 WGS 84 基准上的坐标为：$B = 10°02'56.3328''$N，$L = 2°28'16.6377''$W，$H = 385.1$m。

进入 21 世纪，加纳建设了一个新的连续运行参考站 GPS 网，开始对加纳的大地测量参考网进行更新。

1.12 赞比亚（Zambia）

赞比亚共和国（赞比亚）是非洲中南部的一个内陆国家，大部分属于高原地区。北靠刚果（金），东北邻坦桑尼亚，东面和马拉维接壤，东南和莫桑比克相连，南接津巴布韦、博茨瓦纳和纳米比亚，西与安哥拉相邻。

1949 年至 1964 年，海外测量局建立了 12 个三角网和 3 个导线环。采用 Arc 1950 基准，其原点位于伊丽莎白港，位置为 $B = 33°59'32.000''$S，$L = 25°30'44.622''$E。参考椭球为 Clarke 1880（$a = 6378249.145$m，$f = 1/293.4663077$）。

从 Arc 1950 基准到 WGS 84 基准的七参数转换分别为：$\Delta X = -152$m ± 0.4m，$\Delta Y = -60$m ± 0.4m，$\Delta Z = -297$m ± 0.4m，$\varepsilon_X = -12''$ ± 0.4''，$\varepsilon_Y = 1''$ ± 0.8''，$\varepsilon_Z = 8''$ ± 1''，$m = -8.328$ ± 1.773。

美国国家地理空间情报局（NGA）列出了从 Arc 1950 基准到 WGS 84 的三

参数转换为：$\Delta X = -147\mathrm{m} \pm 21\mathrm{m}, \Delta Y = -74\mathrm{m} \pm 21\mathrm{m}, \Delta Z = -283\mathrm{m} \pm 21\mathrm{m}$。

1.13　莫桑比克(Mozambique)

莫桑比克共和国(莫桑比克)位于非洲东南部。南邻南非、斯威士兰,西接津巴布韦、赞比亚、马拉维,北接坦桑尼亚,东濒印度洋,隔莫桑比克海峡与马达加斯加相望。

早在 1857 年,葡萄牙政府就开始在莫桑比克进行土地测量和边界测量,其地形图由葡萄牙海外研究委员会在里斯本进行设计。1931 年,地理与地籍委员会(SGC)开始了系统的制图和控制测量,建立了水平和垂直控制网,1955 年完成了 1:25 万比例尺的 61 张地形图。

Cape 基准覆盖了东南非洲的大部分地区,其原点位于南非伊丽莎白港,原点坐标为 $B = 33°59'32.000''\mathrm{S}, L = 25°30'44.622''\mathrm{E}$。参考椭球为 Clarke 1880 ($a = 6378249.145\mathrm{m}, f = 1/293.465$)。Arc 基准与 Cape 基准具有相同的原点,但其最初始于乌干达和肯尼亚。莫桑比克周围的国家如坦桑尼亚使用 Arc 1960 基准,向北进入苏丹、马拉维、赞比亚和津巴布韦,则使用 Arc 1950 基准。

莫桑比克有三个经典的大地测量基准,所有基准都参照 Clarke 1866 椭球 ($a = 6378206.4\mathrm{m}, f = 1/294.9786982$)。

1907 年至 1973 年,葡萄牙在莫桑比克实施了覆盖全国的三角网,该网线性延伸约 9000km,共有一等点 644 个,二等点 77,低等点 209 个。

1995 年,莫桑比克政府与挪威测绘局合作,对莫桑比克的整个大地测量网进行了全面平差。该项目于 1998 年 1 月结束,对全国 759 个二维三角点使用了 32 点进行约束平差,确定了一个与 WGS 84 基准兼容的新基准,称为 MOZNET/ITRF 94。七参数模型分四个区域开发,其转换精度根据"区域"的不同在 1 ~ 10m 之间。

莫桑比克全球定位系统网由 245 个点组成,平均 100 ~ 150km 一个点,主要城市的点间距为 1 ~ 10km。1995 年至 1996 年建有 9 个永久性 GPS 站的 CORS 网,用于定义和实现地心基准,这个新的官方地心参考系为 MOZNET/ITRF 94,但该网络仍需加密。这是莫桑比克大地参考框架步入现代化的一个决定性步骤。MOZNET 网络具有 1 ~ 5cm 的精度。经典网络在全球基准 WGS 84/ITRF 94 下,固定了 30 个点的坐标进行平差,其误差椭圆半径的平均值由 2.5m 降至 0.5m。

1.14 加蓬(Gabon)

加蓬共和国(加蓬)位于非洲中部,跨越赤道。西濒大西洋,东、南与刚果(布)为邻,北与喀麦隆、赤道几内亚交界。

法国海军于1911年7月在加蓬建立了第一个经典平面基准,原点位于:$B = 0°42'45.9''$S,$L = 8°46'56''$E。1911年 Akosso 基准采用 Clarke 1880 参考椭球,($a = 6378249.145$m,$f = 1/293.465$)。该基准原点还明确了加蓬使用的第一个网格原点,该原点基于 Hatt Azimuthal 等距投影。

1914年,法国海军在开普敦建立了 Gabon 基准,原点位于:$B = 0°36'48.58''$N,$L = 9°19'19.02''$E。

加蓬地区使用 TM 投影,参考椭球为 Clarke 1880。中央子午线 $L_0 = 12°$W,原点纬度定义为赤道,原点比例因子 $m_0 = 0.99931$,FN = 1500km,FE = 800km。

1951年 Mporaloko 基准目前用于利伯维尔以南的加蓬大部分地区,该基准转换到 WGS 84 基准的三参数为:$\Delta X = -74$m,$\Delta Y = -130$m,$\Delta Z = +42$m。

1.15 纳米比亚(Namibia)

纳米比亚共和国(纳米比亚)地处非洲南部,原称西南非洲。北同安哥拉、赞比亚为邻,东、南毗博茨瓦纳和南非,西濒大西洋。

第一次大地测量和小比例尺地形测绘是在1885年至1915年间由德国完成,其经典大地测量系统是1903年的 Schwarzeck 基准,原点 $B = 22°45'35.820''$S,$L = 18°40'34.549''$E。参考椭球为 Bessel 1841(Namibia)($a = 6377483.865$m,$f = 1/299.1528128$)。长半径与 Bessel 1841 不同的原因是国际米制和"纳米比亚法定米"之间的转换引起的。采用"西南非洲横轴墨卡托投影",中央子午线 $L_0 = 13°$E、15°E、17°E、19°E、21°E、23°E 和25°E。原点纬度 $B_0 = 22°$S,比例因子 $m_0 = 1.0$。

2004年,纳米比亚测绘局(DSM)与瑞典测绘局合作启动"国家综合大地测量"的新项目,负责将国家大地测量控制网纳入国际地球参考框架(ITRF)。全国共建设零级站(NamZero)21个。

测量分南部和中北部分别进行,通过联测旧的大地控制点、水准点,以及博茨瓦纳、南非的两个永久站和10个 IGS 站点,最终进行南部和北部数据统一平差处理统一至 ITRF 2000(2005.0)框架,参考椭球为 GRS 80。旧的大地坐标也转换为了基于 ITRF 的新系统。NamZero 系统的水平精度为 20mm,高程精度为 20~30mm。

纳米比亚 1:25 万比例尺地图有 41 幅覆盖全境,城镇和乡村有 1:5 万比例尺地形图,地形图使用 UTM 投影,1:5 万比例尺黑白正射影像图覆盖全国。

1.16 毛里塔尼亚(Mauritania)

毛里塔尼亚伊斯兰共和国(毛里塔尼亚)位于非洲撒哈拉沙漠西部,与西撒哈拉、阿尔及利亚、马里和塞内加尔接壤,西濒大西洋。

1910 年的 Goëland 基准,基准原点 $B = 20°54'46.72''N$,$L = 17°03'07.09''W$,参考椭球为 Germain 1865($a = 6377397.2m$,$f = 1/299.15$)。

1961 年,法国海军对海岸进行了二级大地测量,在 1910 年的 Goëland 基准点基础上,采用 Clarke 1880 椭球($a = 6378249.145m$,$f = 1/293.465$)重新计算。将基准原点坐标更改为:$B = 20°54'46.7238''N$,$L = 17°03'08.1820''W$,现在的大地坐标为:$B = 20°54'43.3490''N$,$L = 17°03'06.7295''W$。

毛里塔尼亚 1999 年的基准是基于 35 个 GPS 点的统一解决方案,平面坐标系统为 Mauritania 1999,参考椭球为 GRS 1980($a = 6378137m$,$f = 1/298.257222101$),地图投影为 UTM 投影,中央子午线经度为 $L_0 = 15°W$,比例因子 $m_0 = 0.9996$。高程系统为 NP1955。

1.17 安哥拉(Angola)

安哥拉共和国(安哥拉)位于非洲西南部,北邻刚果(布)和刚果(金),东接赞比亚,南连纳米比亚,西濒大西洋。

南部非洲和安哥拉大部分周边国家的控制经典基准是 Arc 1950 基准,其原点为 Buffelsfontein,其中 $B = 33°59'32.00''S$,$L = 25°30'44.622''E$。Arc 1950 基准的参考椭球为 Clarke 1880($a = 6378249.145m$,$f = 1/293.465$)。

1948 年 Camacupa 基准基于 Campo de Aviação 的原点,$B = 12°01'19.070''S$,$L = 17°27'19.800''E$,$h = 1508.3m$。

刚果—耶拉基准的原点位于刚果—耶拉的东端,其中 $B = 06°00'53.139''S$,$L = 12°58'29.287''E$,参考椭球为 Clarke 1880,高斯—克吕格 TM 投影,第 13 带投影原点纬度 $B_0 = 2°30'S$,中央子午线 $L_0 = 13°E$,FN = 700km,FE = 220km,比例因子 $m_0 = 1.0$;第 14 带投影原点纬度位于赤道,中央子午线 $L_0 = 14°E$,FN =

$10000km, FE = 500km$，比例因子$m_0 = 0.9999$。

从刚果—耶拉基准到安哥拉基准(也是 Clarke 1880)的转换参数为：$\Delta X = -35.08m, \Delta Y = +184.83m, \Delta Z = +63.02m(\pm 3.7m)$；从 1948 年的刚果—耶拉基准区到 Camacupa 基准区的转换参数为：$\Delta X = -44.47m, \Delta Y = +179.47m, \Delta Z = +59.30m(\pm 2.0m)$。从刚果—耶拉基准到 WGS 84 基准面的转换参数为：$\Delta X = -93.28m, \Delta Y = -164.11m, \Delta Z = -169.02m(\pm 5m)$。

1950 年 Camacupa-Vumbatumba 基准，原点位于 $B = 06°26'17.111''S$ 和 $L = 12°27'22.978''E$，水文界通常称为 Camacupa Clarke 1880 基准。1950 年 Camacupa-Vumbatumba 基准到 WGS 84 基准的转换参数为：$\Delta X = -39.44m, \Delta Y = -353.66m$ 和 $\Delta Z = -224.16m$。

1951 年 MHAST 基准原点在 Malongo，$B = 05°23'30.81''S, L = 12°12'01.59''E$，参考椭球为 International 1924($a = 6378388m, f = 1/297$)。从 MHAST 基准到 WGS 84 的转换参数为：$\Delta X = -252.95m, \Delta Y = -4.11m, \Delta Z = -96.38m$。

1987 年 Malongo 基准取代了 1951 年 MHAST 基准，并且还引用了相同的原点(未知的新坐标)，使用相同的椭球。

1987 年 Malongo 基准到 WGS 84 的转换参数为：$\Delta X = -254.10m, \Delta Y = -5.36m, \Delta Z = -100.29m$。

安哥拉的其他基准还有：

1937 年 Lobito 基准，原点为天文控制点 Restinga do Lobit，其中 $B = 12°19'00.86''S, L = 13°34'45.67''E$，Clarke 1880 椭球。1937 Lobito 基准到 WGS 84 基准的转换参数为：$\Delta X = -256.73m, \Delta Y = 0.00m, \Delta Z = -103.67m \pm 10m$。

罗安达基准以罗安达天文台的原点为基础，$B = 8°48'46.8''S, L = 13°13'21.8''E$，Clarke1866 椭球。

1956 年 Moçamedes 基准原点位于 Moçamedes 气象站，$B = 15°11'16.34''S, L = 12°07'34.53''E$，Clarke 1866 椭球。

1.18 吉布提(Djibouti)

吉布提共和国(吉布提)地处非洲东北部亚丁湾西岸，扼红海进入印度洋的要冲曼德海峡，东南同索马里接壤，北与厄立特里亚为邻，西部、西南及南部与埃塞俄比亚毗连。

吉布提首个大地控制网是由法国 1890 年至 1891 年建立的 Cape Obock 1890，原点位于奥博克，$B = 11°57'18''N, L = 40°56'58.9''E$，参考椭球为 Germain ($a =$

$6378284\mathrm{m}$，$f = 1/294$）。

1933 年至 1934 年，意大利人在该国完成了完整的三角测量。采用 Bessel 1841 椭球（$a = 6377397.15\mathrm{m}$，$f = 1/299.1528$）。

1934 年 12 月，法国海军测量确定了 Ayabelle Lighthouse 基准点，$B = 11°33'10.21''\mathrm{N}$，$L = 43°07'23.83''\mathrm{E}$。法国国家地理研究所（IGN）于 20 世纪 40 年代开始对吉布提进行地形测绘，并于 20 世纪 60 年代完成 1:10 万比例尺的测绘工作，参考椭球是 Clarke 1880，图纸上标识为 UTM 投影。根据 DMA/NIMA/NGA TR 8350.2，从 Ayabelle Lighthouse 基准到 WGS 84 基准的转换参数为：$\Delta X = -79\mathrm{m}$、$\Delta Y = -129\mathrm{m}$ 和 $\Delta Z = +145\mathrm{m}$，精度为 $\pm 25\mathrm{m}$。

1.19　埃塞俄比亚（Ethiopia）

埃塞俄比亚联邦民主共和国（埃塞俄比亚）是非洲东北部内陆国。东与吉布提、索马里毗邻，西同苏丹、南苏丹交界，南与肯尼亚接壤，北接厄立特里亚。高原占全国面积的 2/3，平均海拔近 3000m，素有"非洲屋脊"之称。

1936 年埃塞俄比亚基准由意大利人在梅塔哈拉基地西端建立，其中 $B = 8°53'22.53'' \pm 0.18''\mathrm{N}$，$L = 39°54'24.99''\mathrm{E}$，参考椭球为 International 1924（$a = 6378388\mathrm{m}$，$f = 1/297$）。

1958 年青尼罗河基准，由美国海岸和大地测量局负责确立，原点位于埃及南部，$B = 22°10'07.1098''\mathrm{N}$，$L = 31°29'21.6079''\mathrm{E}$，参考椭球为 Clarke 1880（$a = 6378249.145\mathrm{m}$，$f = 1/293.465$），横轴墨卡托投影，中央子午线 $L_0 = 37°30'\mathrm{E}$，$m_0 = 0.9995$，$\mathrm{FE} = 450\mathrm{km}$，$\mathrm{FN} = 5000\mathrm{km}$。

1970 年，为了划定埃塞俄比亚和肯尼亚边界，由英国测量员进行测量，采用了 Arc 1960 基准，参考椭球为 Clarke 1880。横轴墨卡托投影分为 H、J 和 K 三个带，其中中央子午线分别为 $L_0 = 37°30'$（H）、$42°30'$（J）和 $47°30'$（K），$m_0 = 0.9995$，$\mathrm{FE} = 400\mathrm{km}$，$\mathrm{FN} = 4500\mathrm{km}$。

埃塞俄比亚发布了从 1958 年青尼罗基准转换为 WGS 84 基准的三参数有两组。一组是利用埃塞俄比亚和苏丹两国的控制点计算：$\Delta X = -166\mathrm{m} \pm 5\mathrm{m}$，$\Delta Y = -15\mathrm{m} \pm 5\mathrm{m}$，$\Delta Z = +204\mathrm{m} \pm 5\mathrm{m}$；另一组为利用埃塞俄比亚境内控制点计算：$\Delta X = -165\mathrm{m} \pm 3\mathrm{m}$，$\Delta Y = -11\mathrm{m} \pm 3\mathrm{m}$，$\Delta Z = +206\mathrm{m} \pm 3\mathrm{m}$。

目前，埃塞俄比亚国家制图局（EMA）采用 Adindan 大地基准，参考椭球为 Clark 1880（$a = 6378249.145\mathrm{m}$，$f = 1/293.465$），采用 UTM 投影。

埃塞俄比亚高程基准为 1950 年 MASSAWA。高程系统采用红海平均海水面,水准原点位于埃及首都开罗的亚历山大港。全国水准点布网少且时间久,可供使用的高程控制点较少。

1.20 肯尼亚(Kenya)

肯尼亚共和国(肯尼亚)位于非洲东部,赤道横贯中部,东非大裂谷纵贯南北。东邻索马里,南接坦桑尼亚,西连乌干达,北与埃塞俄比亚、南苏丹交界,东南濒临印度洋。

1892 年至 1893 年,在东非的肯尼亚和坦噶尼喀之间进行了第一次三角测量,以 Jombo 为原点,高程以海水高潮面为基准。

地籍测量使用 Cassini-Soldner 基准,从 1906 年开始应用,椭球为 Clarke 1858 ($a = 6378350.8704\text{m}$, $f = 1/294.26$),中央子午线分别为:33°E、35°E、37°E、39°E。

1940 年 7 月英国制定了一项军事测绘政策,1946 年 3 月 1 日成立测量局(DCS),1947 年开始进行 1:5 万比例尺基本地形测绘工作。利用 Clarke 1880 椭球和 5 度做分带的横轴墨卡托投影。中央子午线 $L_0 = 32°30'\text{E}$、37°30'E 和 42°30'E。比例因子 $m_0 = 0.9995$,中央子午线的比例尺误差约为 1:2000。FE = 400000m,FN = 4500000m。这个基准被称为东非军事系统,应用于以 19°N、15°E、12°S 和印度洋为界的地区。

DCS 后改为海外测量局(DOS),1950 年,DOS 在肯尼亚引入了 UTM 坐标系统。仍采用 Clarke 1880 椭球参数,计量单位改为 m,测量部门已努力把所有的点都转换成这个坐标系统,建立了目前的肯尼亚初级、次级和低级大地网。

20 世纪 70 年代,使用一等 EDM 导线测量与三角测量成果在 Arc 1960 基准下进行平差,使用 UTM 投影。

1996 年成立了肯尼亚测绘研究所(KISM),对现有 25 个控制点进行了 GPS 观测,得到从 Arc 1960 基准到 WGS 84 基准的转换参数为:$\Delta X = -179.1\text{m} \pm 0.7\text{m}$, $\Delta Y = -44.7\text{m} \pm 0.7\text{m}$, $\Delta Z = -302.6\text{m} \pm 2.2\text{m}$。而 NIMA 提供的转换参数则为:$\Delta X = -157\text{m} \pm 4\text{m}$, $\Delta Y = -2\text{m} \pm 3\text{m}$, $\Delta Z = -299\text{m} \pm 3\text{m}$。

肯尼亚高程基准为蒙巴萨基林迪尼港平均海平面。1947 年提出了大地水准测量方案,1950 年至 1958 年进行了水准测量,完成了约 3570km 精密水准测量。

2012 年,肯尼亚推进了国家大地测量参考框架的现代化进程,建立了新的国家大地基准 KENREF-2012(ITRF2008/IGb08)。该参考框架包括零级大地测

量网,由相距约 200km 的 25 个参考站组成,一级大地测量网由相距约 70km 的
75 个参考站组成。在这两个网络的基础上,建立以内罗毕为控制中心的连续运
行参考站(CORS)系统。在零级大地网观测时,将非洲的一些 IGS 站、肯尼亚和
埃塞俄比亚的两个非洲大地测量参考站(AFREF)列入参考。

1.21　尼日利亚(Nigeria)

尼日利亚联邦共和国(尼日利亚)处于西非东南部,非洲几内亚湾西岸的顶
点。西接贝宁,北接尼日尔,东北方隔乍得湖与乍得接壤一小段国界,东和东南
与喀麦隆毗连,南濒大西洋几内亚湾。

1910 年至 1912 年,英国皇家工程师对尼日利亚进行了第一次大地测量。
尼日利亚的大部分大地测量工作是从 1928 年开始进行的,在 20 世纪 40 年代末
至 20 世纪 60 年代初完成。尼日利亚大地控制网由一、二、三级组成,国家大地
基准为 Minna 1928,采用 UTM 投影,参考椭球采用 Clarke 1880(a =6378249.145m,f =
1/293.465),比例因子 m_0 =0.9996。

还出现过一个坐标系 NOP(Notes on Projection),其为修正的横轴墨卡托投
影(MTM),与 Minna 1928 各项参数的对比见表 1-3。

Minna 1928 与 NOP 各项参数对比　　　　　　表 1-3

坐标基准	投影方式	中央子午线 比例因子	分　带	中央子午线 经度	FE (m)
Minna 1928	UTM	0.9996	6°	3°E 9°E 15°E	500000
NOP	MTM	0.99975	4°E	4°30′E 8°30′E 12°30′E	230728.266 670553.984 1110369.702

根据 TR8350.2,从 Minna 1928 基准到 WGS 84 基准的转换参数为:ΔX =
−92m ±3m,ΔY = −93m ±6m,ΔZ = +122m ±5m。

2008 年,尼日利亚开始建立永久全球导航卫星系统网(NIGNET),推动建立
尼日利亚新一代大地测量网(NPGN),建立了基于 ITRF 2008 的国家大地基准为
NGD 2012。

到 2013 年,NIGNET 有 11 个站,为国家零级大地控制网。2010 年至

2011 年,对现有三角网使用 GPS 进行联测,均匀分布共观测 60 个测站,历时 48h,形成了加强网,将现有的尼日利亚三角网与 NIGNET 连接起来,从而定义了基于 NGD 2012 坐标系的新一代的 NPGN。

1.22 乍得(Chad)

乍得共和国(乍得)是位于非洲中部撒哈拉沙漠南缘的内陆国家,北接利比亚,东邻苏丹,南与中非共和国接壤,西南与喀麦隆、尼日利亚为邻,西与尼日尔交界。

乍得大地控制是法属赤道非洲国家为进行测图而建,从恩贾梅纳附近到苏丹朱奈纳附近的苏丹三角测量。采用 Adindan 基准,参考椭球为 Clarke 1880 ($a = 6378249.145\,\mathrm{m}, f = 1/293.465$),UTM 投影。

2020 年 3 月 16 日,规划中的乍得大地测量网 RGT 2020(Chad Geodetic Network)的第一个大地测量点建成,该项目计划在恩贾梅纳市及其周边地区建立 75 个大地点和 50 个定向点,建立基于现代 GNSS 卫星定位技术的与国际系统兼容的国家大地控制网。

1.23 刚果(布)(Congo-Brazzaville)

刚果共和国[刚果(布)]位于非洲中西部,赤道横贯中部。东、南两面邻刚果(金)、安哥拉,北接中非、喀麦隆,西连加蓬,西南临大西洋。

刚果(布)最早使用由法国国家地理研究所公布的大地测量数据,其中原点为 1948 年在黑角的天文台,$B = 04°47'00.1''S, L = 11°51'01.55''E$,参考椭球为 Clarke 1880($a = 6378249.145\,\mathrm{m}, f = 1/293.465$),从 1948 年 Noir 基准到 WGS 84 基准的转换参数为:$\Delta X = -148\,\mathrm{m} \pm 25\,\mathrm{m}, \Delta Y = +51\,\mathrm{m} \pm 25\,\mathrm{m}, \Delta Z = -291\,\mathrm{m} \pm 25\,\mathrm{m}$。

1.24 津巴布韦(Zimbabwe)

津巴布韦共和国(津巴布韦)为非洲东南部内陆国,东邻莫桑比克,南接南非,西和西北与博茨瓦纳、赞比亚毗邻。

1901 年,Alexander Simms 完成了横跨该国中西部地区的四边形网。

1936 年,Bradford 观测了一系列锁网,并且重新平差计算,该系统是南非 Cape 基准的延伸。采用 Clarke 1880(修正)椭球($a = 6378249.145326\,\mathrm{m}, b =$

6356514.966721m, $f = 1/293.466307656$）。

弧基准用于东非部分地区,它基于伊丽莎白港附近相同的原点和相同的椭球(Clarke 1880 修正)。靠近伊丽莎白港,几乎与海角基准相同,但随着距离的越远差别越大。

伊丽莎白港附近 Cape 基准起始点为比勒陀利亚 Buffels fontein,其中 $B = 33°59'32.000''S, L = 25°30'44.622''E$。Cape 基准转换到 WGS 84 基准的参数为: $\Delta X = -121.7m \pm 17.5m$, $\Delta Y = -121.0m \pm 18.4m$, $\Delta Z = -258.5m \pm 21.2m$, $\varepsilon_X = +5.377'' \pm 0.527''$, $\varepsilon_Y = +1.857'' \pm 0.680''$, $\varepsilon_Z = -2.989'' \pm 0.636''$, $m = +0.8 \times 10^{-6} \pm 2.3$。

津巴布韦 1950 弧基准至 WGS 84 转换参数为: $\Delta X = -142m \pm 5m$, $\Delta Y = -96m \pm 8m$, $\Delta Z = -293m \pm 11m$。

1.25 阿尔及利亚(Algeria)

阿尔及利亚民主人民共和国(阿尔及利亚)为非洲面积最大的国家,位于非洲西北部。北临地中海,东临突尼斯、利比亚,南与尼日尔、马里和毛里塔尼亚接壤,西与摩洛哥、西撒哈拉交界。

（1）阿尔及利亚国家平面控制测量

1875 年的科隆 Voirol 基准,通常称为 Voirol 75。基准原点位于 Voirol 天文台, $B = 36°45'07.9''N, L = 3°02'49.45''E$。参考椭球为 Clarke 1880（ $a = 6378249.2m, f = 1/293.465$ ）。原始地图基于当时遍布欧洲的投影——Bonne 椭圆投影,北非 Bonne 投影原点纬度 $B_0 = 35°06'N$,中央子午线 $L_0 = 2°20'13.95''E$。FE 和 FN 分别从 0 变为 100km。

1905 年至 1906 年,根据法国陆军的原始三角网在港口城市 Oran 建立了一个本地临时的天文站。Tafaraoui 站的坐标为 $B = 39^G3778.26''N, L = 3^G1532.06''E$ (注: $100^G = 90°$）。参考椭球为 Clarke 1880。后来对该观测值进行了调整,并在 1930 年将其用于阿尔及利亚海岸和 Oran 港口的水文测量。法国海军使用兰勃特圆锥投影,划分为两个投影带,对于阿尔及利亚的北部,原点纬度 $B_0 = 36°N$,中央子午线 $L_0 = 2°42'E$,原点比例因子 $m_0 = 0.999625544$。对于阿尔及利亚南部区域,原点纬度 $B_0 = 33°18'N$,中央子午线 $L_0 = 2°42'E$,原点比例因子 $m_0 = 0.999625769$。FE 均为 500km,FN 均为 300km,并且与相邻的摩洛哥使用惯例相同。直到 1942 年,Bonne 投影才完全被取代。

1953 年至 1954 年,法国人重新测量一级沿海平行锁网,1959 年,法国国家地理研究所(IGN)基于 1950 年欧洲基准(ED 50)将整个一级和一级加密三角网重新平差,并结合了之前所有测量和平差的结果。1959 年北撒哈拉基准是通过重新计算平差一级和一级加密网到 ED 50 的结果而获得的,但参考的是 Clarke 1880(修正)椭球($a = 6378249.145\text{m}, f = 1/293.466307656$)。

1966 年,美国陆军地图服务局(AMS)进行了一系列转换,使用 UTM 投影将 Voirol 75 转换为 ED 50。以阿尔及利亚的变换系列为例,以下是 UTM31 带坐标,东坐标大于 355000m:$N = 0.9998873966n - 0.10000869984e + 691.561\text{m}, E = 0.9999391272e + 0.0000869984n - 416.633\text{m}$

近年来,IGN 为北非从 ED 50 到 WGS 84 进行了七参数转换,参数为:$\Delta X = -130.95\text{m}, \Delta Y = -94.49\text{m}, \Delta Z = -139.08\text{m}, \Delta S = +6.957\text{ppm}, \varepsilon_X = +0.4405''$, $\varepsilon_Y = +0.4565'', \varepsilon_Z = -0.2244''$。

从 1875 年科隆 Voirol 基准到 WGS 84 的非卫星 NIMA 参数为:$\Delta X = -73\text{m}$, $\Delta Y = -247\text{m}, \Delta Z = +227\text{m}$。

阿尔及利亚大地测量网由三部分组成:一、二级经典大地测量网、多普勒网和 GPS 控制网。

经典大地测量网:一级大地测量网由 450 个控制点组成,点间距 30～45km,平面精度为 10～15cm;二级大地测量网由 3291 个控制点组成,点间距 10～20km,平面精度为 10～20cm。

多普勒测量网:多普勒测量点有 122 个,平面精度为 10～15m;ADOS 网点 8 个,平面精度为 1m。

GPS 控制网:零级 GPS 网由 20 个点组成,平面精度 5mm,高程精度 1cm;加密 GPS 网由 1290 个点组成(点间距 20～30km),平面精度 2cm,高程精度 5cm。

(2)阿尔及利亚国家高程控制测量

精密水准网水准点沿主要和次要公路布设。精密水准测量网包括:一级和二级水准网(水准点间距 5km),补充等级的水准网(水准点间距 2km),水准点标志固定在一个稳定的位置,比如官方行政大楼等,这些水准点高程精确到 mm。

1.26 坦桑尼亚(Tanzania)

坦桑尼亚联合共和国(坦桑尼亚)位于非洲东部、赤道以南。北与肯尼亚和乌干达交界,南连赞比亚、马拉维和莫桑比克,西邻卢旺达、布隆迪和刚果(金),东濒印度洋。

坦桑尼亚旧的平面基准点位于南非共和国伊丽莎白开普敦港,大地控制网平面坐标系统基于 Arc 1950 基准,海外测量局(DOS)以津巴布韦的数据为基础计算。后来通过 1960 年和 1965 年的重新计算,使用 Arc 1960 基准,大地测量网的数值得到了改进。1992 年对毗邻维多利亚湖南部的地区进行测绘期间,使用全球定位系统(GPS)进行测量。参考椭球为 Clarke 1880,其中 $a = 6378249.145\mathrm{m}$,$f = 1/293.465$。中央子午线从 $27°30'E$ 到 $42°30'E$,横轴墨卡托投影带(F–J),原点纬度为赤道,原点比例因子 $m_0 = 0.9995$,FE = 133333.333m,FN = 3333333.333m。1950 年至 1995 年坦桑尼亚共设立 839 个大地测量框架点。

DMA/NIMA 公布的坦桑尼亚 Arc 1960 基准至 WGS 84 基准的参数为:$\Delta X = -175\mathrm{m} \pm 6\mathrm{m}$,$\Delta Y = -23\mathrm{m} \pm 9\mathrm{m}$,$\Delta Z = -303\mathrm{m} \pm 10\mathrm{m}$。

坦桑尼亚大地控制网现代化的构想最初是在 1980 年至 1986 年期间提出,在非洲国家建立统一的大陆大地测量网的倡议下,坦桑尼亚通过世界银行的支持,开始建立一个新的基于 ITRF 系统的大地测量参考框架。从 2010 年到 2011 年,在三个不同的时期观测了新的大地坐标系,由此确定了新点的站速。分别观测建立了 16 个零级点、72 个一级点和 512 个二级点。这就是坦桑尼亚大地测量参考框架——TAREF 11,参考历元为 ITRF 2011.0。

坦桑尼亚 1961 年开始建立大地水准测量网,到 1964 年底,完成了总共 1458 英里(约 2346.4km)的水准测量。垂直水准网是用水准测量方法建立的,虽然有些水准点已经被破坏,但国家一、二、三级水准网覆盖良好。

高程基准点(FBM)有基于印度洋坦葛验潮站的 Hale,也有基于印度洋达累斯萨拉姆验潮站的 Ruvu。

坦桑尼亚还建立了一个新的重力大地水准面,称为 2013 年坦桑尼亚大地水准面基准(TGD 2013),精度为 10cm。

1.27 布隆迪(Burundi)

布隆迪共和国(布隆迪)位于非洲中东部赤道南侧,内陆国。北与卢旺达接壤,东、南与坦桑尼亚交界,西与刚果(金)为邻,西南濒坦噶尼喀湖。

布隆迪高斯—克吕格横轴墨卡托投影,其中中央子午线 $L_0 = 30°E$,原点比例因子 $m_0 = 1.0$,FE = 500km,FN = 1000km。参考的椭球为 Clarke 1880($a = 6378249.145\mathrm{m}$,$f = 1/293.465$)。

刚果(金)30°E 带,其中 $L_0 = 30°E$,$m_0 = 1.0$,FE = 220km,FN = 565km。

东非 G 带,其中 $L_0 = 32°30'E$,$m_0 = 0.9995$,FE = 400km,FN = 4500km。

NGA 在布隆迪发布的 Arc 1950 基准和 WGS 84 基准之间的关系如下：$\Delta X = -153m \pm 20m$，$\Delta Y = -5m \pm 20m$，$\Delta Z = -292m \pm 20m$。

1.28 佛得角（Cabe Verde）

佛得角共和国（佛得角）位于北大西洋的佛得角群岛上。东距非洲大陆最西点佛得角（塞内加尔境内）500 多公里，扼欧洲与南美、南非间交通要冲，包括圣安唐、圣尼古拉、萨尔、博阿维斯塔、福古、圣地亚哥等 15 个大小岛屿，分北面的向风群岛和南面的背风群岛两组。

第二次世界大战期间，美国局于 1943 年使用兰勃特圆锥投影在佛得角群岛地区制图，选择的参考椭球为 Clarke 1880（$a = 6378249.145m$，$f = 1/293.465$）。投影参数为：原点纬度 $B_0 = 15°N$，中央子午线 $L_0 = 25°W$，平行于原点的比例因子 $m_0 = 0.999365678$，FN = FE = 300km。该区域的界限是：

（1）北：平行 18°N。

（2）东：沿南撒哈拉地区的 100000m 东线向南平行于 16°N，沿此平行线与 19°W 平行，沿此子午线向南至 13°N。

（3）南：平行于 13°N。

（4）西：27°W 的子午线。

São Vicente 岛上提供的基准点是：$B = 16°43'21.332''N$，$L = 25°00'00.000''W$，$x = 820238.68m$，$y = 496243.76m$。

葡萄牙于 1918 年至 1932 年期间对佛得角进行了大地测量并绘制地形图，这些地图的发布比例尺分别为 1:3 万、1:5 万和 1:75000。

葡萄牙陆军制图局进行摄影测量，完成了 1:25000 比例尺地形图绘制，该地形图采用国际椭球（$a = 6378288m$，$f = 1/297$），显示的唯一网格为 UTM，26N 带。

1.29 乌干达（Uganda）

乌干达共和国（乌干达）位于非洲东部，为横跨赤道的内陆国。东邻肯尼亚，南接坦桑尼亚和卢旺达，西接刚果（金），北连南苏丹。

1907 年，英国人在乌干达建立的第一个基准点 Busowa M. T. S.，其中：$B = 00°46'01.492''N$，$L = 32°12'59.324''E$。参考椭球为 Clarke 1858（$a = 6378235.6m$，$f = 1/294.2606768$）。1929 年，基于 30 度子午线弧新的基准原点，采用了卡西尼坐标投影。

乌干达大地控制网共建立了 1730 个控制点,由三级控制点组成。其中主要控制点 130 个,点间距为 30km 至 80km;次级点 650 个,点间距在 20km 到 50km;三等点 950 个,点间距为 5km 到 10km。但是,在 1970 年至 1980 年的动荡时期,大多数控制点遭到破坏。

1939 年至 1940 年,用横轴墨卡托投影代替了卡西尼投影坐标。参考椭球采用 Clarke 1880($a = 6378249.145 \text{m}, f = 1/293.465$),中央子午线 $L_0 = 32°30'$,坐标原点是中央子午线与赤道的交点,$\text{FN} = 304.8 \text{km}$,$\text{FE} = 411.48 \text{km}$,比例因子 $m_0 = 0.9995$。

1960 年,乌干达的主要三角测量基于 30 度子午线弧重新计算,即使用了 Arc 1960 基准。Arc 1960 基准原点位于 Buffelsfontein,其中,$B = 33°59'32.000''\text{S}$,$L = 25°30'44.622''\text{E}$。从 Arc 1960 基准转换至 WGS 84 的平均值为:$\Delta X = -160 \text{m}$,$\Delta Y = -8 \text{m}$,$\Delta Z = -300 \text{m}$。

第二次世界大战之前,英国海外测量局(DOS)开展了从肯尼亚海岸到乌干达的水准测量,高程基准面称为蒙巴萨平均海平面(MSL)。另一条水准测量路线从埃及到乌干达,并通过苏丹,其参考海平面是从亚历山大港获得的。高程基准面在 1972 年发布,共建有 3033 个水准点,包括 51 个基本点和 1015 个城镇水准点,并且所有水准点的高程都以此基准进行计算。即亚历山大喀土穆 MSL 基准面,其基点高程为 363.082m。新基准与旧基准之差为 0.1676m(蒙巴萨 MSL 比喀土穆的亚历山大 MSL 低 0.1676m)。

1.30 冈比亚(Gambia)

冈比亚共和国(冈比亚)位于非洲西部,为一狭长平原嵌入塞内加尔境内,西濒大西洋。

1941 年冈比亚基准(代号 GAI)位于东部基地,其中,$B = 13°27'20.035''\text{N}$,$L = 16°34'22.350''\text{W}$,方位角 $\alpha_0 = 34°55'45''$ 来自北部的巴拉(Barra),参考椭球是 Clarke 1858 和 Clarke 1880。

冈比亚网格投影采用 Cassini-Soldner,参考椭球为 Clarke 1858(其中:$a = 6378235.6 \text{m}, f = 1/294.26$)。度量单位是英尺,投影原点为东部基地基准点,比例因子为 1。FN 和 FE 均为 0,投影范围为 13°N 到 14°N。

根据 1965 年塞内加尔大地测量学水文年鉴的数据,塞内加尔的大地测量工程包括一系列的三角测量点,其中包括冈比亚外边界的两个点:

Djinnack(北部):$x = 333289.86 \text{m}, y = 1504202.99 \text{m}$

Fanjara(南部):$x = 316602.53\mathrm{m}, y = 1490293.33\mathrm{m}$

此两点坐标位于 UTM 28 投影带,采用 Clarke 1880 椭球($a = 6378249.145\mathrm{m}$, $f = 1/293.465$)。

1.31 多哥(Togo)

多哥共和国(多哥)位于非洲西部,南濒几内亚湾,东邻贝宁,西界加纳,北与布基纳法索接壤。

多哥的本地基准被认为是 Lomé,参考椭球为 Clarke 1880($a = 6378249.145\mathrm{m}$ 和 $f = 1/293.465$)。使用坐标转换软件将三点坐标转换为 Clarke 1880 椭球地心坐标系坐标,从 Lomé 到 WGS 84 的三参数为:$\Delta X = -177\mathrm{m}, \Delta Y = +42\mathrm{m}, \Delta Z = +388\mathrm{m}$,精度约为 $\pm 25\mathrm{m}$。

曾使用的传统坐标系统有:

(1)尼日尔地区的兰勃特等角圆锥投影,原点纬度 $B_0 = 13°\mathrm{N}$,中央子午线 $L_0 = 0°$,原点比例因子 $m_0 = 0.99932$,FE $= 1800\mathrm{km}$,FN $= 500\mathrm{km}$。

(2)几内亚地区其参数与尼日尔地区相同,只是原点纬度 $B_0 = 7°\mathrm{N}$。

(3)贝宁地区为横轴墨卡托投影,原点纬度 $B_0 = 0°$,中央子午线 $L_0 = 0°30'\mathrm{E}$,原点比例因子 $m_0 = 0.9990$,FE 和 FN 均为 $1000\mathrm{km}$。

1951 年以来,多哥所有地形图都采用 UTM 坐标投影。

1.32 卢旺达(Rwanda)

卢旺达共和国(卢旺达)位于非洲中东部赤道南侧,属于内陆国家。东连坦桑尼亚,南界布隆迪,西与西北和刚果(金)为邻,北与乌干达接壤。

Cape 基准/1950 年弧基准的经典大地测量原点位于 Buffelsfontein(位于南非伊丽莎白港,其中:$B = 33°59'32.000''\mathrm{S}, L = 25°30'44.622''\mathrm{E}$,参考椭球为 Clarke 1880($a = 6378249.145\mathrm{m}, f = 1/293.465$)。

卢旺达处于刚果东部横轴墨卡托 30°带范围内,中央子午线 $L_0 = 30°\mathrm{E}, m_0 = 1.0$,FE $= 220\mathrm{km}$,FN $= 565\mathrm{km}$。

卢旺达附近 1950 年弧基准和 WGS 84 基准之间的转换关系如下:$\Delta X = -153\mathrm{m} \pm 20\mathrm{m}, \Delta Y = -5\mathrm{m} \pm 20\mathrm{m}, \Delta Z = -292\mathrm{m} \pm 20\mathrm{m}$。

1.33 摩洛哥(Morocco)

摩洛哥王国(摩洛哥)位于非洲西北部。东、东南与阿尔及利亚接壤,南紧邻西撒哈拉,西濒大西洋,北隔直布罗陀海峡与西班牙相望。

摩洛哥国家大地测量史是由西班牙和法国大地测量的结合体,摩洛哥的坐标系是全世界最难理解的坐标系之一。

1923 年至 1929 年,西班牙摩洛哥时期进行了一等三角测量,为马德里基准,是在高斯—克吕格横轴墨卡托投影的基础上进行的局部计算,在 50 年代末调整为欧洲 1950 基准(ED 50)。

最初的三角测量始于 1910 年左右,用于军事侦察,覆盖全国大部分地区,为阿加迪尔 1921 基准。

第二个三角测量始于 1922 年,所有的计算都是在巴黎进行的。1922 年 Réguliere 基准的参考椭球为 Clarke 1880($a = 6378249.145\text{m}, f = 1/293.465$)。采用兰勃特(部分等角)圆锥投影,分为两个带,对于北区,原点纬度 $B_0 = 33°18'$N(或为 37^G),中央子午线 $L_0 = 5°24'$W, $m_0 = 0.999625769$。对于南区,原点纬度 $B_0 = 29°42'$N,中央子午线 $L_0 = 5°24'$W,原点比例因子 $m_0 = 0.999615596$。$FE = 500\text{km}, FN = 300\text{km}$。北区和南区有个东部界限,该界限为北非椭球彭纳投影的东坐标 $x = 448000\text{m}$。需要注意的是,由于法国陆军当时手工计算取位问题,标准的兰勃特投影公式不能适用于摩洛哥,产生计算误差超过 15m。

在过去的 50 年里,大西洋沿岸的一些其他地方被认为是摩洛哥基准,如莫加多和西迪伊夫尼,但其实只是基于 1922 年 Réguliere 基准的局部坐标。

莫加多坐标原点纬度 $B_0 = 31°30'$N,中央子午线 $L_0 = 10°00'$W,原点比例因子 $m_0 = 0.999932968$,FE = FN = 200km。

西迪伊夫尼坐标原点纬度 $B_0 = 29°02'06''$N,中央子午线 $L_0 = 10°30'06''$W,原点比例因子 $m_0 = 1.0$,FE = FN = 50km。

摩洛哥在其国家大地坐标系中又增加了两个区域。中央子午线保持一致,为 $6^G = 5°24'$W,对于第三区,原点纬度 $B_0 = 29^G = 26°06'$N,原点比例因子 $m_0 = 0.999616304$,FE = 1200km,FN = 400km。对于第四区,原点纬度 $B_0 = 25^G = 22°30'$N,原点比例因子 $m_0 = 0.999616437$,FE = 1500km,FN = 400km。

美国国家图像和制图局基于摩洛哥 9 个站点计算,从 MERCHICH 基准到 WGS 84 基准的三参数为:$\Delta X = +31\text{m} \pm 5\text{m}, \Delta Y = +146\text{m} \pm 3\text{m}, \Delta Z = +47\text{m} \pm 3\text{m}$。

2004 年,西班牙和摩洛哥的一个测量小组进行了一次全球定位测量,绘制直布罗陀海峡 1:25000 地形图。参考椭球为 GRS80,使用兰勃特等角圆锥割线投影,原点位于 $B_0 = 35°57'N, L_0 = 5°37'30''W$,原点比例因子 $m_0 = 0.99995266$。

据 UN-GGIM 国家概况,摩洛哥国家大地网新建立的系统(ITRF)有 8200 个点组成,其中有 18 个 CORS 站点,原 MERCHICH 系统有已知点约 40000 个,新的国家水准网覆盖范围有 13806km。

1.34 马达加斯加(Madagascar)

马达加斯加共和国(马达加斯加)位于非洲大陆以东、印度洋西部,是非洲第一大、世界第四大岛。隔莫桑比克海峡与非洲大陆相望。

1824 年英国皇家海军对马达加斯加进行了最初的测量。

1887 年建立 Antsirana 基准,$B = 12°16'25.5''S, L = 46°57'36.2''E$(巴黎)。参考椭球为 Clarke 1880($a = 6378249.145m, f = 1/293.465$)。1906 年 Antsirana 基准重新更新,基准原点纬度 B 更新为 $12°16'20.3''S$。投影原点纬度 $B_0 = 21^G S$($18°54'$),中央子午线 $L_0 = 49^G E$(巴黎)($46°06'E$),原点比例因子 $m_0 = 0.9995$,FE $= 400km$,FN $= 800km$,轴的方位角 $= 21^G$,假原点的 FE 为 1000km。

1888 年建立了 Hellville 和 Mojanga 基准,参考椭球为 Clarke 1880。

当地 Hatt 网格坐标原点为,$B = 12°16'26.148''S, L = 46°55'34.669''E$(巴黎),FE $= 80km$,FN $= 30km$。使用 International 1924 椭球($a = 6378388m, f = 1/297$)。

在 1925 年至 26 年,根据高斯等角投影法启用了四个局部投影。1926 年采用的 Laborde 投影法被充分利用,减少了 1926 年大地测量和地形测量的计算量。Laborde 对马达加斯加地理服务局的贡献就是建立了统一坐标系。经过充分的测量,首都安塔那那利佛的坐标被用作 1925 年马达加斯加基准的原点,$B = 18°55'02.10''S$ 和 $L = 47°33'06.45''E$,采用 International 1924 参考椭球。

从 1925 年马达加斯加基准(1925 年 Tananarive)转换为 WGS 84 基准的参数为:$\Delta X = -191.745m, \Delta Y = -226.365m, \Delta Z = -115.609m$。

1.35 突尼斯(Tunisia)

突尼斯共和国(突尼斯)位于非洲大陆最北端,北部和东部面临地中海,隔突尼斯海峡与意大利的西西里岛相望,扼地中海东西航运的要冲,东南与利比亚为邻,西与阿尔及利亚接壤。

突尼斯三角测量始于 1883 年,于 1908 年完成。坐标是根据 1875 年的科隆—沃伊洛基准计算的。参考椭球为 Clarke 1880(IGN),其中 $a = 6378249.2\text{m}$,$f = 1/293.4660208$。1926 年及 1934 年,分别对一二级网基于 1925 年 Carthage 基准进行重新平差计算。

1925 年 Carthage 基准使用兰勃特圆锥投影,由纬度 38^G50 的平行线分隔为突尼斯北部和南部两个带,具体参数为:

突尼斯北区的原点纬度 $B_0 = 36°\text{N}(40^G)$,中央子午线 $L_0 = 9°54'\text{E}(11^G)$,原点比例因子 $m_0 = 0.999625544$。

对于突尼斯南区,原点纬度 $B_0 = 33°18'\text{N}(37^G)$,中央子午线 $L_0 = 9°54'\text{E}$ (11^G),原点比例因子 $m_0 = 0.999625769$。

两个带的 FE 均为 500km,FN 均为 300km。

1887 年至 1889 年,突尼斯开始建立第一个精密水准网,经过长时间的中断后,于 1914 年完工。1920 年采用法国水准测量法进行计算,在闭合误差过大的情况下,采用最小二乘法进行整网平差。高程基准是突尼斯的法属港口观测站。1959 年,地形测量部门决定全面更新精密水准网,突尼斯新精密水准网由 11 条一级水准路线和 11 条次级水准路线组成,长度约 3039900m,其中有 1400 个参考点和 2324 水准点,有 330 个旧水准点纳入新网。测量工作直至 1962 年才完成。

1.36　利比亚(Libya)

利比亚国(利比亚)位于非洲北部。与埃及、苏丹、突尼斯、阿尔及利亚、尼日尔、乍得接壤,北濒地中海。

利比亚测量局(SDL)在 1968 年成立,由于之前不存在可以在全国范围内完成地图绘制工作的政府组织,因此没有绘制过本地地形图。

意大利军事地理研究所(IGM)在第二次世界大战之前进行了官方地形图绘制。它建立了一个二级和三级大地测量控制网,该网覆盖了除苏尔特湾部分地区以外的所有利比亚沿海地区,在苏尔特湾部分地区它使用了四级网。制作了比例尺为 1∶25000 到 1∶10 万的地形图,但是所覆盖的区域仅限于海岸和内部的一些重要绿洲。意大利武装部队编制了 1∶100 万比例尺的地图,这是整个国家的第一幅"大比例尺"地图。1920 年至 1936 年绘制了 1∶5 万比例尺的昔兰尼加地形图。这些单色纸覆盖孟加拉国和德尔纳之间的沿海地区,它们基于 1920 年至 1923 年完成的三角测量和行星测量。1936 年其中供民用的标准地形图进行了修改,每张纸上的边注说明为适应 1933 年至 1934 年测量而采用平移方式制作必需的图形。在 1933 年至 1940 年以 1:5 万比例尺绘制的黎波里塔尼亚地图覆盖了利比亚西北部的零散地区。在 1915 年至 1938 年以 1:10 万比例尺绘制的黎波里塔尼亚地图,军事地理研究所绘制的所有地图都没有网格。

美国陆军地图服务局(AMS)报告了 1940 年英国地理科总参谋部(GSGS)为利比亚创建的两个网格系统,采用参考椭球 Clarke 1880($a = 6378249.145\text{m}$, $f = 1/293.4660208$)。利比亚地区基于兰勃特等角圆锥正形投影,其中原点纬度 $B_0 = 31°\text{N}$,中央子午线 $L_0 = 18°\text{E}$,原点比例因子 $m_0 = 0.99938949$,FE = 1000km,FN = 550km。利比亚南部地区也基于兰勃特等角圆锥正形投影,其中原点纬度 $B_0 = 23°\text{N}$,中央子午线 $L_0 = 18°\text{E}$,原点比例因子 $m_0 = 0.99907$,FE = 600km,FN = 800km。

意大利在第二次世界大战前的测量,是在 Bessel1841 椭球上进行的。米苏拉塔玛丽娜基准(1930)基于天文观测站,基准原点为 $B = 32°22'20.35''\text{N}$, $L = 15°12'45.86''\text{E}$,初始方位角 $\alpha_0 = 180°00'38.31''$。

2006 年,利比亚大地测量数据和转换包括与当前基准相关的几个转换。WGS72 与"埃索"转换参数为: $\Delta X = -69\text{m}$, $\Delta Y = -91\text{m}$, $\Delta Z = -147\text{m}$。

另一个基准关系是 WGS 84 与"1979 年欧洲利比亚基准"(ELD 79,参照 1929 年国际椭球),其中, $\Delta X = -69\text{m}$, $\Delta Y = -96\text{m}$, $\Delta Z = -152\text{m}$。

1.37 埃及(Egypt)

阿拉伯埃及共和国(埃及)跨亚、非两大洲,大部分位于非洲东北部,只有苏伊士运河以东的西奈半岛位于亚洲西南部。西连利比亚,南接苏丹,东临红海并与巴勒斯坦、以色列接壤,北濒地中海。

1.37.1 埃及国家平面控制测量

拿破仑在 1798 年对埃及进行了第一次现代地图的绘制工作。亚历山大市和开罗省的埃及地形服务局对基地进行了测量,地形图是用一个 10km 的网格进行编辑,其起点是孟菲斯北部的大金字塔,中心投影对应诺曼底·孟菲斯金字塔。参考椭球为 Plessis($a = 6375738.7\text{m}$, $f = 1/334.29$),Bonne 椭圆投影,当时为欧洲的"标准"投影。

在埃及进行的初始大地测量工作是采用 Clarke 1866 椭球($a = 6378206\text{m}$, $f = 1/295$)。尼罗河谷中所有基于二级和三级三角测量(用于地籍测量)最初都使用此椭球,但后来跨越尼罗河谷的三角测量锁网采用 Helmert(1906)椭球计算($a = 6378200\text{m}$, $f = 1/298.3$)。后来在 Helmert 椭球和 International 1924 椭球

$(a=6378388\mathrm{m},f=1/297)$进行了重新计算。

英国于1929年使用1907年古埃及基准建立了坐标系统,每个高斯—克吕格横轴墨卡托投影带都用不同的颜色表示:

①紫带——中央子午线$L_0=27°\mathrm{E}$,原点纬度$B_0=30°\mathrm{N}$,原点比例因子$m_0=1.0$,$\mathrm{FE}=700\mathrm{km}$,$\mathrm{FN}=200\mathrm{km}$,假设原点在向南增加1000km;

②红带——中央子午线$L_0=31°\mathrm{E}$,原点纬度$B_0=30°\mathrm{N}$,原点比例因子$m_0=1.0$,$\mathrm{FE}=615\mathrm{km}$,$\mathrm{FN}=810\mathrm{km}$,假设原点在向南增加1000km;

③绿带——中央子午线$L_0=35°\mathrm{E}$,原点纬度$B_0=30°\mathrm{N}$,原点比例因子$m_0=1.0$,$\mathrm{FE}=300\mathrm{km}$,$\mathrm{FN}=100\mathrm{km}$,假设原点在向南增加1000km。

1930年,在对经典网进行重新平差之后,发布了1930新埃及基准(EG30),保留了紫、红色和绿带,未进行任何修改。

第二次世界大战后,美国陆军地图服务局(AMS)对所有经典基准进行了重新计算,这个基准覆盖了涉及欧洲的土地,包括整个北非,这个新的统一系统就是1950欧洲基准(ED 50),采用了International 1924椭球。

埃及ED 50上的所有坐标均采用UTM坐标投影,通常被认为仅用于军事制图目的,而不用于民用。

AMS开发了许多复杂平面上的基准移动算法,以将紫色,红色和绿色带直接转换为UTMED 50网格。TR 8350.2列出了从经典大地网到WGS 84基准的几个基准转换,基于使用的14个测站推导出从1907年古埃及到WGS 84参数为:$\Delta X=-130\mathrm{m}\pm3\mathrm{m}$,$\Delta Y=+110\mathrm{m}\pm6\mathrm{m}$,$\Delta Z=-13\mathrm{m}\pm8\mathrm{m}$。

从ED 50到WGS 84三参数转换为:$\Delta X=-130\mathrm{m}\pm6\mathrm{m}$,$\Delta Y=-117\mathrm{m}\pm8\mathrm{m}$,$\Delta Z=-151\mathrm{m}\pm8\mathrm{m}$。

从1930年埃及基准到WGS 84计算的七参数Molodensky基准转换为:$\Delta X=-137.5\mathrm{m}\pm0.5\mathrm{m}$,$\Delta Y=+105.0\mathrm{m}\pm0.4\mathrm{m}$,$\Delta Z=-18.1\mathrm{m}\pm0.4\mathrm{m}$,$\delta_s=+4.38\times10^{-6}\pm1$,$\varepsilon_X=-5.0''\pm0.70''$,$\varepsilon_Y=+1.59''\pm0.48''$,$\varepsilon_Z=+1.51''\pm0.26''$。

在埃及,大地控制网可以分成一级和二级网,一级网从1907年开始建立,于1945年完成;二级网从1955年开始建立和观测,于1968年建成。

1992年,埃及测量局(ESA)指导委员会制订创建新基准的计划,ESA决定采用WGS 84和UTM投影代替EGD 30和埃及横轴墨卡托(ETM)投影。此外,ESA提出了一种新的投影系统,称为与WGS 84相关的改进横轴墨卡托(MTM)。1995年,ESA宣布了埃及EGD 30大地测量一级控制点的新基准面,即高精度参考网(HARN),该控制网联测国际大地测量网,并使用精密星历进行GPS数据处理。HARN控制网分成两级子网:HARNA级和HARNB级。HARNA

级网由 30 个测站组成,覆盖埃及领土,平均间隔约 200km。其相对精度估算为 1:1000 万或 0.10ppm。HARNB 级控制网,也称为国家农业地籍控制网 (NACN),由 140 个测站组成。NACN 覆盖尼罗河谷和三角洲,间距约 30 ~ 40km。该控制网的相对精度估算为 1:100 万或 1ppm。这两级控制网是基于国际地面参考框架(ITRF 1994)建立的。

1.37.2　埃及国家高程控制测量

埃及采用的高程系统为正常高程系统,高程起算依据为 1906 平均海平面高程基准。测量高程基准(BM)位于西部休斯商业港口潮汐监测仪旁。此处的平均海平面(MSL)是从 1898 年至 1906 年确定的,为 33.8cm。该 MSL 称为"测量部门零水准基准"或"1906"基准。

1986 年,一家参与排污项目的美国公司在港口建立了一个新的高程基准,该高程基准随后被海军用作潮汐观测站的参考水位,并且接近于新的海军潮汐观测站。有必要将这些高程基准与在东部港区的国家海洋与渔业研究所建立的非洲潮汐观测站进行联测,以便提供一个共同的参考基准。

1.38　赤道几内亚(Equatorial Guinea)

赤道几内亚共和国(赤道几内亚)位于非洲中西部。西临大西洋,北邻喀麦隆,东、南与加蓬接壤。

最初发布的大地测量仅在赤道几内亚的南部地区进行,完全由法国完成。法国于 1914 年在海角埃斯泰拉斯建立了加蓬河基准,基准原点 $B = 0°36'48.58''N, L = 9°19'19.02''E$。为纪念这次测量,用水泥建造的基准控制桩的南侧印有"M. H. A. E. F. 1921."。

1951 年,美国海岸与大地测量局的 William Mussetter 观测了 Cap Esterias 的天文坐标, $B = 0°36'48.65''N, L = 9°19'19.06''E$。

1955 年,法国海军陆战队对利伯维尔以北的科里斯科湾进行了三角测量。1955 年 Cap Esterias 原点与 1914 年的加蓬河原点相同。

赤道几内亚已知的基准包括 Annobón 岛基准、Biao, Bioko 岛基准、Kogo, Rio Muni 基准、Rio Benito、Rio Muni 基准、Gabon 1951 和 M'Poraloko 基准。

根据海格的说明,对于天文原点 Annobón(P. A.), $B = 1°24'04.5''S, L = 5°37'50.1''E$,采用 GRS 80 椭球。而 Phare du Cap Lopez 位于 $B = 0°37'54.2''S, L = 8°42'13.2''E$,采用 Clarke 1880 椭球。

NIMA 于 1997 年 7 月发布了最新版的 TR 8350.2,其中列出了从 M'PORALOKO(sic)基准到 WGS 84 基准的三参数为:$\Delta X = -74\text{m}$,$\Delta Y = -130\text{m}$,$\Delta Z = +42\text{m}$。每个分量的精度表示为 ±25m。

1.39 利比里亚(Liberia)

利比里亚共和国(利比里亚)位于非洲西部,北接几内亚,西北界塞拉利昂,东邻科特迪瓦,西南濒大西洋。

1926 年,凡世通种植园公司建立了 Firestone 基准,但这可能只是 Jidetaabo 另一个名称,Jidetaabo 天文站的位置为 $B = 04°34'40.33''N \pm 3.7''$,$L = 7°38'55.74''W \pm 2.16''$,参考椭球可能是 Clarke 1866($a = 6378206.4\text{m}$,$b = 6356583.6\text{m}$)。1934 年美国海岸与大地测量局对利比里亚海角 Palmas 的凡世通种植园公司混凝土控制桩标记了起点,坐标为 $B = 4°34'49.221''N$,$L = 7°39'21.895''W$。

1964 年利比里亚在 Robertsfield 基准原点位置为 $B = 6°13'53.02''N \pm 0.07''$,$L = 10°21'35.44''W \pm 0.08''$,$h = 8.2331\text{m}$,Clarke 1880 椭球。

Zigida:$B = 8°02'01.33''N$,$L = 9°34'09.07''W$,Clarke 1866 椭球。

根据利比里亚 1964 年基准建立了 SHORAN 三边测量网,拍摄时使用 SHORAN确定的最低点,并编辑了整个国家的 1:25 万地图和选定区域的 1:5 万地图。对于利比里亚校正的斜正射投影,原点纬度 $B_0 = 6°35'N$,原点经度 $L_0 = 9°25'W$,原点比例因子 $m_0 = 0.99992$,FN = 0,FE = 1500km,起始线初始方位角 $\alpha = 126°21'47.451''$。坐标计算公式为:

$$N = 0.6x + 0.8y$$
$$E = -0.8x + 0.6y + 1500000$$
$$x = 0.6N - 0.8E + 1200000$$
$$y = 0.8N + 0.6E - 900000$$

从 1964 年利比里亚基准到 WGS 84 基准转换参数为(Clarke 1880):$\Delta X = -90\text{m} \pm 15\text{m}$,$\Delta Y = +40\text{m} \pm 15\text{m}$,$\Delta Z = +88\text{m} \pm 15\text{m}$。

1.40 莱索托(Lesotho)

莱索托王国(莱索托)为非洲南部内陆国家,四周为南非所环抱。

其国家大地控制网为南非 Cape 基准。Cape 基准使用 UTM 投影,带宽为 2°,中央子午线为奇数经度,参考椭球为 Clarke1880(修正)。莱索托从 Cape 基准到 WGS 84 基准的三参数为 $\Delta X = -136.0\mathrm{m} \pm 0.4\mathrm{m}, \Delta Y = -105.5\mathrm{m} \pm 0.4\mathrm{m}$，$\Delta Z = -291.1\mathrm{m} \pm 0.4\mathrm{m}$。

1990 年至 1991 年，共建立和观测了 34 个新的全球定位系统点。

莱索托的第一条水准线路是从南非到莱索托再到南非一侧的基本基准点（FBM）。DOS 随后在莱索托建立了 FBM。BM 的间隔在 1 ~2km，基准点设置在基岩上，这条线路共设 163 个水准点。

1950 年开始，为进行莱索托高原水利工程（LHWP），在南非坐标和高程系统的基础上，增建了 LHWP 平面和高程点。

1.41　科摩罗（Comoros）

科摩罗联盟（科摩罗）为西印度洋岛国，由大科摩罗、昂儒昂、莫埃利、马约特四岛组成。位于莫桑比克海峡北端入口处，东、西距马达加斯加和莫桑比克各约 300km。

在大科摩罗岛上北原点 M' Tsaoueni 位于 $B = 11°28'32.2''\mathrm{S}, L = 43°15'42.15''\mathrm{E}$，$h = 5.47\mathrm{m}$。昂儒昂岛的原点为 Chanda，$B = 12°11'06.6''\mathrm{S}, L = 44°27'24.6''\mathrm{E}, h = 823.8\mathrm{m}$。莫埃利岛东原点 Bangoma，$B = 12°16'55.1''\mathrm{S}, L = 43°45'03.9''\mathrm{E}, h = 2.56\mathrm{m}$。参考椭球均为 International 椭球，均为 UTM 投影。共有 29 个一级三角点、5 个二级点和 20 个三级点。

法国国家地理研究所（IGN）发布的从 Combani 1950 基准到 WGS84 的三参数为 $\Delta X = -382\mathrm{m}, \Delta Y = -59\mathrm{m}, \Delta Z = -251\mathrm{m}$，包括马约特岛。

1.42　贝宁（Benin）

贝宁共和国（贝宁）位于西非中南部，东邻尼日利亚，西北、东北与布基纳法索、尼日尔交界，西与多哥接壤，南濒大西洋。

1904 年，法国西部非洲地理服务局对贝宁绘制了比例尺为 1:20 万和 1:50 万的地形图。采用 Clarke1880 参考椭球。1945 年 12 月，法国国家地理研究所决定法国西非使用高斯投影，中央子午线 $L_0 = 0°30'\mathrm{E}$，原点比例因子 $m_0 = 0.999, \mathrm{FE} = \mathrm{FN} = 1000\mathrm{km}$。分带界限在 3°W 到 4°E 之间。参考椭球为 Hayford 1909（国际），其中 $a = 6378388\mathrm{m}, f = 1/297$。

1950 年，除马达加斯加和留尼汪岛外，全世界的法属坐标系都改为了 6 度带 UTM 投影，采用 Clarke 1880 参考椭球。

1.43　马里(Mali)

马里共和国(马里)地处西非中部。东邻尼日尔,西与塞内加尔、毛里塔尼亚毗邻,南邻几内亚、科特迪瓦、布基纳法索,北与阿尔及利亚接壤。

据2010年文献,马里全国没有已知的大地控制网。当地城市的地图绘制工作由马里国家地理研究所(IGN)完成。目前公布的马里地图采用Clarke 1880参考椭球($a = 6378249.145\mathrm{m}, f = 1/293.465$),UTM投影。

除了WGS 84外,没有其他已知的大地基准。

其他可能覆盖马里部分地区的坐标系统有南撒哈拉的兰勃特投影和福索科特迪瓦地区的TM投影。南撒哈拉兰勃特投影参数为:中央子午线$L_0 = 5°00'\mathrm{W}$,原点纬度$B_0 = 20°00'\mathrm{N}$,原点比例因子$m_0 = 0.999071$,FE = 1600km,FN = 600km。

福索科特迪瓦TM投影参数为:中央子午线$L_0 = 6°30'\mathrm{W}$,原点纬度$B_0 = 0°00'\mathrm{N}$北,原点比例因子$m_0 = 0.999$,FE = FN = 1000km。

1.44　尼日尔(Niger)

尼日尔共和国(尼日尔)位于撒哈拉沙漠南缘,是西非的一个内陆国家。东邻乍得,西界马里、布基纳法索,南与贝宁、尼日利亚接壤,北与阿尔及利亚、利比亚毗连。

第二次世界大战期间,尼日尔地区建立英国格网坐标:原点纬度$B_0 = 13°\mathrm{N}$,中央子午线$L_0 = 0°$,原点比例因子$m_0 = 0.99932$,FE = 1800 km,FN = 500 km。界限为:北,16°N;南:10°N;东,1°30'E;西,14°W。参考椭球为Clarke 1880,兰勃特圆锥正形投影。

1945年12月,法国国家地理研究所(IGN)发布了SGC 1312,法国东非和西非(包括尼日尔)统一采用高斯投影。

尼日尔已知的唯一基准点位于Dosso以东点58,靠近尼日利亚边界,$B = 12°52'44.045''\mathrm{N}, L = 3°58'37.040''\mathrm{E}, h = 266.71\mathrm{m}$。

从点58基准到WGS 84基准的三参数为:$\Delta X = -106\mathrm{m} \pm 25\mathrm{m}, \Delta Y = -129\mathrm{m} \pm 25\mathrm{m}, \Delta Z = +169\mathrm{m} \pm 25\mathrm{m}$。

CHAPTER 2

| 第 2 章 |

亚　洲

亚洲(Asia),全称亚细亚洲,位于东半球的东北部,东、北、南三面分别濒临太平洋、北冰洋和印度洋,西靠大西洋的属海地中海和黑海。亚洲是七大洲中面积最大、人口最多的一个洲。其覆盖地球总面积的 8.7%,占总陆地面积的29.4%。

亚洲大陆东至杰日尼奥夫角(西经 169°40′,北纬 66°05′),南至皮艾角(东经 103°30′,北纬 1°17′)西至巴巴角(东经 26°03′,北纬 39°27′),北至切柳斯金角(东经 104°18′,北纬 77°43′)。

亚洲地域辽阔,按照地理方位,把亚洲分为东亚、南亚、东南亚、中亚、西亚和北亚 6 个地区。亚洲共有 48 个国家和地区。截至 2020 年 1 月,已同中国签订共建"一带一路"合作文件的亚洲国家共计 37 个。

在亚洲地区,东、北、西亚国家历史上使用苏联普尔科沃 1942 坐标系统(SK-42、CS42)基准较多,原点是普尔科沃天文台,坐标为 $B = 59°46′18.55″N$,$L = 30°19′42.09″E$。采用 Krassovsky 参考椭球($a = 6378245m, f = 1/298.3$),高斯-克吕格投影 6°分带。东南亚、南亚国家历史上使用印度基准较多。印度大地测量历史悠久,早在 1880 年就开始了大地测量工作,原点在印度中部的开兰普尔点,采用 Everest 参考椭球($a=6377276.345\text{m}$, $f=1/300.8017$),由于对大地网进行多次平差,产生了 1916 年印度坐标系(ID 16)、1937 年印度坐标系(ID 37)、1960 年印度坐标系(ID 60)、1975 年印度坐标系(ID 75)。朝鲜韩国最早使用日本大地基准。

20 世纪下半叶以来,随着 GPS 技术的发展,各国家开始建立适合本国的大地基准,大地测量现代化进展也取得长足进步。

2009 年 10 月在曼谷召开的联合国第十八届亚洲及太平洋区域制图会议上提出并通过了建立亚太参考框架(APREF)项目,这是一项自愿的、非商业性的提议,并且没有资金来源,参与各方提供各自的资源。

亚太参考框架(APREF)项目是创建和维护一个精确且联系紧密的大地测量框架,在对全球导航卫星系统数据进行持续观察和分析的基础上,鼓励共享本区域连续运行参考站的全球导航卫星系统数据,鼓励就全球导航卫星系统网络进行区域协商,发展亚太区域参考网常设网络,与国际地理信息系统密切合作,维护亚太参考框架稳定,并作为支持其他相关项目的基础设施建设,为亚太地区的大地测量站提供一个权威的坐标来源及其各自的时间序列,以实时和高质量的连接为亚太参考框架提供长期维护,同时 ITRF 在亚太地区建立了一个数量众多的速度场模型。

APREF 产品目前包括一个 SINEX 格式的每周组合区域解决方案和一个包含速度估计的累积解决方案。除了参与机构提供的这些台站外,APREF 还分析来自全球导航卫星系统跟踪网络的数据,包括俄罗斯(16 个)、中国(10 个)、印度(3 个)、哈萨克斯坦(1 个)、泰国(1 个)、韩国(3 个),乌兹别克斯坦(1 个)、新喀里多尼亚(1 个)、马绍尔群岛(1 个)、菲律宾(1 个)、斐济(1 个)和蒙古(1 个)的台站。

澳大利亚地球科学局内部的中央局是 APREF 的日常协调机构。具体而言,中央局确保将 APREF 产品提供给全球大地测量界。全球导航卫星系统数据由 28 个国家提供的约 620 个台站组成的全球导航卫星系统网络进行数据处理,目前有四个分析中心,包括澳大利亚地球科学中心、科廷大学、澳大利亚维多利亚可持续性与环境系和中国科学院大地测量和地球物理研究所。

2.1 韩国(Korea)

大韩民国(韩国)位于亚洲大陆东北部朝鲜半岛南半部。东、南、西三面环海。

2.1.1 韩国国家平面控制测量

韩国第一次大地坐标系统是根据日本东京 1892 年大地坐标系统（JTD 1892）所确定的。JTD 1892 是以原东京天文台（Azabu）为大地原点：$B = 35°19'17.515''N, L = 139°44'30.097''E$。JTD 1892 以 Bessel 1841 为参考椭球（$a = 6377397.155\text{m}, f = 1/299.1528$）。韩国第二次大地坐标系统确定采用了日本东京 1918 年大地坐标系统（JTD 1918）。韩国在当时采用 JTD 1918 进行重新定位时，原点的纬度和方位角基本不变，主要是原点的经度变为 $139°44'40.502''$。在第二次大地定位时，所有韩国上三角测量点的地理坐标都因此而作了相应改变，即都改为 JTD 1918 系统。但这里要特别说明的是，韩国的地形图和地籍图上的公里格网坐标，由于技术原因，至今没有作 JTD 1918 的改变，即这些图中的公里格网坐标仍是基于 JTD 1892。在韩国的各种地图，特别是地籍图中的公里格网，一直沿用。韩国于 1975 年至 1994 年重建了该国大地控制网（PPGN），PPGN 包括 1155 个一等、二等三角测量点，平均边长为 11km，于 1994 年完成 PPGN 的整体平差。该网的大地原点为韩国的水原（Suwon）站。其相应的经纬度和方位角分别为 $B = 37°16'31.9034''N, L = 127°03'05.1451''E$，参考椭球仍采用 Bessel 1841。韩国 1994 年建成了该国的大地控制网（PPGN）后，应该说该国的大地基准是确定的，统一的。但使用不久后就发现，这一坐标系和空间技术，特别是和卫星定位的结果所对应的坐标系不一致，二者差异有时竟达 600m 以上。为了满足 21 世纪各类用户的需求，韩国于 1998 年推出了一个完全新型的国家三维地心大地坐标系统（KGD 2000），以替换现行的 PPGN 所定义的坐标系统。KGD 2000 以 ITRF 97 为参照，历元采用 2000.0。这是韩国大地测量工作面向 21 世纪的一项重大决策。它将向用户提供精确的，附有时相的三维地心空间坐标，而且 KGD 2000 与国际坐标框架保持一致（或有确定的、精确的连接），KGD 2000 是一种重要的、基本的地理空间数据基础设施，将为韩国的经济和社会可持续发展，为韩国的高科技发展做出贡献。

KGD 2000 与原来经典的大地坐标系统的大地基准不同，有以下一些特点：

（1）以地心为大地坐标系的原点；

（2）与国际通用的地面坐标参考系统（ITRS）和椭球参数（GRS 80）保持一致；

（3）和 ITRS 的联系是通过 KGD 2000 中连续运行的若干个 GPS 工作站与国际参考框架（ITRF 97）的不断联测来实现的；

（4）KGD 2000 的历元确定为 2000.0，即该系统中的坐标框架点的坐标值都是以此历元为准；

（5）表征 KGD 2000 坐标框架点是动态的，也就是这些点的坐标值是变化的，因此通过长期观测后，对 KGD 2000 中的一部分点位移动量相对平稳的点，将提供年运动速率，以保持点 KGD 2000 中坐标框架点的坐标值的现势性。

KGD 2000 的核心部分是有足够数量和分布合理的 GPS 连续运行站（CORS）。这些站是永久性的，24 小时连续接收和传输 GPS 信号。韩国各研究所正在运行 103 个全球导航卫星系统 CORS 站。其中，45 个台站由韩国国家地理信息研究院（NGII）运营，其任务是提供国家控制的坐标点。自 1995 年 3 月以来，NGII 的全球导航卫星系统（GNSS CORS）一直在运行，以监测韩国及其附近地区的地壳运动，以便确定精确的位置。台站配备 TRIMBLE 双频接收机，数据由 Bernese 处理，Bernese 可确定 GNSS 接收机的位置，水平和垂直精度分别约为20ppb 和 60ppb。CORS 观测以 1s 的采样间隔进行，但 30s 的数据对公众开放。

2.1.2　韩国国家高程控制测量

韩国高程基准采用正高系统，以国家高程基准确定的国家水准原点高程起算。对于远离国家水准网的岛屿，因不能与国家高程控制网连接测量，采用局部高程基准。韩国统一的高程起算基准面是江华湾平均海水面。该平均海水面是通过连续三年验潮确定的。为了明显地表示高程起算面的位置，在仁川验潮站建立了一个与平均海水面相联系的水准点，作为推算国家高程控制网高程的起算点。

韩国高程控制网是用水准测量方法建立起来的，称为国家水准网。它是地形测图和各项建设所必需的高程控制基础，同时也是地壳垂直运动研究的重要依据。

韩国精密水准网始建于 1910 年，完成于 1915 年，是由日本陆地测量部施测的。按照日本水准测量技术规格，朝鲜半岛的水准网分为两个等级。一等水准测量是国家高程控制网的骨干，二等水准测量是国家高程控制的全面基础。

一等水准路线主要沿交通路线布设，二等水准路线主要沿大路和河流布设。各等级水准测量路线自行闭合成环或闭合于高等级水准路线上，其目的在于控制水准测量系统性误差的积累。为便于长期保存和使用，在水准路线上设置了两类水准点。一类是基本水准点，每 4km 设置一个；另一类是普通水准点，每2km 设置一个。

水准观测通常采用双程水准测量技术。细则规定，一等水准测量的往返测限差为 $2.5\mathrm{mm}\sqrt{S}$，环线闭合差限差为 $2.0\mathrm{mm}\sqrt{S}$；二等水准测量的往返测限差为

$5.0\mathrm{mm}\sqrt{S}$,环线闭合差限差为 $5.0\mathrm{mm}\sqrt{S}$,其中 S 是以 km 为单位的测线或环线长度。

随着时间的推移,上述水准网的许多点遭到破坏和移动,已不能满足现代科学技术的发展和国民经济建设的需要。为此,从 1960 年起,韩国开始重新布设精密水准网。目前,新一、二等水准网已分别布测了 3400km 和 7600km。在一等水准网中,建立了 2024 个高程控制点,点距为 4km。在二等水准网中,建立了 4082 个高程控制点,点距为 2km。

起初,水准路线沿线未进行重力测量。从 1976 年开始,精密水准测量与重力测量同时进行,以便获得正高与地壳运动之间物理关系的最准确信息。

2.2 蒙古(Mongolia)

蒙古国(蒙古)是位于亚洲中部的内陆国,东、南、西与中国接壤,北与俄罗斯相邻。

蒙古大地测量是从 1939 年到 1946 年进行的,该国的主要三角测量由八个南北三角锁网和三个东西三角锁网组成。1999 年政府发布数据中有 27 条基线和 54 个拉普拉斯天文站。蒙古基本经典大地测量网由两个等级组成,其中三等和四等点用于控制网的加密。包括基于喀琅施塔得基准的水准基点,蒙古有 27500 个大地点。

俄罗斯系统基准参考椭球为 Krassovsky 1940($a = 6378245\mathrm{m}, f = 1/298.3$),原点位于普尔科沃天文台:$B = 59°46'18.55''\mathrm{N}, L = 30°19'42.09''\mathrm{E}$,原点处定义的方位角为 $\alpha_0 = 317°02'50.62''$。用于蒙古地图的格网系统是标准的俄罗斯分带,为高斯—克吕格横轴墨卡托投影 6°带,其分带与 UTM 相同,FE = 500 km,中央子午线的比例因子 =1。

在 1954 年至 1955 年间,美国陆军地图服务局(AMS)采用 UTM 网格编制了比例尺为 1∶25 万的彩色地图,该系列涵盖了俄罗斯和蒙古的零散地区。

在 1942 年至 1944 年间,美国陆军地图服务局复制了几张 1∶100 万比例尺的俄罗斯地图,并在 1949 年至 1958 年间为该国剩余的四分之三编制了 1∶100 万比例的彩色地图。

蒙古近年建立的新的国家大地坐标框架为 MONREF 97,该大地框架是在瑞典支援下采用 GPS 观测完成的,该框架的大地坐标系统和 WGS 84 保持一致。MONREF 97 这一新的国家地心三维坐标框架,取代了原来的蒙古国家二维平面坐标系 MSK-42(采用 Krassovsky 椭球),坐标系统和原苏联普尔科伏(普尔科沃)1942 系统保持一致(类似于中国 20 世纪 70 年代以前的老北京 54 坐标系)。

MONREF 97 由 38 个点组成。1997 年秋天为建立 MONREF 97 进行了两次全国 GPS 测量。Trimble 4000 SSi 接收机用于观测,Bernese 4.2 软件用于平差。

俄罗斯系统 42 基准(也称为 MSK-42)使用的投影参数与 UTM 网格的投影参数相同,但其原点比例因子不同。蒙古选择避开旧系统,并采用了 UTM 作为新的国家格网系统。最熟悉的模型是标准军事三参数转换,从 MSK-42 到 MONREF 97(WGS 84)的三参数为:$\Delta a = -108\text{m}$,$\Delta f = +0.000000480812$,$\Delta X = +13\text{m}$,$\Delta Y = -139\text{m}$ 和 $\Delta Z = -74\text{m}$。从 MSK-42 至 WGS 84 布尔沙—沃尔夫七参数转换为:$\Delta X = -78.042\text{m}$,$\Delta Y = -204.519\text{m}$,$\Delta Z = -77.450\text{m}$,$\varepsilon_x = -1.774''$,$\varepsilon_y = +3.320''$,$\varepsilon_z = -1.043''$,$m = -4.95105766 \text{ ppm}$。每个 UTM 分带都有一组单独的参数发布,该技术与美国陆军地图服务局(AMS)用于计算 1950 年欧洲基准的技术相同。从 MSK-42 到 MONREF 97 基准转换的第四种技术是一系列高斯—克吕格投影参数,这些参数直接从 MSK-42 的经度和纬度转换为 MONREF 97 UTM 坐标。蒙古政府发布的第五项也是最后一项技术是一张纬度差异表和经度差异表(均以 m 为单位),该表可作为类似于美国国家大地测量局发布的 NADCON 技术的双线性插值系统。在 2005 年和 2008 年重新计算了 UTM 分带转换参数。

蒙古规定采用的高程系统为正常高系统,高程起算依据原苏联波罗的海高程基准。丹麦国家航天中心在 2004 年至 2005 年的两次秋季测量活动中对蒙古进行了一次完整的空中重力测量。在 2006 年至 2007 年观测了绝对重力。制作了一个蒙古大地水准面高程模型,该模型在全国范围内的精度为 16cm,在乌兰巴托市的精度为 2~5cm。

2.3　新加坡(Singapore)

新加坡共和国(新加坡)位于马来半岛南端、马六甲海峡出入口,北隔柔佛海峡与马来西亚相邻,南隔新加坡海峡与印度尼西亚相望。由新加坡岛及附近 63 个小岛组成,其中新加坡岛占全国面积的 88.5%。

2.3.1　新加坡国家平面控制测量

当前的新加坡国家控制网建立于 1999 年,称为 the Integrated Survey Network (ISN),控制网包含大约 65 个一等点和 4000 个二等点,一等点覆盖全国范围,大多数位于建筑物顶部,二等点密集分布于全国,用于地籍测量和工程测量等方面,普遍布设于交通主干道附近,便于测量使用。

新加坡土地局于 2006 年 9 月建立了新加坡 CORS 系统,称为 SiReNT(the Singapore Satellite Positioning Reference Network),目前共有 7 个永久固定参考站,用户能够应用网络 RTK 技术开展土地调查、测绘、GIS 数据采集和工程定位等工作,同时 SiReNT 能够提供全年不间断服务。

新加坡历史上使用的坐标系统与西马来西亚一致,为 Kertau 1948,参考椭球为 Everest 1830(改进)。2004 年 8 月,新加坡建立基于 WGS 84 参考椭球的现代化坐标系统 SVY 95,取代 Kertau 1948,后来改称 SVY 21,参考椭球为 WGS 84,长半轴 $a = 6378137\mathrm{m}$,扁率 $f = 1/298.257223563$,坐标系统覆盖范围包括整个新加坡。

从 Kertau 1948 到 SVY 21 的转换参数为:$\Delta X = -11\mathrm{m} \pm 10\mathrm{m}$,$\Delta Y = +851\mathrm{m} \pm 8\mathrm{m}$,$\Delta Z = +5\mathrm{m} \pm 6\mathrm{m}$,尺度比 $m = +0.9475\mathrm{ppm} \pm 0.23\mathrm{ppm}$,$\varepsilon_x = -6.4227'' \pm 0.34''$,$\varepsilon_y = +3.8310'' \pm 0.21''$,$\varepsilon_z = +7.2881'' \pm 0.16''$,系 1987 年采用 6 个公共点算得。

2.3.2　新加坡国家高程控制测量

新加坡高程基准起算于平均海平面,以 1935 年至 1937 年的验潮数据建立高程基准,水准原点位于维多利亚码头(Victoria Dock)。

目前,新加坡有 600 多个通过精密水准测量网络建立的精密水准点(Precise Levelling Benchmarks,PLBMs),水准点间隔大约 1km。新加坡土地局综合 GNSS 技术和水准测量技术,于 2009 建立起新加坡第一个大地水准面模型,并命名为 SGeoid09,为采用 GNSS 技术测量高程打下良好基础,新加坡现代地籍测量大部分工作采用 GNSS RTK 作业方式,平面和高程均满足地籍测量技术要求。

2.4　东帝汶(Timor-Leste)

东帝汶民主共和国(东帝汶)是位于努沙登加拉群岛东端的岛国,包括帝汶岛东部和西部北海岸的欧库西地区,以及附近的阿陶罗岛和东端的雅库岛。西与印度尼西亚西帝汶相接,南隔帝汶海与澳大利亚相望。

东帝汶地理局(MGT)成立于 1937 年,在 1941 年停止工作。除了在最无法到达的地方的一些控制点外,所有完成的工作都丢失了。MGT 于 1954 年重新启用,目的是为该地区提供大地测量网,并以制作 1:5 万地形图。对于大地控制网的实施,采用国际椭球($a = 6378388\mathrm{m}$,$f = 1/297$)。

在印度尼西亚时期建立了水准测量网和 GPS 点网。水准点和 GPS 点的水泥控制桩仍然存在于东帝汶。在 1999 年 9 月独立投票后的冲突期间,水准点和 GPS 点等的资料均丢失。

由于迫切需要一个可靠的一级大地测量网来支持地形图和地籍图,葡萄牙政府在东帝汶全境的 8 个地点埋设新的控制桩建立了新的独立控制测量系统。由于旧的坐标记录在 1999 年的冲突中丢失,因此并没有进行联测利用。代表新的东帝汶基本大地测量网(RGFTL)的八个新点是:ABAC、CBBR、CLMR、MOLN、OCSS 、RACA、SAME 和 SUAI。

新的 RGFTL 采用 2000 年国际地球参考框架(ITRF 2000)。

2.5　马来西亚(Malaysia)

马来西亚位于东南亚,国土被南海分隔成东、西两部分。西马位于马来半岛南部,北与泰国接壤,南与新加坡隔柔佛海峡相望,东临南海,西濒马六甲海峡。东马位于加里曼丹岛北部,与印度尼西亚、菲律宾、文莱相邻。

2.5.1　马来西亚国家平面控制测量

历史上殖民时期,西马来西亚和东马来西亚所用坐标系统有所不同,东马来西亚(含文莱)在 1947 年通过三角测量所建立的坐标系统称为 Bukit Timbalai 1948,其对应的三角网为 Borneo Triangulation 1948 (BT 48),原点位于 Timbalai Sarawak,参考椭球 Everest (Sabah Sarawak),其长半轴 $a = 6377298.556$m,扁率 $f = 1/300.8017$。

在 1968 年,马来西亚测绘局对三角网进行了重测和重新平差,平差后三角网成果定义为 Borneo Triangulation 1968 (BT 68)。

西马来西亚所用坐标系统为 Kertau 1948,坐标原点位于 Kertau Pahang,参考椭球为 Everest 1830(Malay. & Sing),其长半轴 $a = 6377304.063$m,扁率 $f = 1/300.8017$。

现行的马来西亚坐标系统 Geodetic Datum of Malaysia 2000(GDM 2000),系由 15 个连续运行参考站基于 ITRF 2000(历元 2000.0)建立的平面坐标系统,参考椭球为 GRS 80,其长半轴 $a = 6378137$m,扁率 $f = 1/298.257222101$,坐标系统覆盖整个马来西亚。

另外,在马来西亚也存在地方坐标系统,如 Penang(槟城)地方 Cassini 坐标系,其投影中心位于乔治市。

马来西亚坐标转换比较复杂,一是坐标系众多,二是投影方式较多。

从 Timbalai 1948(沙巴州和沙捞越州)到 WGS 84 的转换参数是: $\Delta X = -679\text{m} \pm 10\text{m}$, $\Delta Y = +669\text{m} \pm 10\text{m}$, $\Delta Z = -48\text{m} \pm 12\text{m}$, 此参数是基于 8 个卫星定位参考站算得。

从 PMPGN 95 到 GDN 2000 的转换参数是: $\Delta X = 1.626737 \pm 0.3207\text{m}$, $\Delta Y = -1.936201 \pm 0.2404\text{m}$, $\Delta Z = 2.129729 \pm 0.2878\text{m}$, $\varepsilon_x = 0.036955'$, $\varepsilon_y = -0.027860'$, $\varepsilon_z = -0.004068'$, m = 0.246403ppm。

马来西亚国家测绘局利用全国的控制点,通过最小二乘法形成了全国 14 类不同坐标系统的转换参数,如下所示:

GDM 2000 to GDM 2000 (2008)

GDM 2000 to EMGSN 97

GDM 2000 to MRT 48

GDM 2000 to MRT 48

GDM 2000 to BT 68 (Sarawak)

GDM 2000 to MRSOGDM

GDM 2000 to BRSOGDM

GDM 2000 to CassiniGDM

PMGSN 94 to MRT 48

EMGSN 97 to BT 68 (Sabah)

EMGSN 97 to BT 68 (Sarawak)

MRT 48 to MRSO

BT 68 to BRSO

MRSO to Cassini

坐标转换可以通过国家测绘局网站联系申请,适用官方提供的转换参数。

马来西亚半岛早先的平面控制网为马来西亚修正三角网 Malaysia Revised Triangulation(MRT 48),原点位于 Kertau Pahang,这个控制网由 77 个大地点,240 个一等点,837 个二等点和 51 个三等点构成。东马来西亚的沙巴州和沙捞越州(Sabah 和 Sarawak)早期平面控制网(BT 68)也是由三角网构成,原点位于 Timbalai Sarawak。

在 20 世纪 90 年代,马来西亚半岛通过 GNSS 技术建立了一个新的基于 WGS 84 的控制网 Peninsular Malaysia Primary Geodetic GNSS Network(PMPGN 95),由 238 个控制点构成,平均点间距离 30km(图 2-1)。

新网的平差固定在老三角网中的 Kertau Pahang(原点),并将新网与老网建立了转换联系。PMPGN 95 基于 ITRF 2000 进行了升级,并命名为 PMPGN

2000,新的 GNSS 控制网的水平相对精度为 1 ~ 2ppm,垂直相对精度为 3 ~ 5ppm。

图 2-1　马来西亚 GNSS 点标志

马来西亚测绘局在东马来西亚沙巴州和沙捞越州也建立了新的基于 WGS 84 的 GNSS 控制网 East Malaysia Primary Geodetic GNSS Network（EMPGN 97）,由 171 个控制点构成,平均点间距离 30km。EMPGN 97 基于 ITRF2000 进行了升级,并命名为 EMPGN 2000,新的 GNSS 控制网的水平相对精度为 1 ~ 2ppm,垂直相对精度为 3 ~ 5ppm。

马来西亚将马来西亚半岛、沙巴州和沙捞越州的 GNSS 控制网统一在 ITRF 2000 后形成了全国统一的平面控制网,并建立全国统一的坐标系统 Geodetic Datumof Malaysia 2000（GDM 2000）。

马来西亚国家测绘局在 GDM 2000 坐标系统上建立起马来西亚 CORS 系统 Malaysia Active GNSS System（MASS）,MASS 由 15 个永久参考站组成,包含位于登嘉楼州（Terengganu）的一个板块监测站点。马来西亚 MASS 内符合精度平面 1.7 ~ 2.0mm,高程 4.4 ~ 6.2mm,平差后精度平面 3 ~ 16mm,高程 8 ~ 13mm,坐标统一在 ITRF 2000,满足网络 RTK 等测绘工作需要。

2.5.2　马来西亚国家高程控制测量

马来西亚半岛老的高程基准 LSD 12 建立于 1912 年,由英国采用 1911 年 9 月 1 日至 1912 年 5 月 31 日共计 8 个月的验潮数据建立,原点位于巴生港（Port Klang）,以平均海平面为基准。

马来西亚半岛新的高程基准 NGVD（The National Vertical Geodetic Datum）基于 1984 年至 1993 年的 12 个验潮站 10 年验潮数据建立,取代 LSD 12,水准原点高程为 3.624m,比 LSD 12 基准低了 65mm。1994 年马来西亚测绘局将水准

原点由巴生港通过水准测量引测到首都吉隆坡,并建立纪念标志,如图 2-2
所示。

图 2-2　位于吉隆坡的马来西亚新高程基准点

东马来西亚沙巴州和沙捞越州的高程基准 Sabah Datum 1997 是基于在 Kota
Kinabalu(哥打基纳巴卢)的验潮站(1988—1997)的 10 年观测数据建立。因为
马来西亚是由两部分组成,中间隔着海洋,因此存在两个高程基准。

马来西亚测绘局结合现代卫星定位技术组织开展了大地水准面精化工作,
建立的大地水准面模型 WMGEOID 04 适用于马来西亚半岛,EMGEOID 05 适用
于东马来西亚的沙巴州和沙捞越州。

在 20 世纪,马来西亚首先在马来西亚半岛建立了一等水准网,这个一等水
准网称为 FOLN 67(the First Order Levelling Network of 1967),随后建立的二等水
准网称为 PLN(the Precise Levelling Network)。一等水准网共建立了 2532 个水
准点,但经过 50 多年的时间后,在 1997 年调查时发现完好率仅为 40%。因此,
为了满足各类工程建设需要,马来西亚政府及时制订方案并启动国家高程控制
网维护和扩展工程。

马来西亚国家新的水准网测量基准从分布于海边的验潮站引出,水准点设
计为两种类型,一种是标准水准点(SBM),SBM 属于一等水准网,为全国提供一
个稳定的基准控制水准网,SBM 沿着主要道路干线布设,点间间隔约 40km。

第二种类型水准点为普通水准点(BM),水准点标志如图 2-3 所示,建立在
标准水准点之间,采用二等水准建立,在发达城市地区每 0.5km 布设一点,其他
地区每 1.0km 布设一点。国家一、二水准点规格均为统一标准,每个水准点均
有指示标志,点位一般位于派出所、学校、公园等区域且位置稳定的地方,如桥梁

上、建筑物上等。

马来西亚国家一等水准测量精度为 $3mm\sqrt{k}$,二等水准测量精度为 $12mm$ $\sqrt{k}$,K 为水准路线长度,以 km 计。

a)　　　　　　　　　　　　　　　　b)

图 2-3　马来西亚国家水准点标志

2.6　缅甸(Myanmar)

缅甸联邦共和国(缅甸)位于东南亚中南半岛西部,东北与中国毗邻,西北与印度、孟加拉国相接,东南与老挝、泰国交界,西南濒临孟加拉湾和安达曼海。

2.6.1　缅甸国家平面控制测量

缅甸最早应用的基准是 1916 年的印度基准,1916 年建立的三角网覆盖大部分印度地区,同时包括了孟加拉国和缅甸,由于年久失修,大部分三角点已被破坏或丢失。原点位于 1880 年定义的 Kalianpur Hill,因此坐标系称为 Kalianpur 1880,参考椭球 Everest (1830 定义),其长半轴 $a = 6377276.345m$,扁率 $f = 1/300.8017$ 。坐标系覆盖巴基斯坦、印度、孟加拉、尼泊尔、缅甸和泰国。

1937 年,Kalianpur 1880 三角网经过重新平差调整,因此坐标系统变更为 Kalianpur 1937,参考椭球仍为 Everest 1830 (1937 调整),椭球参数值更精确,长半轴 $a = 6377276.34518m$,扁率 $f = 1/300.80173$ 。

在 1975 年,美国陆军远东制图局对缅甸的三角网进行重新平差,平差形成了 Indian 1960 坐标系统,椭球参数仍沿用原来的 Everest 1830,与越南曾使用的 Indian 1960 相一致。

从 2000 年开始,缅甸在国际支援下开始建立全国的 GNSS 网,并启用

Myanmar Datum 2000 坐标系统,同时开展 1:5 万地形图的更新工作。缅甸在 2000 年以后使用 GNSS 技术加密建立了 GNSS 平面控制网,包括:首级网零等点 9 个,次级网一等点 474 个,二等点 341 个,截至 2016 年共有 815 个控制点。

从缅甸测绘部门收集的 1:5 万地形图和控制点资料来看,缅甸新的坐标基准 Myanmar Datum 2000 采用的参考椭球仍然是 Everest 1830,图 2-4 为收集的控制点资料。

SURVEY DEPARTMENT, MINISTRY OF AGRICULTURE & IRRIGATION
UNION OF MYANMAR
DESCRIPTION OF THE GPS-STATION

Station 0357		Area: 2397_15		
WGS 84:	Lat: 23°27'43.95543	Long: 97°55'41.00848		Ell Ht: 1317.076m
Transformation parameters		DX: -246.632 m	DY: -784.833 m	DZ:-276.923m
Myanmar Datum 2000	Lat: 23°27'40.965112	Long: 97°55'53.428882		Ell Ht: 1356.580257m
UTM Grid zone: 47(N)		Projection: Universal Transverse Mercator		
UTM	E: 390885.874198m	N: 2594786.53633m		MSL Ht: 1352.990m Based on Geoid Model
False easting	500000.000000	False northing	0.000000	
Longitude of central meridian: 99.000000		Ellipsoid: Everest 1830		
Semimajor axis: 6377276.3449999997000		Inverse Flattening: 300.8017000		Scale Factor: 0.999600
Description of the station				
Station No. 0357 is located in the people sport field compound, Kutkai, Kutkai Township. It is sited in the north-west about 23.23m from independence monument. It is reinforced concrete pillar, 0.541 m high above ground level.				

图 2-4　缅甸控制点资料

从 Indian Datum 1975 到 WGS 84 的转换参数是:$\Delta X = +210m \pm 3m$, $\Delta Y = +814m \pm 2m$, $\Delta Z = +289m \pm 3m$。

2.6.2　缅甸国家高程控制测量

缅甸高程基准起算为平均海平面,原点在吉坎眉。图 2-4 所示为在缅甸收集的控制点资料,资料显示高程基准为 MSL,即平均海平面。

缅甸最早的高程控制网在 1858 年至 1875 年建立,从验潮站测量了主水准路线,在 1875 年至 1909 年对主水准路线进行了扩展形成了高程控制网。

由于老的控制点丢失严重,缅甸政府在越南等国家的支持下,对经济发达地区的高程控制网进行了联测或扩展,在边远地区,水准点较为稀少,且由于多年没有联测和重新平差,控制点之间的高程也存在较大差异,使用者在测量时需要仔细甄别。

2.7 柬埔寨（Cambodia）

柬埔寨王国（柬埔寨）位于东南亚中南半岛南部，西部及西北部与泰国接壤，东北部与老挝交界，东部及东南部与越南毗邻，南部则面向泰国湾。

2.7.1 柬埔寨国家平面控制测量

柬埔寨老的平面控制网为三角网，由于破坏严重，基本失去使用功能。为此，柬埔寨在国际援助下，使用 GNSS 技术建立了新的国家控制网。第一个 GNSS 控制网首先在柬埔寨金边周围建成，由 9 站组成基本网，控制网坐标精度小于 0.01m。在基本网基础上进一步建立了 85 个低一级的控制点，用于航空摄影测量、地面工程控制测量等方面。图 2-5 所示为控制点测量作业过程照片。

a)　　　　　　　　　　　　　　　　　b)

图 2-5　柬埔寨 GNSS 控制网测量

随后，柬埔寨在其他地方也开始建立 GNSS 控制网，并采用国际常用的基准参数。柬埔寨国家坐标系有 Indian 1960 和 Indian 1975，参考椭球 Everest 1830（1937 调整），长半轴 $a = 6377276.34518$m，扁率 $f = 1/300.80173$，坐标系起源与前述几个国家基本一致，坐标系覆盖范围柬埔寨和越南南部地区。随着全球卫星定位测量技术的发展，柬埔寨在越南等国家的帮助下开始建设现代化的坐标系统 Cambodia Geodetic Datum 2003（CGD 03），根据项目收集的资料来看，新建的柬埔寨坐标系统是基于 IFRF 2005，历元 2009.56，参考椭球为 Geodetic Reference System 80（GRS 80），其长半轴 $a = 6378137$m，扁率 $f = 1/298.257222101$。

从 Indian Cambodia 到 WGS 84 的转换参数为：$\Delta X = +225$m，$\Delta Y = +854$m，$\Delta Z = +301.9$m，$\varepsilon_X = \varepsilon_Y = \varepsilon_Z = 0$，$m = 0.38$ppm。

2.7.2　柬埔寨国家高程控制测量

柬埔寨老的高程基准是引自越南的 Ha Tien 1960，在越南用 Hon Dau 1992 高程基准取代 Ha Tien 1960 高程基准后，柬埔寨仍然沿用原 Ha Tien 1960 高程基准，但在 2008 年对此基准进行了更新。从柬埔寨国家测绘局收集到的 2009 年地形图，地形图显示采用的高程基准为 Ha Tien 1960。

柬埔寨早期的水准网建立于 20 世纪初到 1960 年，但由于河水侵蚀和战争破坏，大部分水准点已经不复存在。战争结束后，柬埔寨开始国家建设，测量工作也作为基础工作按计划开展，从原点开始布设了多条水准路线。

2.8　越南(Vietnam)

越南社会主义共和国(越南)位于东南亚中南半岛东部。北与中国接壤，西与老挝、柬埔寨交界，东面和南面临南海。

2.8.1　越南国家平面控制测量

法国 1899 年在越南成立地理局，负责经办越南、老挝、柬埔寨境内的各项测绘事务，建立了坐标系，该坐标系以 Clarke 1880 为参考椭球($a = 6378249.2\text{m}$, $f = 1/293.459$)，大地原点位于河内，自建立后到 1954 年，一直是越南、老挝和缅甸的测量与制图基准。它在东南亚早期的测绘生产中，曾发挥过重要作用。

从 1954 年到 1975 年，越南南方的基本测量和制图工作都是由美国国防部制图局(DMA)实施的。1955 年，美国和越南、柬埔寨、老挝签订了共同测绘其领土的协议。为了完成这项工作，美国利用法国控制网中保留下来的三角点，在上述三个国家布测了测图用的大地控制网。20 世纪 50 年代末至 60 年代初，美国将上述控制网与泰国三角网连接在一起，并在 Everest 1830 参考椭球面上进行了统一平差，平差结果定义为"1960 年印度坐标系"，英文名称为 Indian 1960，其 $a = 6377276.345\text{m}$, $f = 1/300.8017$。此后，美国在印度的测量和制图均以此系统为控制基准。

1954 年，越南在中国的援助下，把越南边境上的三角点与中国云南、广西的三角网进行联测，引用了中国 1954 年北京坐标系大地点坐标和高程。随后，通过三角锁延伸至河内，选择河内天文点为原点，选择 Krassovsky 1940 参考椭球，建立越南大地坐标，称为"1972 河内坐标系"，英文名称为 Hanoi 1972，其长半轴 $a = 6378245\text{m}$，扁率 $f = 1/298.3$，它是近似的 1942 年普尔科沃坐标系。

随着卫星定位技术的发展,越南国家 GPS 网的建立及全国大地控制网整体平差顺利完成,越南国家测绘局建立了现代化的大地参考基准 Vietnam 2000(VN-2000),坐标原点在首都河内,参考椭球 WGS 84,其长半轴 $a = 6378137\mathrm{m}$,扁率 $f = 1/298.257223563$,坐标系覆盖范围包括越南、柬埔寨、老挝大部地区和泰国东部。

从 Indian 1960 到 WGS 84 的转换参数为:$\Delta X = +198\mathrm{m} \pm 25\mathrm{m}, \Delta Y = +881\mathrm{m} \pm 25\mathrm{m}, \Delta Z = +317\mathrm{m} \pm 25\mathrm{m}$,在昆山岛(Con Son Island)从 Indian 1960 到 WGS 84 的转换参数为:$\Delta X = +182\mathrm{m} \pm 25\mathrm{m}, \Delta Y = +915\mathrm{m} \pm 25\mathrm{m}, \Delta Z = +344\mathrm{m} \pm 25\mathrm{m}$。

从 WGS 84 到 Hanoi 1972 的转换参数为:$\Delta X = -21\mathrm{m}, \Delta Y = +124\mathrm{m}, \Delta Z = +68\mathrm{m}, \varepsilon_X = +0'', \varepsilon_Y = +0'', \varepsilon_Z = +0.814'', m = +0.38$ ppm。从 WGS 84 到 Indian(Vietnam)的转换参数为:$\Delta X = -199\mathrm{m}, \Delta Y = -931\mathrm{m}, \Delta Z = -321\mathrm{m}$。

越南国家平面控制网由 0、Ⅰ、Ⅱ、Ⅲ四级控制点构成,其中 0 等点 71 个,Ⅰ等点 328 个,Ⅱ等点 1177 个,Ⅲ等点 12658 个(地籍测量基本控制点),控制网覆盖整个国家。0 等点组成越南的坐标系统框架,Ⅰ、Ⅱ、Ⅲ分布在全国范围。

2.8.2　越南国家高程控制测量

越南高程基准有 Ha Tien 1960,原点位于越南河仙,适用于越南和柬埔寨。

1972 年海防高程基准,高程起算基准面是北部湾平均海水面。该平均海水面是在 1955 年至 1962 年通过验潮确定的。为了明显地表示高程起算面的位置,在昏果岛布设了一个与验潮站相联系的水准零点网,在涂山半岛布设了一个水准原点网,两网之间以连测路线相连接,将经过长期验潮所决定的平均海水面对于水位标尺零点的高程,通过零点网传算到水准原点,作为决定原点网高程的依据。Hon Dau 1992 高程基准在 1992 年定义,原点位于越南海防市东南 20km 的 Hon Dau,此高程基准适用于越南和老挝。

越南国家高程控制网分四个等级布设,由 18 个基本点、1181 个一等点、1114 个二等点和 2334 个三等点构成,控制网覆盖整个国家。

2.9　老挝(Laos)

老挝人民民主共和国(老挝)是位于东南亚中南半岛北部的内陆国家。北邻中国,南接柬埔寨,东临越南,西北毗邻缅甸,西南毗邻泰国。

2.9.1　老挝国家平面控制测量

1975 年,老挝人民民主共和国建立,在国家建设过程中,老挝有过几种不同的坐标系,包括 Indian 1954, Indian 1960 和 Vientiane Datum 1982, Lao Datum 1993,WGS 84 及最新的 Lao 1997(The Lao National Datum 1997)。其中,Indian 1954 是基于泰国边境的 10 个三角点平差所得,在 1960 年,老挝控制网基于柬埔寨—越南平差成果重新平差形成 Indian 1960 基准,越南也以较低标准平差调整到这个系统,Indian 坐标系是起源于 1900 年定义,1916 年标记的 Kalianpur Hill,参考椭球为 Everest 1830,$a = 6377276.345\text{m}$,$f = 1/300.8017$,这个坐标系统与越南、缅甸坐标系统具有一致的来源。

老挝早期的控制网也是三角网,由于控制点被破坏加之三角网的精度较低,1993 年 10 月至 11 月,老挝国家测绘局在国际支援下组织了国家大地控制网测量。本次测量使用 GNSS 技术并得到越南测绘局的支持。GNSS 大地控制网由一个基本网(一等网)和两个次级网(二等网)组成。一等网 25 站,采用双频 GNSS 接收机观测,包含 5 个早期建立的控制点(包括万象原点)。二等网由 66 站组成,主要在经济发达地区布设,包含 3 个以上老控制点(三角点),使用单频 GNSS 接收机观测。

为了与建立的国家控制网相匹配,老挝国家测绘局启用了新的坐标系统 Lao Datum 1993,原点定义在 Vientiane Datum 1982 坐标系统的 Paksan,参考椭球为 Krassovsky 1940。在 1997 年,老挝测绘局组织对国家控制网进行加密,并启用新的坐标系统 Lao Datum 1997,原点和参考椭球与 Lao 93 一致,控制网进行了重新平差。

VientianeDatum 1982,原点位于 Vientiane (Nongteng),系由苏联支持建立,参考椭球 Krassovsky 1940,$a = 6378245\text{m}$,$f = 1/298.3$。Lao Datum 1993 是在 1993 年由越南协助用 GNSS 测量方法建立的坐标系统。Lao 1997 是老挝现行的坐标系统,Lao 1993 和 Lao 1997 的参考椭球均为 Krassovsky 1940,原点是位于首都万象的天文点。

从 Lao National Datum 1997 到 Indian Datum 1954(万象地区)转换参数:$\Delta X = -168.711\text{m} \pm 0.034\text{m}$,$\Delta Y = -951.115\text{m} \pm 0.034\text{m}$,$\Delta Z = -336.164\text{m} \pm 0.034\text{m}$。

从 Lao National Datum 1997 到 Indian Datum 1960 转换参数:$\Delta X = -153\text{m}$,$\Delta Y = -1012\text{m}$,$\Delta Z = -357\text{m}$,转换参数精度未知。

从 Lao National Datum 1997 到 Lao Datum 1993 转换参数:$\Delta X = +0.652\text{m} \pm 0.15\text{m}$,$\Delta Y = -1.619\text{m} \pm 0.15\text{m}$,$\Delta Z = -0.213\text{m} \pm 0.15\text{m}$。

从 Lao National Datum 1997 到 Vientiane Datum 1982 转换参数:$\Delta X = +2.227\text{m} \pm 0.79\text{m}$,$\Delta Y = -6.524\text{m} \pm 1.46\text{m}$,$\Delta Z = -2.178\text{m} \pm 0.79\text{m}$。这个转换参数仅适用于万象地区。

从 Lao National Datum 1997 到 WGS84 的转换参数：$\Delta X = +44.585\mathrm{m}$，$\Delta Y = -131.212\mathrm{m}$，$\Delta Z = -39.544\mathrm{m}$，转换参数精度未知。

2.9.2　老挝国家高程控制测量

老挝是东南亚内陆国家，较早之前的地形测绘由美国陆军工程部队完成，其高程基准起算为近似海平面。老挝独立后，在越南支持下采用平均海平面作为高程基准起算，由于老挝是内陆国家，因此其高程基准引用越南的 Hon Dau 1992。

老挝稀疏的水准网建立在 25 年前，许多水准点被破坏或丢失，因此在工程引用时往往距离很长，水准点埋设和水准网测量是老挝面临的重要工作，目前在老挝开展工程测量工作，收集高程控制点比较困难。

2.10　文莱（Brunei）

文莱达鲁萨兰国（文莱）位于加里曼丹岛西北部。北濒南海，东南西三面与马来西亚的沙捞越州接壤，并被沙捞越州的林梦分隔为东西两部分。

2.10.1　文莱国家平面控制测量

文莱的国家平面控制网在 1934 年至 1937 年由当时的测量局建立。在 1947 年，对沙巴州和沙捞越州三角网重新平差时建立了婆罗洲三角网 Borneo Triangulation 1948（BT 48），文莱三角网是马来西亚沙巴州和沙捞越州三角网的一部分。

在 2009 年，文莱建立新的坐标系统 GDBD2009，并采用 GPS 技术测量建立了新的国家大地控制网以升级老的三角网。

新的控制网采用 CORS 技术，0 级网由 3 个老三角点和 5 个新 GNSS 永久站构成，GNSS CORS 站分别是：KBEL、LABI、MURA、LAMU、LIAN、TEMB、TUTO、UKUR。8 个连续运行参考站（CORS）均配备 GNSS 接收机，进行 24 小时不间断观测，并提供实时差分跟踪服务，但目前的网络范围还没有完全覆盖整个国家，需要增建新的 CORS 站。

文莱历史上使用的坐标系统与东马来西亚一致，使用 Bukit Timbalai 1948 坐标系。当前的坐标系统为 Geocentric Datum Brunei Darussalam 2009（GDBD 2009），是基于 ITRF 2005 用 GPS 测量技术建立的，参考椭球为 GRS 80，$a = 6378137\mathrm{m}$，$f = 1/298.257222101$。

从 GDBD 2009 到 BT 48 使用 Bursa-Wolf 的七参数是: $\Delta X = +689.59370$m, $\Delta Y = -623.84046$m, $\Delta Z = +65.93566$m, $m_0 = -5.88536$ ppm, $\varepsilon_X = -0.02331''$, $\varepsilon_Y = 1.17094''$, $\varepsilon_Z = -0.80054''$。

从 GDBD 2009 到 WGS 84 的三参数是: $\Delta X = +0.13513$m, $\Delta Y = +0.12670$m, $\Delta Z = +0.02497$m。

从 WGS 84 到 BT 48 使用 Bursa-Wolf 的七参数是: $\Delta X = +597.1257$m, $\Delta Y = -624.202$m, $\Delta Z = +2.1991$m, $m = -10.4358$ppm, $\varepsilon_X = -1.45741''$, $\varepsilon_Y = -0.84837''$, $\varepsilon_Z = +1.79984''$。

2.10.2 文莱国家高程控制测量

文莱高程基准起算于平均海平面,与东马来西亚沙巴州和沙捞越州的高程基准 Sabah Datum 1997 相一致。

文莱在原东马来西亚(沙巴州和沙捞越州)高程控制网基础上发展了本国的高程控制网,高程控制测量采用精密水准测量(相当于一等水准)。

2.11 巴基斯坦(Pakistan)

巴基斯坦伊斯兰共和国(巴基斯坦)位于南亚次大陆西北部。东接印度,东北与中国毗邻,西北与阿富汗交界,西邻伊朗,南濒阿拉伯海。

英国在 18 世纪和 19 世纪对印度、巴基斯坦和孟加拉国的大地测量控制和制图是在印度的大三角测量中引入的,1916 年印度基准的原点位于印度 Kalianpur 山上, $B = 24°07'11.26''$N, $L = 77°39'17.57''$E,参考椭球是 Everest 1830 ($a = 6377309.6126$m, $f = 1/300.8017$)。巴基斯坦的原始地形图由印度测绘局(SOI)基于印度 I 区的兰勃特圆锥等角投影,其中,中央子午线 $L_0 = 68°$E,原点纬度 $B_0 = 32°30'$N,原点纬度上的比例因子 $m_0 = 823/824 = 0.998786408$, FE $= 2743200$m, FN $= 914400$m。

I 区兰勃特圆锥正投影范围为:

北界:1975104m,印度 0 区的北线;

东界:子午线为 78°E,向南至 31°N,因此沿该纬线平行于 81°E,沿该子午线至 29°N,沿此子午线平行于 79°E,沿该子午线至 28°N;

南界:平行于 28°N;

西界:子午线 60°E 到起点。

印度 IIA 区也应用于巴基斯坦,特别是在近海地区,其中:印度中央子午线

$L_0 = 74°$ E，原点纬度 $B_0 = 26°$ N，原点纬度的比例因子 $m_0 = 823/824 = 0.998786408$，FE $= 2743200$m，FN $= 914400$m。

IIA 区兰勃特圆锥正投影范围为：

北界：平行于北纬 $28°$，向东至东经 $79°$，沿该子午线至北纬 $29°$，与该纬线平行于 $82°$E；

东界：子午线为 $82°$E，向南至 $28°$N，沿其平行于 $83°$E，沿此子午线达到 $26°$N，沿此子午线平行于 $82°$E，沿此子午线至 $22°$N；

南界：平行于 $22°$N，向西至 $72°$N，沿此子午线至 $20°$E，沿此子午线平行于 $60°$N；

西界：子午线为 $60°$E，向北至北纬 $24°$，然后到达 $25°$N、$57°$E，最后沿子午线经 $57°$E，达到 $28°$N 作为起点。

1960 年印度基准是局部平差，更改了 Everest 1830 参考椭球的原始参数（巴基斯坦修改）（$a = 6377309.613$m，$f = 1/300.8017$），兰勃特圆锥正射投影带 I 和 IIA 参数已更改为 m，成为巴基斯坦的基本单位。巴基斯坦的近海石油勘探得出了一些三参数转换，似乎与从 1960 年印度基准到 WGS 84 基准转换相似。

2.12　斯里兰卡（Sri Lanka）

斯里兰卡民主社会主义共和国（斯里兰卡）为南亚次大陆以南印度洋上的岛国，西北隔保克海峡与印度相望。

斯里兰卡老的坐标系统为印度坐标系统，建立于 20 世纪 30 年代，被称为主控制网。参考椭球为 Everest 1830（$a = 6377276.345$m，$f = 1/300.8017$）。

1993 年，斯里兰卡通过全球定位系统测量来升级大地测量控制网，因此仅使用 GPS 作为基准面，这项测量从 1996 年开始至 1998 年结束，从而建立了斯里兰卡 1999（SLD 99）坐标系统，参考椭球仍为 Everest 1830。先前的控制网与 SLD 99 同时进行了修订和升级，自 2000 年以来可在斯里兰卡使用，国家地图格网坐标称为 SL_GRID_99。

自 1999 年以来，斯里兰卡测绘局引入了测地型 GPS 接收机，以用于地面测量建立全国大地测量控制网。在过去的 20 年中，开展了大地测量的各种活动，对先前建立的大地测量控制点进行平面测量和精密水准测量，并确定该国的国家大地水准面。

斯里兰卡连续运行参考站网络（SLCORSnet）由位于远程指定位置的 GNSS 参考站组成，这些参考站将采集到的 GNSS 原始数据实时传输到位于测量总局科伦坡的控制中心,由控制中心进行网络数据处理,通过网络将其传输给现场用户。

斯里兰卡采用的地图投影是横轴墨卡托投影,采用 Everest 椭球(1830),其中央子午线通过 Pidurutalagala,Pidurutalagala 基准点被用作原点和中央子午线的纬度,$L_0 = 80°46'18.16710''E$,原点纬度 $B_0 = 7°00'1.69750''N$,比例因子 $m_0 = 0.9999238418$,以使沿中央子午线的比例尺误差相等。在中央子午线的比例误差为 $1:13000$,在离中央子午线 $1°$ 多一点的岛的东端,比例误差为 $1:10000$。$FN = 500km,FE = 500m$。

斯里兰卡基于 SLD 99 基准的控制网共有 273 个控制点,其中基本站点 1 个,AA 级 GPS 站点 10 个,A 级 GPS 站点 194 个,三角点 48 个,基本水准点 20 个。

从 WGS 84 到 SLD 99 的七参数为:$\Delta X = +0.2933m$,$\Delta Y = -766.9499m$,$\Delta Z = -87.7131m$,$\varepsilon_X = +0.1957040''$,$\varepsilon_Y = +1.6950677''$,$\varepsilon_Z = +3.4730161''$,$m = +1.0000000393$。

从 WGS 84 到 SLD 99 的三参数为:$\Delta X = +97m$,$\Delta Y = -787m$,$\Delta Z = -861m$。

2.13 孟加拉国(Bangladesh)

孟加拉人民共和国(孟加拉国),位于南亚次大陆东北部的恒河和布拉马普特拉河冲积而成的三角洲上。东、西、北三面与印度毗邻,东南与缅甸接壤,南临孟加拉湾。

2.13.1 孟加拉国国家平面控制测量

孟加拉国测绘局(SOB)是孟加拉国的国家测绘机构,该部门于 1767 年 1 月 1 日开始在印度测量部门中产生,该部门由印度第一独立测量师 James Rennell 少校领导。孟加拉国测绘局一直进行测量和制图活动。印度次大陆的原始"基准"通常被称为 1916 年印度基准,其原点位于 Kalianpur,$B = 24°07'11.26'' N$,$L = 77°39'17.57''E$,参考椭球为 Everest 1830($a = 6377276.345m$,$f = 1/300.8017$)。

印度测绘局对孟加拉国原始地形图使用印度 IIB 区兰勃特圆锥形正射投影,中央子午线 $L_0 = 90°E$,原点纬度 $B_0 = 26°N$,在原点纬度上比例因子 $m_0 = 0.998786408$,$FE = 2743185.698m$,$FN = 914395.233m$。

孟加拉国国家基准原点为 Gulshan(Dhaka),其中:$B = 23°47'49.48502''N$,$L = 90°25'06.55270''E$,椭球高度 $H = 8.53m$,参考椭球仍然是 Everest 1830。孟加拉国测绘局发布的印度 IIB 区古尔山局部网格坐标为:$FE = 2783078.55m$,

$FN = 670702.07\text{m}$。

孟加拉国测绘局发布 Gulshan 的 WGS 84 坐标为：$B = 23°47'52.02714''\text{N}$，$L = 90°24'56.34024''\text{E}$，椭球高度 $H = -45.4494\text{m}$。孟加拉国测绘局已发布了从孟加拉国基准到 WGS 84 基准的三参数转换为：$\Delta X = -283.729\text{m}$，$\Delta Y = -735.942\text{m}$，$\Delta Z = -261.143\text{m}$。考虑到孟加拉国的面积，三参数基准转换精度为 $\pm 0.43\text{m}$ 之内。

孟加拉国测绘局使用航空影像和高分辨率卫星图像为全国制作了 1∶25000 比例尺的新地形图，影像地面分辨率为 50cm，主要城市地面分辨率 25cm。自 1994 年以来，大地测量控制网已在全国范围内广泛分布。孟加拉国测绘局已建立了 6 个带有服务器的永久 GNSS 站，这些有助于进行制图和导航活动。1993 年建立了一个潮汐站，以确定平均海平面，并在首都建立了平面和正高的国家基准。

孟加拉国国家平面控制网建设分三个阶段：

(1)第一阶段(1767 年至 1916 年)

在印度北阿坎德邦建立大地测量原点。北阿坎德邦是古老的印度三角测量的原点，天文纬度 $24°07'11.26''\text{N}$，经度 $77°39'17.57''\text{E}$。1916 年首次进行了水平网平差，覆盖了印度大部分地区，以及孟加拉国和缅甸，印度测绘局进行了大地测量控制网的平差工作。

采用 Everest 1830 椭球，$a = 6377276.345\text{m}$，$b = 6356075.413\text{m}$，$f = 1/300.8017$。选择具有两个标准平行线的兰勃特等角圆锥投影，印度的整个地区分为若干个网格区域，孟加拉国位于名为网格 IIB 的区域中，此处假定原点的地理坐标为纬度 26° 和经度 90°。

(2)第二阶段(1916 年至 1990 年)

三角测量网得到扩展和平差。在此期间，大多数三角测量网在全国范围内得到了扩展和加密。1966 年至 1967 年，在全国范围内进行了磁力和重力观测。

开展了广泛的制图活动。孟加拉国的基本地图的比例尺为 1∶5 万，它需要 267 张纸(15cm×15cm)才能覆盖整个孟加拉国。该系列地图以及其他地形图在此期间已经完成并定期更新。

(3)第三阶段(1990 年至今)

由于现代科技创新发展，用户要求的性质也发生了变化。国家制图组织意识到有必要更新有关测量单位的地理数据，与其他椭球和投影系统的兼容性。以下是已完成的主要工作：

1995 年，与日本国际合作社合作，在孟加拉国达卡的古尔山建立了国家平面和高程基准。在这项测量中,达卡古尔山 Gulshan 与最近的四个 IGS 站点 Tsukuba(日本),Wettgell(德国),Hartebeesthoek(南非),Yaragadee(澳大利亚)联测。

在孟加拉国引入了数字地图系统。在与法国 IGN 的技术合作下,1998 年引入了数字地图技术。

孟加拉国平面控制网现有 267 个一等平面控制点,756 个二等平面控制点。

2.13.2 孟加拉国国家高程控制测量

1858 年至 1875 年,使用当地平均海平面进行了水准测量,并在 1875 年至 1909 年建立了高程控制网络,并针对印度次大陆进行了平差。在网平差的过程中考虑了印度沿岸 9 个潮汐站。它们是福尔斯波因特(Falls Point),维沙卡帕特南(Vizagapattam),马德拉斯(Madrash),纳加帕蒂南(Nagapattam),科钦(Coachin),卡普尔(Karpor),康巴(Kombar),孟买(Bombay)和卡拉奇(Karachi)。

1916 年至 1990 年,水准网得到扩展和重新平差。孟加拉国及其周围地区没有潮汐站,印度的维沙卡帕特南(Vizagapattam)是最近的潮汐站。因此,孟加拉国境内广泛延伸的水平测量无法正确检核。

继承的高程网在 1909 年与印度次大陆沿岸的 9 个潮汐观测站相连。孟加拉国没有潮汐观测站。这些水准线路的行进距离很长,而且很老,被用来穿越宽阔的河流,而且由于时间的流逝,发生自然灾害(如地震)具有明显的相对误差。

1990 年后建立了一个高程基准和潮汐观测站,用于确定和监测孟加拉国平均海平面。

孟加拉国规定采用的高程系统为正常高系统。高程网有 668 个一级高程控制点,1287 个二级高程控制点。

2.14 尼泊尔(Nepal)

尼泊尔为南亚内陆山国,位于喜马拉雅山南麓,北邻中国,其余三面与印度接壤。

早期,尼泊尔采用印度 1916 年坐标系统,其原点是 Kalianpur Hill 站,$B = 24°07'11.26''N$,$L = 77°39'17.57''$,参考椭球为 Everest 1830($a = 6974310.600$ 印度码,$f = 1/300.8017$)。后来,尼泊尔采用 1981 年坐标系统,原点位于 Nagarkot 12/157 站,$B = 27°41'31.04''N$,$L = 85°31'20.23''$,参考椭球 Everest 1830($a =$

$6377276.345\text{m}, f = 1/300.8017$）。

1981 年至 1984 年期间建立了 68 个一级大地测量点、16 个多普勒点的大地测量网,其中包括在 1976 年建立 7 个拉普拉斯点,作为控制该国高精度大地测量网方位角的基点。在全国 75 个区县中的 47 个区县完成了二级、三级和四级大地测量网的扩展。加德满都附近的大地观测站作为三角网的基站。在 1990 年以前,天文台定期对大地观测站进行时间和方位的恒星观测,现在已被定期的 GPS 测量所取代,并正在发展成为一个永久的跟踪站。

从 WGS 84 到 1981 年坐标系转换参数:$\Delta X = -293.17\text{m}$,$\Delta Y = -726.18\text{m}$,$\Delta Z = -245.36\text{m}$。

国家大地水准网沿国家公路进行精密水准测量,共 6430km 的水准路线,包括每 2km 的永久基准和每 200m 的临时基准。20 世纪 90 年代开展绝对重力观测,在全国各地建立了 9 个绝对重力站。1997 年尼泊尔大地水准面是根据 1712 个观测站的重力测量而确定的。

2.15 马尔代夫(Maldives)

马尔代夫共和国(马尔代夫)是印度洋上的群岛国家,距离印度南部约 600km,距离斯里兰卡西南部约 750km。26 组自然环礁、1192 个珊瑚岛分布在 9 万 km^2 的海域内,其中约 200 个岛屿有人居住。

马尔代夫坐标 Maldive – Chagos 带覆盖整个区域。定义的高斯—克吕格横轴墨卡托投影参数包括:原点纬度位于赤道上,中央子午线 $L_0 = 73°30'\text{E}$,原点比例因子 $m_0 = 1$,FE = 381304.8m,FN = 1325880m。参考椭球为 Everest 1830($a = 6377304.07\text{m}, f = 1/300.8017$)。

Maldive-Chagos 带的界限是:北—8°N,东—子午线 76°E,南—10°S,西—子午线 72°E。没有指定标准的英国军事网格颜色,但是发现为该带发布的颜色是黑色。当地的马尔代夫天文基准的名称未知,但是在 2004 年 7 月,英国水文局的 Ruth Adams 指出,原始天文坐标与 WGS 84 基准之间的距离超过 4828m。

从甘岛上的马尔代夫基准(国际 1909 年椭球上称为"Gan 1970")到 WGS 84 基准的三参数转换为:$\Delta X = -133\text{m}$,$\Delta Y = -321\text{m}$,$\Delta Z = +50\text{m}$,该关系仅基于一个观测点,并且每个平移分量的不确定精度为 ±25m。

2.16 阿联酋(The United Arab Emirates)

阿拉伯联合酋长国(阿联酋)是位于亚洲西南部阿拉伯半岛东部的西亚国家,北濒波斯湾,西北与卡塔尔为邻,西和南与沙特阿拉伯交界,东和东北与阿曼毗连,东部濒临阿曼湾。

1927 年至 1931 年伊拉克石油公司建立了波斯湾地区的第一个主要大地测量基准,在巴格达东部南端基准点 Nahrwan:$B = 33°19'10.87''$N,$L = 44°43'25.54''$E,参考椭球为 Clarke 1880($a = 6378300.782$m,$f = 1/293.4663077$)。

1929 年 Nahrwa 基准是整个波斯湾地区最流行的坐标系,至今仍可以找到。

1933 年 Sir Bani Yas 岛基准由英国皇家海军建立,其中:$B = 24°16'44.83''$N,$L = 52°37'17.63''$E,参考椭球也为 Clarke 1880。

1946 年 Ajman 基准原点位置为:$B = 25°23'50.19''$N,$L = 55°26'43.95''$E,参考椭球为 Helmert 1906($a = 6378200$m,$f = 1/298.3$)。

卡西尼—斯洛德投影的特里西亚海岸/卡塔尔坐标系,中央子午线 $L_0 = 50°45'41''$E,假设的北向原点纬度 $B_{FN} = 25°22'56.5''$N,FE = FN = 100 km,原点比例因子 $m_0 = 1$。

1967 年军事测量局重新计算了国际椭球 1950 年欧洲基准的内陆特里西亚海岸和卡塔尔三角测量网,然后将这些坐标转换为 1929 年 Nahrwan 基准,特里西亚海岸横轴墨卡托投影坐标取代了旧的卡西尼投影,中央子午线 $L_0 = 55°00'$E,FE 分别为 100km 和 1200km,FN = –2000km。

在叙利亚的协助下,1980 年代初期制作了有限的 1:5 万地图,但迪拜的覆盖范围仅基于阿联酋东南角的 4 个三级点。阿联酋航空建立了军事测量部门,并于 1989 年至 1991 年之间发布了新地图,其中包括基于 1929 年 Nahrwan 基准的138 张正射影像(UTM 网格)。

1991 年采用新的本地坐标系建立了新的 GPS 网,迪拜本地横轴墨卡托(DLTM)坐标系,参考椭球为 WGS 84,中央子午线 $L_0 = 55°20'$E,FE = 500km。

北方大概是从赤道测量的,对旧网的分析表明,旧的古典控制网在水平方向可能会出现 9m 以内的误差,迪拜的一等大地测量 GPS 网由 62 个控制点组成,两点之间的距离在 5 到 10km 之间。迪拜已经完全放弃了阿联酋国现存的古典大地测量工作。

阿联酋国的卫星定位研究基于 8 个测站得出了一组从 WGS 72 基准到 1929 年 Nahrwan 基准的基准转换参数:$\Delta X = +225.4$m,$\Delta Y = +158.7$m,$\Delta Z = +378.9$m。

NIMA 根据 1987 年观测的 2 个测站,列出了从 1929 年 Nahrwan 基准到 WGS 84 的转换参数为:$\Delta X = -249\text{m}, \Delta Y = -156\text{m}, \Delta Z = -381\text{m} \pm 25\text{m}$。

2.17　科威特(Kuwait)

科威特国(科威特)位于亚洲西部波斯湾西北岸。与沙特阿拉伯、伊拉克相邻,东濒波斯湾,同伊朗隔海相望。

1958 年至 1961 年出版了科威特和中立区比例尺为 1:10 万的地图,使用的坐标系是伊拉克地区坐标基准,使用兰勃特等角圆锥投影,中央子午线 $L_0 = 45°\text{E}$,原点纬度 $B_0 = 32°30'\text{N}$,原点比例因子 $m_0 = 0.998786408$,FE $= 1500\text{km}$,FN $= 1166200\text{m}$。参考椭球为 Clarke 1880($a = 6378249.2\text{m}, f = 1/293.4663077$)。

1927 年至 1931 年伊拉克布朗石油公司建立了波斯湾地区的第一个主要大地测量基准,原点在纳尔旺南端基地(巴格达东部),其中:$B = 33°19'10.87''\text{N}$,$L = 44°43'25.54''\text{E}$,后名称调整为 1958 年 Nahrwan 基准。

1951 年科威特 Aminoil 坐标基准基于等距方位角投影(Postel 投影),参考椭球为 Clarke 1866($a = 6378206.4\text{m}, b = 6356583.6\text{m}$),中央子午线 $L_0 = 48°20'53.2''\text{E}$,原点纬度 $B_0 = 28°33'48.5''\text{N}$,FE $= 32186.88\text{m}$,FN $= 80467.2\text{m}$。

美国陆军地图服务局和英国军事测绘局采用 UTM 投影在复杂正形投影平面上进行二维变换,重新计算 1950 年欧洲基准上的中东所有经典大地基准。新的基准覆盖了整个科威特,ED 50 为 International 1924 椭球($a = 6378388\text{m}, f = 1/297$)。基于 ED 50 的科威特 1:5 万地形图采用 UTM 投影,地形图用 WGS 84 基准进行了更换。

1983 年开展科威特的 KUDAMS 地形图项目使用的是科威特横轴墨卡托投影,其中中央子午线 $L_0 = 48°\text{E}$,原点比例因子 $m_0 = 1.0$,FE $= 500$ km。KUDAMS 项目使用的基准是 1970 年 Ain El Abd 基准,位于沙特阿拉伯油田中心区域附近,其中:$B = 28°14'06.171''\text{N}, L = 48°16'20.906''\text{E}$,参考椭球为 International 1924。通过 EPSG 数据库得到了到 WGS 84 基准转换的三参数为:$\Delta X = +294.7\text{m}, \Delta Y = +200.1\text{m}, \Delta Z = -525.5\text{m}$。

2.18　土耳其(Turkey)

土耳其共和国(土耳其)地跨亚、欧两洲,邻格鲁吉亚、亚美尼亚、阿塞拜疆、伊朗、伊拉克、叙利亚、希腊和保加利亚,濒地中海、爱琴海、马尔马拉海和黑海。

2.18.1 土耳其国家平面控制测量

土耳其一等三角锁于 1954 年在美国作了平差计算。这次平差是按坐标变化法进行的。平差结果定名为 1954 年土耳其国家坐标系(TUD 54)。该坐标系采用 Hayford 椭球($a = 637388\text{m}, f = 1/297.0$),大地原点为梅塞山三角点。土耳其一等三角锁与希腊、伊朗、塞浦路斯、伊拉克和保加利亚三角网进行了广泛联测,并利用 7 个连接点的观测值,将土耳其三角网变换到了 1950 年欧洲坐标系。

土耳其现代三角网是按分级布网,逐级控制的原则施测的。全网共划分为四个等级。即先以高精度的一等三角锁,纵横交错地迅速布满全国,形成统一的骨干大地控制网,然后在一等锁环内逐级布设二、三、四等三角网。一等三角锁始测于 1940 年,完成于 1953 年。该锁由 27 个锁环,66 个锁段,41 条基线,98 个拉普拉斯点和 901 个一等三角点组成。二等三角锁网填充在一等三角锁环所围成的面积内,布设的主要目的是作为进一步加密三、四等三角点的坚强基础。二等三角锁网覆盖了全国,共布测二等三角点约 4500 个。三等三角网填充在二等三角锁网所围成的面积内,三角形边长在 5 ~ 8km 之间。四等三角点用交会法和插点法布测,三角形边长在 2 ~ 6km 之间,三、四等三角点约 180000 个。

土耳其国家基础 GPS 网(TNFGN – TUTGA)于 2001 年建立,由于 1999 年发生的地震,部分站点已重新测量。站点总数约为 600 个,每个站点的 3D 坐标及其相关速度在 ITRF 96 中计算(参考历元 1998.0)。点位定位精度约为 1 ~ 3cm,相对精度在 0.01ppm 范围内。此外,该网还通过一些点与土耳其传统的水平和垂直控制网相连。

土耳其国家 CORS 网——TPGN 于 2003 年建有 7 个站。TPGN 的目标规划由大约 16 个站组成,由于土耳其地震多发的特点决定了未来将增加约 25 ~ 76 个站点。TPGN 站除用作大地测量控制及广泛的测量活动外,还将用于地球动力学监测地壳运动。

2.18.2 土耳其国家高程控制测量

土耳其高程基准由设在黑海、马尔马拉海、爱琴海和地中海沿岸的 7 个验潮站确定的平均海水面为基础。为了使土耳其欧洲部分和亚洲部分的水准网位于同一基准面上,五十年代用威特 N3 水准仪跨越博斯普鲁斯海峡(宽 860m)和达达尼尔海峡(宽 1450m)进行了水准联测,在马尔马拉海周围构成了一个水准环。土耳其采用正高系统作为计算高程的统一系统。

土耳其国家高程控制网是用几何水准测量法建立起来的,称为国家水准网。

与水平控制网一样,国家水准网也是采用由高级到低级,从整体到局部的办法分级布设的。土耳其的现代精密水准测量始于1944年,到1971年底已完成18570km一等水准路线,构成46个环线。一等水准路线主要沿铁路和公路布设,每隔2~2.5km埋设一个水准标石。水准测量规定往返限差为 $\pm 4mm\sqrt{K}$,其中K是以km为单位的两相邻点间的距离。每公里水准测量中误差 M = ± 4~$\pm 6mm$。二等水准路线主要沿公路和河流布设,并构成环形。到1971年底完成7898km的二等水准路线。一、二等水准路线约设各类水准点300000个,平均每7~8km²有1个水准点。土耳其水准网一直未进行过统一平差,测量成果中主要只顾及了正常重力项改正和尺长改正,未顾及重力异常改正。为重新定义土耳其水准测量基准面和统一平差水准网,从1973年起,国防部制图总局开始进行水准复测。这次水准复测,还沿途测量了重力,在观测成果中加入重力异常改正。全国水准网的平差工作完成后,为土耳其地学研究和其他测绘工作提供一个全新、全国范围的、全国规模的、高精度的高程参照系统。

土耳其新的国家高程控制网(TNVCN-99),共布设有243条线路25680个点,全长29316km。包括从1970年到1993年测得的151条一等线路和41条二等线路,以及1970年之前测得的7条一等线路和44条二等线路。TNVCN-99的垂直基准是用1936年至1971年期间安塔利亚验潮仪记录的瞬时海平面测量的算术平均值确定的。在平差中,以位势数为观测值,计算了各点位势数、赫尔默特正高和莫洛登斯基法向高度。在计算位势数时使用了修正的波茨坦基准中的重力值。根据距基准点的距离,平差后的高程精度从0.3cm到9cm不等。TNVCN-99正高与目前使用的正常高之间的差异在 −14cm 和 +36.9cm 之间,平均值为 +9.5cm,标准偏差为 $\pm 8.4cm$。两个高程系统在给定位置的任意点上的修正值都可以计算出来。

2.19 卡塔尔(Qatar)

卡塔尔国(卡塔尔)是亚洲西南部的一个阿拉伯国家,地处阿拉伯半岛东部,位于波斯湾西南岸的卡塔尔半岛上,绝大部分领土被波斯湾围绕,南部疆域与沙特阿拉伯和阿联酋接壤。

卡塔尔1941年 Al Da′asa 基准,采用参考椭球为 Helmert 1906($a = 6378200m, f = 1/298.3$),Cassini – Soldner 投影,原点纬度 $B_0 = 25°22′56.50″N$,中央子午线 $L_0 = 50°45′41.00″E$,原点比例因子 $m_0 = 1$,FE = FN = 100km。

1970年卡塔尔国家基准,原点位于 Balad Ibrahim G2 号站,$B = 25°16′10.6570″N$,

$L = 51°36'20.6227''E$,参考椭球为 International 1924($a = 6378388m$,$f = 1/297$),采用 TM 投影,投影原点纬度$B_0 = 24°27'N$,中央子午线 $L_0 = 51°13'E$,原点比例因子$m_0 = 0.99999$,$FE = FN = 300km$。

对于卡塔尔近海地区,1927 年至 1931 年,伊拉克布朗石油公司建立了波斯湾地区的第一个主要大地测量基准,基准原点位于南端基地的 Nahrwan 站(巴格达东):$B = 33°19'10.87''N$,$L = 44°43'25.54''E$,参考椭球为 Clarke 1880($a = 6378300.782m$,$f = 1/293.4663077$),采用 UTM 投影。

卡塔尔国家局部基准 QND 95,原点纬度$B_0 = 24°27'N$,中央子午线 $L_0 = 51°13'E$,原点比例因子$m_0 = 0.99999$,$FN = 300km$,$FE = 200 km$,参考椭球为 International 1924。

卡塔尔本地坐标系采用同一基准和椭球通过笛卡尔平移转换到 Ain El Abd 基准。从两个测量系统获得 G16 号共用站的值,其中卡塔尔值:$B = 24°40'21.6345''N$,$L = 50°51'37.0981''E$,沙特值:$B = 24°40'22.4297''N$,$L = 50°51'35.7352 E''$。

从 WGS 84 基准面到 QND 95 的三参数转换为:$\Delta X = -127.781m$,$\Delta Y = -283.375m$ 和 $\Delta Z = +21.241m$。

2.20 阿曼(Oman)

阿曼苏丹国(阿曼)位于阿拉伯半岛东南部。与阿联酋、沙特阿拉伯、也门等国接壤,濒临阿曼湾和阿拉伯海。

阿曼最早的基准是 1954 年为石油工业建立的 Fahud 大地基准。它基于 Clarke1880 参考椭球,是二维平面基准。

阿曼的测绘基础设施开发始于 1954 年,当时阿曼石油开发公司建立了 Fahud 大地基准。1979 年,进行了一次多普勒卫星测量,并使用了 Fahud 基准网中的 42 个控制站,从而得出了 WGS 72 系统的坐标值。1996 年,采用了 GRS 80 椭球定义,通过 GPS 测量,该基准与国际地球自转服务(IERS)地面参考系(ITRF 94)密切相关。

1994 年,由美国国家安全局(NSA)建立了基于 WGS 84 的 GPS 跟踪网络(CIGNET),该基础设施由 7 个连续观测 60 小时观测的 GPS 主要站点组成。这七个站点分布在整个阿曼,该网被称为阿曼苏丹国 WGS 84 站点。1993 年到 2010 年,由 NSA 逐步建立了阿曼一二等国家 GPS 网,一等 GPS 控制点网由79 个控制点组成,每个观测站进行 24h 连续观测,二等 GPS 控制点网由 494 个控制点组成。

2014 年基于最新的全球 ITRF 2008 框架建立了新的地心基准即 2014 年阿曼国家大地基准(ONGD 14)。这是通过 20 个大地测量控制点来实现的,这些控制点包括来自 CIGNET 的七个主要站点和 13 个一等 GPS 站点,并联测了将近 50 个 IGS 站。

从 ONGD 14 到 WGS 84(ITRF 89)七参数转换值为:$\Delta X = +819.0\text{mm}$,$\Delta Y = -576.2\text{mm}$,$\Delta Z = -1644.6\text{mm}$,$\varepsilon_X = +0.00378''$,$\varepsilon_Y = +0.03317''$,$\varepsilon_Z = -0.00318''$,$m = 0.0693$。

阿曼 CORS 网(ONCN)是阿曼最现代化、最精确的 ONGD 14 坐标传递控制网。阿曼大地水准面模型(ONGM)将与 ONCN 集成,用于实时精确的三维定位(提供平面坐标和平均海平面高程)。

阿曼规定采用的高程系统为正常高系统,高程起算依据是 Fahud 平均海平面高程基准。

2.21 黎巴嫩(Lebanon)

黎巴嫩共和国(黎巴嫩)位于亚洲西南部地中海东岸。东、北部邻叙利亚,南界巴勒斯坦、以色列,西濒地中海。

1799 年,Eratz 基准基于在开罗和耶路撒冷的天文观测,参考椭球名为 Plessis($a = 6375738.7\text{m}$,扁率 $f = 1/334.29$)。实际上,沿海地区的大部分时间都是根据英国标准绘制地形图,采用 Bonne 投影。

法国在 1920 年后将三角锁网沿叙利亚与土耳其的北部边界向伊拉克东部延伸,建立了黎巴嫩 Bekaa 基准,也为叙利亚提供服务。美国陆军地图服务处计算了新埃及大地基准上 Bekaa 的大原点坐标,$B = 35°45'34.2205''\text{N}$,$L = 35°54'36.4962''\text{E}$。

1920 年 Bekaa 基准三角测量网基于 Clarke 1880 椭球,在 Levant 地区,使用兰勃特圆锥正形投影。原点纬度 $B_0 = 34°39'\text{N}$,中央子午线 $L_0 = 37°21'\text{E}$。原点的比例因子 $m_0 = 0.9996256$(正割圆锥),FE = FN = 300km。

1920 年 Tripoli 兰勃特网格原点位于 Tripoli 基准北端,其原始纬度为 $B_0 = 34°27'04.7''\text{N}$,中央子午线 $L_0 = 35°49'01.6''\text{E}$,原点的比例因子 $m_0 = 1.0$(正切圆锥),FE = FN = 0km。

1922 年,叙利亚和黎巴嫩的地籍和农业改良工程建立了立体投影方案,它基于 Roussilhe 斜立体投影法。$B_0 = 34°12'\text{N}$,中央子午线 $L_0 = 39°09'\text{E}$,原点的比例因子 $m_0 = 0.9995341$(割平面),FN = FE = 0。

从 1920 年的 Bekaa 基准到 WGS 84 基准的转换参数为:$\Delta X = -182.966m$,$\Delta Y = -14.745m$ 和 $\Delta Z = -272.936m$,这些参数的平均平面误差为 5m。

根据 NIMA TR 8350.2,从欧洲基准 1950 到 WGS 84 基准黎巴嫩的转换参数为:$\Delta X = -103m$,$\Delta Y = -106m$,$\Delta Z = -141m$。

2.22 沙特阿拉伯(Saudi Arabia)

沙特阿拉伯王国(沙特阿拉伯)位于阿拉伯半岛。东濒波斯湾,西临红海,同约旦、伊拉克、科威特、卡塔尔、阿联酋、阿曼、也门等国接壤,并经法赫德国王大桥与巴林相接。

沙特阿拉伯老的坐标系统为 Ain El-Abd 1970,参考椭球 Hayford 1909($a = 6378388.0m$,$f = 1/297.0$),新的国家坐标系统 SGD 2000,参考框架 ITRF 2000,历元为 2004.0,参考椭球 GRS 80($a = 6378137.0m$,$f = 1/298.257222101$),采用 UTM 投影。基于 SGD 2000 坐标系统的地面控制点有 643 个。

WGS 84 与 Ain El-Abd 1970 基准之间的三参数转换为:$\Delta X = -143m$,$\Delta Y = -236m$,$\Delta Z = +7m$,转换精度为 10m。七参数为:$\Delta X = +41.650m$,$\Delta Y = +286.321m$,$\Delta Z = +89.132m$,$\varepsilon_X = -1.91577''$,$\varepsilon_Y = 10.28662''$,$\varepsilon_Z = -14.08571''$,$m = 0.9999928744$。

高程基准为吉达港平均海平面 1970(Jeddah MSL 1970),高程控制点数量 3279 个,水准路线 87 条,水准网长度 18487km,两点间平均距离 5.8km。

沙特阿拉伯国家空间参考系统(SANSRS)是在整个沙特阿拉伯王国范围内确定的笛卡尔坐标、经度、纬度、高度、比例尺、重力和方位的一致的参考系统。这个系统的使用者能够精确地确定沙特阿拉伯王国的位置,并量化地球及其重力场在空间和时间上的变化。旨在满足国家和社会所有地理空间产品和服务。SANSRS 由以下部分组成:

(1)大地坐标系(KSA-GRF)

KSA-GRF 的定义:与 2017 年最新的 ITRF(ITRF2014)一致。与阿拉伯板块的稳定部分共同运动。KSA-GRF 是根据国家连续运行参考站网(KSA-CORS)和其他组织的 CORS 网的 GNSS 观测数据建立的。这个 GRF 的第一个也是最新的实现被命名为 KSA-GRF17。

(2)垂直参考系(KSA-VRF)

KSA-VRF 基于验潮站的现场观测、精密水准测量、重力数据、卫星测高和 GOCE 数据。最后命名为 KSA-VRF14。

（3）大地水准面模型（KSA-Geoid）

KSA 大地水准面是一种基于重力大地水准面的混合模型,它利用陆地和船载重力点和网格数据以及卫星数据（测高和重力卫星任务数据）。

（4）沙特阿拉伯大地测量基础设施

它包括不同的大地测量网（3D GNSS CORS、水平、垂直、潮位计和重力）以及来自其他卫星技术和地球观测的必要数据。它为上述 SANSRS 的定义提供了数据和信息。

2.23 巴林（Bahrain）

巴林王国（巴林）是位于波斯湾西南部的岛国,位于卡塔尔和沙特阿拉伯之间,与沙特阿拉伯有跨海大桥相连接。

巴林的地形图早在 1825 年就已经制作,比例尺为 1 英寸:2英里。英国军事测量局从 1915 年至 1917 年的原始测量结果中绘制了 1:253440 比例尺地图。

1968 年英国战争办公室和空军部绘制了完全覆盖巴林和穆哈拉格岛的彩色地图,使用 UTM 投影,比例尺为 1:63360（1 英寸:1英里）。

巴林使用的经典大地基准是 1970 年 Ain El Abd 基准,原点位于沙特阿拉伯的 Arq 油田:$B = 28°14'06.151''N$, $L = 48°16'20.906''E$,参考椭球为 International 1924（$a = 6378388\,m$, $f = 1/297$）,当地坐标系统采用 TM 投影,中央子午线 $L_0 = 51°E$,原点纬度为赤道,原点纬度的比例因子 $m_0 = 0.99962$, FE $= 0\,m$, FN $= 2000\,km$。巴林的主要地形图产品为 1:1000 比例尺地形图,同时比例尺 1:25000、1:5 万和 1:10 万制作的海图使用相同的基准和投影。

2.24 伊朗（Iran）

伊朗伊斯兰共和国（伊朗）位于亚洲西南部,同土库曼斯坦、阿塞拜疆、亚美尼亚、土耳其、伊拉克、巴基斯坦和阿富汗相邻,南濒波斯湾和阿曼湾,北隔里海与俄罗斯和哈萨克斯坦相望。

俄国人在伊朗建立了 1914 年的提夫利斯基准面,后来改名为普尔科沃 1931 年基准面,以 Bessel 1841 年椭球为基准。目前在伊朗的这个古老系统上没有可用的参数。多年来,伊朗使用了各种奇怪的数据和坐标系统,一些由政府官方建立,但大部分由石油勘探和开发行业建立。

伊朗国家制图中心(NCC)在伊朗建立了四级国家大地测量网。伊朗一等大地测量网建立始于 1987 年。这个网络由 343 个三角形组成,覆盖了伊朗的整个国家。由于使用了单频 GPS 接收机,而且两站之间的距离超过 50km,因此必须估计整个伊朗的电离层误差。为此,利用双频 GPS 接收机观测到分布良好的 10 个台站,并接入 IGS 站,完成了包含 10 个测站的 0 级大地测量网。为了增加测站的可用性,还建立了二级网(2607 个测站),测站间距为 20 ~25km,三级网 (4000 个测站),测站间距为 8 ~15km。

两伊区 58 基准,兰勃特正形圆锥投影,中央子午线 $L_0 = 45°E$,原点纬度 $B_0 = 32°30'N$,比例因子 $m_0 = 0.9987864078$,FE $= 1500km$,FN $= 1166.2km$。

伊朗位于阿尔卑斯—喜马拉雅带构造最活跃的地区之一,经常遭受严重的地震灾害。为了监测地表位移和测量速度和应变场,伊朗国家制图中心(NCC)建立了一个由 100 个 GPS 站点组成的伊朗永久地球动力学 GPS 网络(IPGN)。

在伊朗,从 ED50 到 WGS84 转换参数: $\Delta X = -192.359m \pm 0.3162m$, $\Delta Y = +263.787m \pm 0.3162m$, $\Delta Z = -24.450m \pm 0.3162m$。

高程基准由国家制图中心(NCC)在波斯湾和阿曼海沿岸 9 个伊朗潮汐测量站建立。

验潮站与水准点采用精密水准测量,工作每年进行几次。水准点是与伊朗国家水准网连在一起的。

伊朗国家制图中心(NCC)负责伊朗国家水准网的测量,在第一阶段,制订了精密水准测量技术规范,并在此基础上建立了一等水准网。该网的首次测量包括 98 个环路(30500km),这些环路是在 1981 年至 1997 年间使用光学水准仪进行观测的。为了研究地壳垂直运动,NCC 于 2001 年开始重新测量一等水准网,使用数字水准仪来实现这一目标。伊朗国家水准网分为三个等级。复测的结果表明,一等水准网的精度得到了提高。精密水准测量也被用于研究地面垂直运动,通过水准网的复测发现了许多塌陷区。

2.25 伊拉克(Iraq)

伊拉克共和国(伊拉克)位于亚洲西南部,阿拉伯半岛东北部。北接土耳其,东临伊朗,西毗叙利亚、约旦,南接沙特阿拉伯、科威特,东南濒波斯湾。

伊拉克早期的坐标系统称为 Nahrwan 1943,在 1929 年至 1932 年三角测量的基础上建立,参考椭球 Clarke 1880($a = 6378249.2m$, $f = 1/293.46602080$),另

一个坐标系统是 Fao,参考椭球 Everest 1830($a = 6377301.243\text{m}$, $f = 1/300.8017$)。后来,三角测量在 Nahrwan 坐标系统重新平差得到 1967 年 Nahrwan 坐标系统。石油公司在伊拉克建有 Karbala 1979 坐标系统,参考椭球 Clarke 1880($a = 6378249.2\text{m}$, $f = 1/293.46602080$)。

伊拉克分区投影,B 区投影原点纬度 $B_0 = 32°30'\text{N}$,原点经度 $L_0 = 45°\text{E}$,原点尺度比 $m_0 = 0.9987864078$,FN $= 1166200\text{m}$,FE $= 1500000\text{m}$。区域界限:高加索地区向北 300000m 平行线,东至 60°E,南至 28°N、550000m 平行线,西至 39°E。C 区投影原点纬度 $B_0 = 39°30'\text{N}$,原点经度 $L_0 = 45°\text{E}$,原点尺度比 $m_0 = 0.998461538$,FN $= 675000\text{m}$,FE $= 2155500\text{m}$。区域界限:里海地区向北 300000m 平行线,东至 60°E,南至 300000m 平行线,西至 39°E。

伊拉克开展的地理空间参考系统(IGRS)工程项目,它将 CORS 网和高精度大地网(HARN)相结合。CORS 站位于以下六个城市:IZBD(Bagdad)、IZBA(Basrah)、IZTL(Talil)、IZBL(Balad)、IZQW(Qayyarah)、IZAD(Al Asad)。HARN 站点集中在高速公路、城市、机场、海港和建筑站点附近,以支持后续的地质调查。最终,HARN 将由每隔 50~100km 的三维控制点组成,这些将是增强国家精确导航、测绘和资源管理的空间参考框架。

从 1967 年 Nahrwan 坐标系统到 WGS84 的未经验证的转换参数为:$\Delta X = +65\text{m}$,$\Delta Y = -334\text{m}$,$\Delta Z = +267\text{m}$。

2.26　阿富汗(Afghanistan)

阿富汗伊斯兰共和国(阿富汗)为亚洲中西部的内陆国家。北邻土库曼斯坦、乌兹别克斯坦、塔吉克斯坦,西接伊朗,南部和东部连巴基斯坦,东北部凸出的狭长地带与中国接壤。

阿富汗地区的第一次大地测量工作是由印度测量局完成的,且基于印度基准,参考椭球为 Everest 1830($a = 6377301.243\text{m}$, $f = 1/300.80176$)。大部分亚洲南部的基准原点在 Kalyanpur Hill,$B = 24°07'11.26''\text{N}$,$L = 77°39'17.57''\text{E}$。

阿富汗当地最古老的基准是 1940 年伊斯普什塔(Ishpushta)基准,基准原点 $B = 35°18'53.5''\text{N}$,$L = 68°05'08.53''\text{E}$,采用 Everest 椭球。

1951 年,美国陆军地图局(AMS)对阿富汗与现在的土库曼斯坦之间的边界点进行了测图,基于 1940 年 Ishpushta 基准。

阿富汗 Ishpushta 基准与 1916 年印度基准差值为:$\Delta B = -6.1''$,$\Delta L = +32.0''$。

1954 年,美国陆军地图局在阿富汗北部采用国际椭球制作了 1:25 万比例尺的地图。为了与印度基准(Everest)区分开来,使用基准名称为 Kalianpur。采用兰勃特圆锥正形投影,Everest 椭球($a=6377309.61\mathrm{m}$,$e^2=0.006637846630200$),对于印度 I 区,原点纬度 $B_0=39°30'\mathrm{N}$,中央子午线 $L_0=68°\mathrm{E}$,原点的比例因子 $m_0=649/650=0.998461538$,$\mathrm{FN}=2368296\mathrm{m}$,$\mathrm{FE}=2153869\mathrm{m}$。

1959 年 Herat North 基准原点为 $B=34°23'09.08''\mathrm{N}$,$L=62°10'58.94''\mathrm{E}$,$H=1111.7\mathrm{m}$,采用国际椭球($a=6378388\mathrm{m}$,$f=1/297$)。从 1959 年 Herat North 基准到 WGS84 基准转换参数:$\Delta a=-251\mathrm{m}$,$\Delta f\times10^4=-0.14192702$,$\Delta X=-333\mathrm{m}$,$\Delta Y=-222\mathrm{m}$,$\Delta Z=+114\mathrm{m}$。

阿富汗测量与制图管理办公室成立后,三角测量网分两个时期建立。

1958 年至 1972 年,根据当时的三角网测量技术沿国家高速公路以矩形和多边形扩展,边长为 15 ~ 25km,覆盖了法里亚布省境内几乎所有环城公路,该三角网从未用于地形图测量。

1972 年以后,这个三角网的形状是独立的三角形,边长为 30 ~ 70km,覆盖了 30% 的阿富汗地区,该坐标系的原点位于喀布尔,喀布尔坐标系统采用国际标准,该坐标系统采用澳大利亚椭球和 UTM 投影。

目前,测量与制图管理办公室拥有配备现代数字仪器的专家和专业工程师,并将执行短期和长期大地测量工作。

利用 GPS 和 WGS 84 坐标系和椭球面建立了全国一、二、三级新的大地测量网。在阿富汗的八个省份分别建立 8 个永久性 GPS 参考站,可以 24h 连续不间断工作,每一个测站覆盖半径 200km 的区域。这些参考站使用 WGS 84 坐标系统和参考椭球,尽可能覆盖阿富汗所有地区。

阿富汗采用的高程系统为正常高系统,高程起算依据是波罗的海平均海平面高程基准。阿富汗高程是从基于波罗的海高程基准的苏联水准点引测而来。

1960 年开始进行水准测量观测,即阿富汗的一等水准测量,水准测量路线沿国家不同的方向形成水准闭合环。一等水准测量网水准线路长度为 2084.6km,从 1974 年开始新的一等水准测量网水准线路长度为 1210.7km,新的二等水准测量网水准线路长度为 1210.7km。

2.27 阿塞拜疆(Azerbaijan)

阿塞拜疆共和国(阿塞拜疆)位于外高加索东南部,北靠俄罗斯,西部和西北部与亚美尼亚、格鲁吉亚相邻,南接伊朗,东濒里海。

　　阿塞拜疆最早的大地测量基准点于 1927 年观测,位于巴库的可汗宫殿尖塔:$B = 40°21'$ $57.90''$N, $L = 49°50'27.57''$E,参考椭球为 Bessel 1841($a =$ 6377397.155m,$f = 1/299.1528128$)。与苏联的所有国家一样,当地的基准和坐标系被统一的 SK-42 基准取代,原点位于普尔科沃天文台,$B = 59°46'18.55''$N, $L = 30°19'42.09''$E。参考椭球为 krassovsky 1940($a = 6378245$m,$f = 1/298.3$)。与 UTM 分带相同,第 8 带适用于 48°E 以西的陆上区域,第 9 带适用于 48°E 以东的陆上区域和里海近海地区。

　　阿塞拜疆使用的辅助坐标系被称为 SK63 坐标系,按 3°分带。覆盖阿塞拜疆东部的区域的 Y 值以 4 为前缀。如果实践与 SK-42 中使用的一致,则将其指定为 SK63 区域 A-4,该区域与西边指定的区域 A-3 相邻。

　　从 WGS 84 基准至 SK-42 基准的坐标转换参数为:$\Delta X = -18$m,$\Delta Y = +125$m, $\Delta Z = +83$m,精度为 0.5~1.0m。

　　阿塞拜疆采用的高程系统为正常高系统,高程起算依据是平均海平面高程基准。

2.28　格鲁吉亚(Georgia)

　　格鲁吉亚位于南高加索中西部。北接俄罗斯,东南和南部分别与阿塞拜疆和亚美尼亚相邻,西南与土耳其接壤,西邻黑海。

　　格鲁吉亚第一次大地测量是 1818 年开始的,到 1853 年,佐治亚州建立了一级、二级和三级三角网,基于 Walbeck 1819 椭球($a = 6376896$m,$f = 1/302.78$),中央子午线为 17°39'46.02''W。

　　1924 年,米制单位测量系统由苏联引入格鲁吉亚,该系统基于普尔科沃原点,$B = 59°46'18.55''$N, $L = 30°19'42.09''$E。参考椭球为 Bessel 1841($a =$ 6377397.155m,$f = 1/299.1528128$),引入了高斯—克吕格横轴墨卡托投影。

　　1942 年,坐标系统更改为 1942 普尔科沃大地坐标系(CS42、SK-42),参考椭球为 Krassovsky 1940($a = 6378245$m,$f = 1/298.3$),普尔科沃的原点保持不变。SK-42 一直是格鲁吉亚的基准,直到 1999 年。SK-42 第 7 带:中央子午线为 39°E,FE = 7500km,FN = 0,第 8 带:中央子午线为 45°E,FE = 8500km,FN = 0。

　　1999 年 4 月 30 日格鲁吉亚使用 WGS-84 椭球,采用 UTM 投影。

　　从 SK-42 基准到 WGS 84 基准近似转换值为:$\Delta X = +18$m,$\Delta Y = -125$m, $\Delta Z = -83$m,精度为 0.5~1m。

　　格鲁吉亚现在拥有由 13 个 GPS 连续运行参考站组成的网。包括国内的

7 个 A 级站和第比利斯周围的 6 个 B 级站。格鲁吉亚于 2011 年成为欧洲定位系统委员会(EUPOS)的成员,并与欧洲参考标架(EUREF)永久跟踪网建立了联系。

格鲁吉亚高程系统采用正常高系统,高程起算依据是波罗的海平均海平面高程基准。高程基准依据黑海验潮站资料在港口城市波蒂建立,该处高程比港口城市巴统的黑海验潮站平面海平面低 15.2cm。黑海高程系统一直到 1946 年有效。从 1946 年开始,格鲁吉亚从克朗施塔特极点零开始引入了新的波罗的海高程系统。1973 年至 1977 年,对苏联的整个水准网进行了重新平差,此后被命名为 1977 年波罗的海高程系统,该系统一直在格鲁吉亚国内上使用。

2.29　亚美尼亚(Armenia)

亚美尼亚共和国(亚美尼亚)是位于亚洲与欧洲交界处的外高加索南部的内陆国。西接土耳其,南接伊朗,北临格鲁吉亚,东临阿塞拜疆。

1912 年,大部分亚美尼亚已被俄罗斯军队测量的一等经典三角测量覆盖,三角网原点位于俄罗斯圣彼得堡普尔科沃(Pulkovo)天文台。当时使用的参考椭球是 Walbeck($a = 6376896m, f = 1/302.78$)。20 世纪末,在亚美尼亚进行的大多数定位是基于苏联的 1942 坐标系统,该系统参考椭球为 Krassovsky 1940($a = 6378245.0m, f = 1/298.3$)。它的原点仍然在 Pulkovo 的天文台,原点的定义方位角: $\alpha = 317°02'50.62''$。

2002 年 3 月 11 日,亚美尼亚通过了第 225 号决议,宣布 WGS 84 为该国官方基准。到 2010 年,在全国范围内实施了 CORS 系统。

2.30　哈萨克斯坦(Kazakhstan)

哈萨克斯坦共和国(哈萨克斯坦)位于亚洲中部。北邻俄罗斯,南与乌兹别克斯坦、土库曼斯坦、吉尔吉斯斯坦接壤,西濒里海,东接中国。

1896 年至 1929 年进行的大地三角网测量采用塔什干基准,基准原点 $B = 41°19'30.42''N, L = 38°58'00.99''E$ 普尔科沃(或格林尼治 69°17'39.54''E)。参考椭球为 Bessel 1841($a = 6377397.155m, f = 1/299.1528128$)。

1998 年,在哈萨克斯坦里海地区开始大地测量,并使用俄罗斯 CS 42 基准,其原点是普尔科沃,参考椭球是 Krassovsky 1940。哈萨克斯坦坐标系统采用高斯—克吕格横轴墨卡托投影,中央子午线 $L_0 = 56°46'$ E,北坐标原点纬度 $B_0 =$ $00°08'00''$ N,FE $= 300$ km,原点比例因子 $m_0 = 1$。

哈萨克斯坦里海地区从 CS 42 到 WGS 84 的三参数转换为:$\Delta X =$ $+14.471$ m,$\Delta Y = -132.753$ m,$\Delta Z = -83.454$ m。从 CS 42 到 WGS 84 的七参数转换为:$\Delta X = +43.822$ m,$\Delta Y = -108.842$ m,$\Delta Z = -119.585$ m,$\varepsilon_X = -1.455''$, $\varepsilon_Y = +0.761''$,$\varepsilon_Z = -0.737''$,$m = +0.549$ ppm。

2.31　吉尔吉斯斯坦(Kyrgyzstan)

吉尔吉斯共和国(吉尔吉斯斯坦)位于中亚东北部。北和东北接哈萨克斯坦,南邻塔吉克斯坦,西南毗连乌兹别克斯坦,东南和东面与中国接壤。

中亚国家的国家大地测量网是苏联网的一部分,在 1885 年至 1946 年是基于 Bessel 1841 椭球实现的。

1946 年至 1988 年,基于 Krassovsky 1940 椭球建立新的大地控制网。一等三角锁网有 127 个控制点,其边长约 20 ~25km,大致位于地球子午线方向,并以 200 ~250km 的间隔平行布设,周长 800 ~1000km。以一等三角网为边界的区域被二等三角网覆盖,二等三角网有 1875 个控制点,边长约 10 ~20km。通过加密 2496 个三等点、4858 个四等点,使整个大地网更加密集。

中亚地区使用的主要制图投影是 6°和 3°带的高斯—克吕格投影,基准为普尔科沃 1942(SK-42),原点位于普尔科沃天文台,$B = 59°46'18.55''$ N,$L = 30°19'42.09''$ E,基于 Krassovsky 1940 椭球。苏联还有其他坐标系,如普尔科沃 63,SK-90 等,但是普尔科沃 42 已用作所有其他后续参考系统的基础。

2010 年吉尔吉斯斯坦政府宣布采用 KYRG-06 国家坐标系统。KYRG-06 通过使用 GPS 和其他卫星大地测量方法建立,基于国际地面坐标参考框架 ITRF—2005,UTM 投影,分为 5 个 3°带。大地控制网分为三个等级。零级网中的五个基准站点和比什凯克的参考站点已于 2006 年 9 月通过 GPS 与周边 IGS 站点进行了联测。在 2006 年,采用 GPS 测量技术建立了 67 个大地测量控制点的一级网。零级和一级网测量采用瑞士伯尔尼大学天文研究所研究开发的 GNSS 数据处理软件 Bernese 软件进行数据处理。在一级网的基础上加密了约有 100 个大地测量控制点的二级网控制点,以便将新的参考系统覆盖全国所有区域。

吉尔吉斯斯坦采用的高程系统为正常高系统,高程起算依据是波罗的海的平均海平面基准。

吉尔吉斯斯坦的水准控制网分为 Ⅰ、Ⅱ、Ⅲ、Ⅳ四个等级。Ⅰ 等水准控制网由特别标志点组成的环水准路线构成,其中最高精度是周长约 1600km 的闭合环。这些水准路线水准测量的中误差不大于 0.5mm,每千米水准路线的系统误差仅为 0.08mm。Ⅰ 等水准测量网有 1663 个水准基点,水准测量路线长度为 4076km。沿着铁路、公路、江河,Ⅱ 等水准测量网有 585 个水准基点(2091km)构成闭合多边形路线,周长约为 600km,Ⅰ 级水准测量网水准测量的中误差不超过 1mm,每千米水准路线的系统误差不超过 0.2mm。通过 Ⅲ 等水准测量网(1102 个水准基点,11508km)和四等水准测量网(4166 个水准基点,57402km)对 Ⅰ 等和 Ⅱ 等水准测量网进行加密。

2.32　塔吉克斯坦(Tajikistan)

塔吉克斯坦共和国(塔吉克斯坦)位于中亚东南部,北邻吉尔吉斯斯坦,西邻乌兹别克斯坦,南与阿富汗接壤,东接中国。

1896 年至 1929 年,塔吉克斯坦南部三角测量基于 Osh 基准定位,参考椭球为 Bessel 1841($a = 6377397.155\text{m}, f = 1/299.1528128$)。

进入 21 世纪,使用 GPS 建立的控制网,参考框架为 ITRF 2005,采用 UTM 投影。

从 Osh 1901 到 Tashkent 1895 的三参数为:$\Delta X = -146.633\text{m}, \Delta Y = +472.553\text{m}, \Delta Z = +508.352\text{m}$。

2.33　乌兹别克斯坦(Uzbekistan)

乌兹别克斯坦共和国(乌兹别克斯坦)是位于中亚腹地的"双内陆国",自身无出海口且 5 个邻国也均是内陆国。南靠阿富汗,北部和东北与哈萨克斯坦接壤,东、东南与吉尔吉斯斯坦和塔吉克斯坦相连,西与土库曼斯坦毗邻。

早期的坐标系统为 Tashkent1875 基准,参考椭球 Bessel 1841($a = 6377397.155\text{m}, f = 1/299.1528128$),后来采用苏联所有地区的统一基准1942 坐标系统,参考椭球为 Krassovsky($a = 6378245\text{m}, f = 1/298.3$)。采用高斯—克吕格投影,中央子午线比例因子 $m_0 = 1.0$。

第一次经典三角测量是从 1871 年至 1895 年开始进行的,现代采用 GPS 技术建立新控制网。

从 Tashkent 1875 坐标系统到 Indian 1916 坐标系统的三参数为:$\Delta X = -223.632\text{m}, \Delta Y = -281.310\text{m}, \Delta Z = +304.059\text{m}$;从 1942 坐标系统到 WGS84

转换参数为:$\Delta X = +23\text{m}$,$\Delta Y = -125\text{m}$,$\Delta Z = -87\text{m}$。

塔什干的垂直基准是通过位于 Zhemchuznikov 军事地形部气象站的气压观测确定的。用三角高程测量技术将这个垂直基准点值转移到其他水平基准点,产生了令人难以置信的大地测量问题。

2.34　泰国(Thailand)

泰王国(泰国)位于中南半岛中南部,与柬埔寨、老挝、缅甸、马来西亚接壤,东南临泰国湾,西南濒安达曼海。

泰国的历史坐标系统有 Indian 1937,Indian 1954,Indian 1960 和 Indian 1975,均是基于 Indian 1916 重新平差而来,与相邻国家如缅甸、老挝的演变过程相一致。参考椭球为 Everest 1830($a = 6377276.345\text{m}$,$f = 1/300.8017$)。但泰国 Indian 1975 基准原点与他国不同,原点位于乌泰他尼府的 Khao Sakae rang。

泰国当前的 UTM 投影坐标系统仍然参照 Indian Datum 1975,使用 Everest 椭球,但在 2008 年 11 月,泰国已经建成基于 ITRF2005 框架 1996.3 历元的 0 级和 1 级 GNSS 控制网,坐标系统也由参心坐标系向地心坐标系转变。

当前从 Indian 1975 到 WGS 84 的转换三参数是:$\Delta X = +204.4\text{m}$,$\Delta Y = +837.7\text{m}$,$\Delta Z = +294.7\text{m}$。

泰国国家平面控制网由 GNSS 观测控制网组成,已经取代老的三角网,泰国测绘局将国家平面控制网分为三级。

参考框架(0 级网),由 7 个参考站构成,分别位于 7 个省:GNSS 3001 Uthai Thani,GNSS 3052 Sisaket,GNSS 3217 Lampang,GNSS 3315 Chumphon,GNSS 3405 Pattani,GNSS 3427 Chonburi 和 GNSS 3657 Phuket。GNSS 3405 后被破坏,参考坐标使用 ITRF 系统(1996.3)。

基本网(一等网),在 0 级网基础上扩展而来,一共为 18 个点(含 0 级网6 个点),每个站的间隔大约是 250km。

次级网(二等网),这个扩展网络共 692 站,覆盖整个国家,从 1991 年观测至今,每个控制点间隔约 20~50km。

上述控制网分两步平差,一等网 18 个点先平差,二等网 692 个点在一等网基础上后平差。泰国老的控制网是三角网且经过多次平差,每次平差只有一个控制点 GNSS 3001,而且该控制点在老控制网中有 1.5m 的水平误差和 4m 的垂直误差。基于 GNSS 建立的上述控制网达到了令人满意的精度,并且修正原来低精度的控制网。总之,泰国国家平面控制网(RTSD)是高度可靠且符合

FGCC 标准的平面控制网,控制点坐标的水平和垂直绝对精度小于 6mm 和 15mm。

泰国第一个全球卫星定位系统 CORS 网由国家建设局(DPT)在 1996 年建立,这个 CORS 网由 11 个站组成,兼具实时动态和后处理两种功能,控制网分布在整个国家。2005 年,泰国皇家测绘局(RTSD)也建立了一个新的 GNSS 基准站称之为 RTSD,设计具有后处理功能。同年,日本国家信息和通信技术研究所(NICT)建立的 4 站 CORS 网络。2007 年,泰国气象局(TMD)建立了用于海啸和地震预警的 CORS 网络,由 5 个站组成。在 2008 年初,泰国国土局(DOL)基于 Trimble VRS 技术建成 CORS 并首先提供 GNSS 网络 RTK 服务,当前,国土局的网络 RTK 服务由 11 个 CORS 站构成。在 JPL 和 UNAVCO 支持下,2008 年,泰国国立朱拉隆功大学建立了一个新的 CORS 系统,称之为 CUSV,实际上仅仅作为 IGS 站。

许多泰国政府机构计划建立更多的 GNSS 基础站。图 2-6 为位于泰国皇家测绘局(RTSD)测量学校的 CORS 永久跟踪站。

图 2-6　位于 RTSD 测量学校的 GNSS 永久跟踪站

泰国国家高程基准起算为平均海平面,水准原点位于拷吻岛。

泰国国家高程控制网一等水准路线从拷吻岛验潮站引出,分两期测量完成,一期施测于 1999 年前,二期施测于 1999 年至 2002 年,两期数据建立了 333 个精密水准点(PBMS)和 1612 个基础水准点(SBMS),组成全国统一的一等水准网,并在 2003 年全网统一平差。

泰国皇家测绘局在一等水准网基础上扩充建立二等水准控制网,形成覆盖全国的精密水准网络。

2.35　印度尼西亚(Indonesia)

印度尼西亚共和国(印度尼西亚)位于亚洲东南部,地跨赤道,与巴布亚新几内亚、东帝汶、马来西亚接壤,与泰国、新加坡、菲律宾、澳大利亚等国隔海相望。

2.35.1　印度尼西亚国家平面控制测量

由于印度尼西亚由多个岛屿组成,历史上不同区域使用过多个坐标系统。在1883年,开始测量苏门答腊岛的三角网,持续到1916年,测量118点,建立的坐标系统为Padang(巴东)1884(Jakarta雅加达),参考椭球Bessel 1841($a = 6377397.155$m,$f = 1/299.1528128$)。

爪哇岛的三角测量起于1862年,止于1880年,由114个点组成,建成的坐标系统为Batavia,参考椭球Bessel 1841。

苏拉威西岛的三角测量始于1911年,建立的坐标系统为Makassar(孟加锡,印度尼西亚苏拉威西岛西南部港市),参考椭球Bessel 1841,坐标系统覆盖范围为印度尼西亚中部苏拉威西岛的南西区域。

邦加勿里洞群岛的坐标系统为Bukit Rimpah,参考椭球Bessel 1841。

印度尼西亚加里曼丹岛及东部沿海地区的坐标系统称为Gunung Segara(塞格拉山,Jakarta),参考椭球Bessel 1841。

印度尼西亚西加里曼丹岛地区的坐标系统为Serindung,参考椭球Bessel 1841。

为了统一全国的坐标系统,印度尼西亚国家测绘局在1980年建立全国统一的坐标系统Indonesian 1974,简称ID74,基本点位于巴东(Padang),参考椭球为GRS67($a = 6378160$m,$f = 1/298.247167427$)。从1989年开始,ID74逐渐向WGS84过渡,当时印度尼西亚已经建成用于地壳动力学研究用的GPS网,GPS数据基于ITRF91,使用GAMIT/GLOBK软件处理,所有主要站点使用七参数从IERS/IGN转变到WGS 84,形成新的坐标系统Indonesian Geodetic Datum 1995(IGD 95或DGN 95),参考椭球为WGS 84($a = 6378137$m,$f = 1/298.257223563$)。ID 74和DGN 95均覆盖整个印度尼西亚。

印度尼西亚由于坐标系较多,各坐标系间转换参数也较多。

依据文献TR 8350.2,从Djakarta(Batavia)或Genuk Datum到WGS 84的转换参数为:$\Delta X = -377$m± 3m,$\Delta Y = +681$m± 3m,$\Delta Z = -50$m± 3m。

依据 EPSG V.6.18,从 Djakarta(Batavia)或 Genuk Datum 到 WGS 84 的转换参数有两种情况,一种适用于北西爪哇省地区:$\Delta X = -378.873\text{m}$,$\Delta Y = +676.002\text{m}$,$\Delta Z = -46.255\text{m}$;另一种是东爪哇省地区:$\Delta X = -377.7\text{m}$,$\Delta Y = +675.1\text{m}$,$\Delta Z = -52.2\text{m}$。

依据文献 TR8350.2,从 Gunung Segara Datum 到 WGS 84 的转换参数为:$\Delta X = -403\text{m}$,$\Delta Y = +684\text{m}$,$\Delta Z = +41\text{m}$。

依据 EPSG V.6.18,从 Gunung Segara Datum 到 WGS 84 的转换参数为:$\Delta X = -387.06\text{m}$,$\Delta Y = +636.53\text{m}$,$\Delta Z = +46.29\text{m}$。

对于东北加里曼丹,从 Gunung Segara Datum 到 WGS 84 的转换参数为:$\Delta X = -403.4\text{m}$,$\Delta Y = +681.12\text{m}$,$\Delta Z = +46.56\text{m}$。

对于东加里曼丹—马哈卡姆地区,从 Gunung Segara Datum 到 WGS 84 的转换参数为:$\Delta X = -404.78\text{m}$,$\Delta Y = +685.68\text{m}$,$\Delta Z = +45.47\text{m}$。

在邦加和勿里洞岛区域,从 Bukit Rimpah Datum 到 WGS 84 的转换参数为:$\Delta X = -384\text{m}$,$\Delta Y = +664\text{m}$,$\Delta Z = -48\text{m}$。

在南西苏拉威西,从 Makassar Datum 到 WGS 84 的转换参数为:$\Delta X = -587.8\text{m}$,$\Delta Y = +519.75\text{m}$,$\Delta Z = +145.76\text{m}$。

依据文献 TR 8350.2,从 ID74 Datum 到 WGS 84 的转换参数为:$\Delta X = -24\text{m} \pm 25\text{m}$,$\Delta Y = -15\text{m} \pm 25\text{m}$,$\Delta Z = +5\text{m} \pm 25\text{m}$。

依据印度尼西亚国家测绘局文件,从基于 GRS 67 参考椭球的 ID 74 Datum 到基于 WGS 84 参考椭球的 DGN 95 Datum 的七参数转换为:$\Delta X = -1.977\text{m} \pm 1.300\text{m}$,$\Delta Y = -13.060\text{m} \pm 1.139\text{m}$,$\Delta Z = -9.993\text{m} \pm 3.584\text{m}$,$\varepsilon_X = -0.364'' \pm 0.109''$,$\varepsilon_Y = -0.254'' \pm 0.060''$,$\varepsilon_Z = -0.689'' \pm 0.042''$,$m = -1.037 \pm 0.177\ \text{ppm}$,以上参数基于分布于全国的 38 个共用站点使用 Bursa-Wolf 计算的。

印度尼西亚国家平面控制网是由国家测绘局负责建立的。首先建立 0 级和一等大地控制网,目前已经在 ITRF 2005 上建站超过 950 个,覆盖整个印度尼西亚。

从 1994 年开始,国家土地局(BPN)也开始利用 GNSS 技术建立地籍测量控制点,由地籍控制点组成的控制网被视作印度尼西亚国家二等控制网和三等控制网,地籍控制网和国家大地控制网的关系维护由国家测绘局负责。

印度尼西亚最早的 CORS 是国家测绘局 1996 年建立的,当时只有三个站,分别位于 Cibinong(西爪哇)、Sampali Medan(北苏门答腊)和 Parepare(南苏拉威西)。2004 年地震引发海啸后,印度尼西亚积极建立早期海啸预警系统,国家测绘局在建设验潮站时也同时不断扩建 CORS 站点,到 2011 年,已经建成 99 个站,这个 CORS 系统被称为 the Indonesian Permanent GPS Station Network（IPGSN）。

2.35.2　印度尼西亚国家高程控制测量

印度尼西亚高程基准起算于平均海平面,由分布在各岛的验潮站数据确定起算高程,并结合卫星定位技术建立了各岛适用的高程模型。

印度尼西亚群岛位于欧亚大陆的交界处,整个国家地形崎岖、地震频繁、火山活动活跃,发生于 2004 年的海啸给印度尼西亚造成巨大损失,这促使印度尼西亚建立了早期海啸预警系统（InaTEWS）,并在国际支援下布设了 113 个验潮站,对海平面进行监测。

印度尼西亚最早的高程控制网在 1925 年至 1930 年间建立,主要在爪哇岛,当时大约测量 4500km,建设水准点大约 2083 个,其他岛屿也围绕主要城市建设了少部分高程控制网。

印度尼西亚新的高程控制网从 1980 年开始建立,一等网（FOVCN）建立在爪哇岛、马都拉岛、巴厘岛和龙目岛,二等网（SOVCN）建立在苏门答腊岛、苏拉威西岛、西加里曼丹岛、安汶岛和西斯兰岛。

一二等水准网全长 23307km,水准点 5855 个,其中,一等水准路线 4657km,一等水准点 1930 个,二等水准路线 18650km,二等水准点 3925 个。一等水准点间距离 2 ~ 4km,环闭合差 $4mm\sqrt{k}$（K 为环线长度,以 km 计）,每 km 偶然误差 0.3mm;二等水准点间距离 2 ~ 6km,环闭合差 $6mm\sqrt{k}$（K 为环线长度,以 km 计）,每 km 偶然误差 0.5mm。

2.36　菲律宾（Philippines）

菲律宾共和国（菲律宾）位于亚洲东南部,南和西南隔苏拉威西海、巴拉巴克海峡与印度尼西亚、马来西亚相望,西濒南海,东临太平洋。共有大小岛屿 7000 多个,其中吕宋岛、棉兰老岛、萨马岛等 11 个主要岛屿占国土总面积的 96%。

2.36.1　菲律宾国家平面控制测量

1991 年之前,菲律宾使用三角测量建立的坐标系统是 Luzon Datum 1911,参考椭球为 Clarke 1866（$a = 6378206.4m, f = 1/294.9786982$）。

1992 年,菲律宾在澳大利亚的支持下,使用 GPS 测量技术建立了新的坐标系统 the Philippine Reference System 1992（简称 PRS 92），并要求全国从 2000 年开始启用 PRS 92 坐标系统，过渡期限到 2006 年，PRS 92 坐标系统参考椭球采用 Clarke 1866（$a = 6378206.4\text{m}, f = 1/294.978698214$），坐标系统原点为 Station Balanacan，方位指向 Sta. Baltasar 为 $9°12'37.000''$，高程异常为 0.34m。PRS 92 坐标系统覆盖这个菲律宾。

从 WGS 84 到 PRS 92 的坐标转换七参数为：$\Delta X = +127.623\text{m}, \Delta Y = +67.245\text{m}$，$\Delta Z = +47.043\text{m}, m = 1.06002\text{ppm}, \varepsilon_X = +3.07'', \varepsilon_Y = -4.90'', \varepsilon_Z = -1.58''$。

菲律宾大比例尺地形图采用菲律宾横轴墨卡托投影（PTM），与中国常用的高斯投影的最大区别是中央子午线尺度比不是 1，而是 0.99995，与 UTM 投影类似，但也不是 0.9996。

PTM 投影在中央子午线两侧割线处投影长度没有变形，在两割线以内，投影后长度变短，变化最大处为中央子午线，在两割线以外，投影后长度变长。PTM 的另一特点与高斯投影一样，投影后无角度变形，图形保持相似。

菲律宾早期平面控制网为三角网，由于年代久远，控制点被破坏和丢失较多，加之菲律宾是多岛屿国家，岛屿之间联测不方便，为此菲律宾国家测绘局采用 GNSS 技术建立了全国新的平面控制网，1992 年在澳大利亚的支持下建立 0 级控制网，共建设有控制点 65 个，随后建立了 318 个一等控制点，2194 个二等控制点，3594 个三等控制点，23123 个四等控制点，部分控制点利用了老的三角网控制点，坐标成果统一在 PRS92 坐标系统下（图 2-7）。

图 2-7　菲律宾控制点

菲律宾国家测绘局建立的菲律宾 CORS，称为 the Philippine Active Geodetic

Network（PageNet）。从 2007 年开始至今,已经建设了 17 个永久跟踪站,图 2-8
所示为部分 CORS 站外貌。

图 2-8　菲律宾部分 CORS 站点

　　菲律宾 CORS 与国家 GPS 控制网属于统一基准,主要目的是支持大地控制
点的加密,改善国内各测区的相互关系,并将全国大地控制网向国际地球参考框
架过渡,为整个国家升级为新的坐标系统打下基础。

2.36.2　菲律宾国家高程控制测量

　　菲律宾高程基准起算于平均海平面,原点位于马尼拉湾。最早的验潮站位
于马尼拉,1901 年由美国海岸测量局设立,紧接着在伊洛伊洛、班乃岛、宿务岛
等也建设了验潮站。目前,菲律宾国家建设的验潮站分布在全国各地,部分验潮
站也是国际海啸预警站之一。

　　菲律宾国家高程控制网由菲律宾国家测绘局制订计划,分期实施,并结合重
力测量、GNSS 测量技术和验潮测量,建立了全国的高程控制网,菲律宾国家水
准点由一等水准点和二等水准点组成,水准点一般位于交通路线附近,其他如工
程测量、地形测量、地籍测量、水利测量等可以在此基础上加密建立三等或四等
控制网。

2.37　也门（Yemen）

　　也门共和国(也门)位于阿拉伯半岛西南端。与沙特阿拉伯、阿曼相邻,濒
红海、亚丁湾和阿拉伯海。

　　也门的原始古典基准为 1925 年 Aden 基准,实际上与英国观测的 1943 年

Nahrwan 基准同源。参考椭球为 Clarke 1880（$a = 6378249.145\mathrm{m}$，$f = 1/293.4663077$）。1950 年至 1961 年期间,英国和美国军方制作了大量的亚丁湾地区地图系列。比例尺从 1:1 万到 1:10 万不等。采用的基准包括,1926 年至 1927 年的 Kamaran(岛屿)基准,Ras Karma(岛屿)基准,1957 年的 Socotra(岛屿)基准,1964 年至 1965 年的 Socotra(岛屿)基准。所有这些岛屿的基准大概都采用 Clarke 1880 参考椭球。

最初的经典西亚丁三角测量是由 20 世纪初英国的印度勘测局完成的。1925 年,英国的印度勘测局建立了亚丁地区的兰勃特圆锥正形投影,其中原点纬度 $B_0 = 15°\mathrm{N}$,中央子午线 $L_0 = 45°\mathrm{E}$,原点纬度的比例因子 $m_0 = 0.999365678$,$\mathrm{FE} = 1500\ \mathrm{km}$,$\mathrm{FN} = 1000\ \mathrm{km}$。20 世纪 60 年代,圣安娜的测绘项目完成后,圣安娜的等距网格系统的定义是:原点纬度为:$B_0 = 15°37'22''\mathrm{N}$,中央子午线 $L_0 = 42°59'32.25''\mathrm{E}$,原点纬度的比例因子 $m_0 = 1.0$,$\mathrm{FE} = 40\ \mathrm{km}$,$\mathrm{FN} = 20\ \mathrm{km}$。

高程基准为 HUDAYDAH MSL,从 1879 年至今,在亚丁港使用验潮仪进行验潮,并设置了水准基点。但靠近码头的航道大厦邮局大楼的主要基准已不复存在,其余垂直基准点位于港口工程师办公室(PEO)的东北角。领港员码头验潮房屋有另一个基准点,位于潮汐标尺旁边台阶的下方墙壁上。

CHAPTER 3

第 3 章

欧　　洲

　　欧洲(Europe),全称欧罗巴洲,名字源于希腊神话的人物"欧罗巴"(希腊语:Ευρω′πης),欧洲位于东半球的西北部,北临北冰洋,西濒大西洋,南滨大西洋隔地中海与非洲相望。大陆东至极地乌拉尔山脉(东经 66°10′,北纬 67°46′),南至马罗基角(西经 5°36′,北纬 36°00′),西至罗卡角(西经 9°31′,北纬 38°47′),北至诺尔辰角(东经 27°42′,北纬 71°08′)。

　　欧洲面积世界第六,人口密度约 70 人/km²,是世界人口第三的洲,仅次于亚洲和非洲,99% 以上人口属欧罗巴人种,比较单一。欧洲是人类生活水平较高、环境以及人类发展指数较高及适宜居住的大洲之一。

　　欧洲东以乌拉尔山脉、乌拉尔河,东南以里海、大高加索山脉和黑海与亚洲为界,西隔大西洋、格陵兰海、丹麦海峡与北美洲相望,北接北极海,南隔地中海与非洲相望,分界线为直布罗陀海峡。

　　欧洲最北端是挪威的诺尔辰角,最南端是西班牙的马罗基角,最西端是葡萄牙的罗卡角。欧洲是世界上第二小的洲,仅比大洋洲大一些,其与亚洲合称为亚欧大陆,而与亚洲、非洲合称为亚欧非大陆。

　　欧洲在地理上习惯分为北欧、西欧、中欧、南欧和东欧五个地区,共有 44 个国家和地区。截至 2020 年 1 月,已同中国签订共建"一带一路"合作文件的欧洲国家共计 27 个。

大地测量学的科学体系是从 17 世纪开始逐渐形成的。1615 年荷兰人斯奈洛首创三角测量法进行弧度测量,在方法上大大推进了大地测量的发展。此后,测量仪器的构造不断完善,望远镜、水准器、游标、测微器相继被发明,在测量工具方面也促进了大地测量学的发展。

第二次世界大战后,国际大地测量协会着手全欧洲进行大地测量三角网平差计算工作。1945 年德国大地测量小组首先完成中欧网平差计算,然后逐步扩展到全欧洲。全欧洲网平差计算前,首先需要建立一个适合全欧洲网的大地测量基准。为了使基线从大地水准面归化到 Hayford 椭球面,这项改正数总和达到最小,沃尔夫计算的大地水准面采用了多点定位方法。这就是 1950 年欧洲大地基准,简称为 ED 50。

为了进一步提高平差精度,1954 年在罗马成立了欧洲一等网重新平差常务委员会,起算点选在慕尼黑的 Frauenkirche 教堂。1979 年结束平差计算,在澳大利亚召开的国际大地测量协会会议上,将这次欧洲大地网平差成果命名为 1979 年欧洲基准(ED 79)。

1979 年欧洲坐标系大地网平差完全使用地面观测资料,为了改善大地网累积误差影响,使用空间卫星测量高精度测定成果作为地面网定位控制是有力措施。欧洲三角网重新平差委员会在丹麦召开会议决定,欧洲大地网采用地面网和空间网联合平差进行欧洲网新的平差计算。这次平差成果定名为 1987 年欧洲基准(ED 87)。

1987 年的 IUGG 大会,欧洲最早提出建设区域参考框架,即欧洲大地参考框架(EUREF)。2004 年 6 月,在捷克斯洛伐克布拉迪斯拉发举办的欧洲参考框架年会上,欧洲参考框架的参考术语(Terms of Reference,简称 ToR)被采用。ToR 包括对欧洲参考框架的描述介绍,以及欧洲参考框架的目标、活动、组织机构以及加入欧洲参考框架的相关规定。欧洲参考框架机构最重要的一个组织是欧洲参考框架技术工作组(Technical Working Group,简称 TWG)。

欧洲大地坐标框架已经建立了"欧洲大地基准系统 89(ETRS 89)"和"欧洲高程基准系统(EVRS)"。ETRS 89 可以提供具有厘米级精度点位的地心三维坐标,而这些点位的坐标和精度在整个欧洲是属于一个互相协调的大地基准系统。EVRS 提供的高程也具有类似的特点。

ETRS 89 是由 EUREF 的 GPS 连续运行基准站(CORS)网 EPN 维持的。EPN 与 IGS 有紧密的联系和合作。各欧洲国家对 EPN 的贡献是自愿的,这个网的成果可靠性主要有两方面的原因:有足够多的观测站和数据;有内容广泛而切实的 EPN 运行的规范,从而保证了所有这些 EPN 原始 GPS 观测数据的相互协调,得到这些 GPS 站可靠的连续的近实时坐标。

ETRS 89 和 EVRS 已由欧盟的"欧洲控制测量与欧洲地理学会"和"欧洲国家制图与地籍局"等单位推荐采用,因此这两个系统实际上已作为欧洲各国乃至他们在国际合作中的一种地理基准。

欧洲联合水准网(UELN)的工作于 1994 年开始启动,其目标是建立一个统一的欧洲高程系统。此后 UELN 的覆盖面一直扩大到大部分的欧洲国家。在 2000 年,UELN 的平差成果已作为欧洲高程基准系统(EVRS)的首次定义。UELN 中的骨干网组成了欧洲高程基准网(EUVN)。EUVN 结合了 GPS 坐标,重力高和正高整合成一个高程数据库。在 1997 年至 2003 年欧洲又进行了 2000 个水准点的水准测量,对 EUVN 进行了加密,称为 EUVN-DA。现在准备按 EUVN 的模式,提出建设欧洲联合大地网(ECGN),在 ECGN 的点上要进行多种卫星定位,超导重力仪测量,定期的水准和绝对重力复测,这些点可以通过 GPS 水准和全球重力场模型的结合,将 EVRS 和全球高程系统联系起来。

3.1 塞浦路斯(Cyprus)

塞浦路斯共和国(塞浦路斯)位于地中海东北部。

塞浦路斯早期的测量是在 Cassini-Soldner 投影上进行的,其中原点纬度 $B_0 = 35°00'00''N$,中央子午线 $L_0 = 33°20'00''E$,参考椭球为 Clarke 1858($a = 6378235.6m, f = 1/294.2606768$)。后被新的 1935 年坐标系统取代,新坐标系统基本原点被修改为:原点纬度 $B_0 = 35°00'00''N$ 和中央子午线 $L_0 = 33°19'00''E$,通常称为塞浦路斯 1935 年基准,参考椭球为 Clarke 1880($a = 6378249.145m, f = 1/293.465$)。既有的大地测量网已被证明存在观测和计算误差。塞浦路斯土地和测量部决定建立一个新的初级大地测量网,作为重新测量方案和土地信息系统的基础。经过多次研究和试验,决定采用新的坐标系统,采用 GRS80 椭球,局部横轴墨卡托(LTM)投影。塞浦路斯 LTM 与 UTM 系统的 36 带有相同的中心子午线(33°E),但使用了更好的尺度因子 $m_0 = 0.9999$。有了这些元素,这个国家任何地方的最大尺度误差不超过 1:7500。

在新的坐标系统下,利用 GPS 技术一个新的一级和二级网络已经建立起来。一级网由 40 个点组成,二级网由 254 个点组成。第三级网将由相距 200~500m 的点组成。

对于塞浦路斯的军事地形图,公布的 ED 50 到 WGS 84 的转换参数为:$\Delta X = -104\text{m} \pm 15\text{m}, \Delta Y = -101\text{m} \pm 15\text{m}, \Delta Z = -140\text{m} \pm 15\text{m}$,此解基于 4 个站的观测数据。目前,塞浦路斯政府尚未公开公布当地坐标系和 ITRF 之间的转换参数。

高程控制网一级水准测量始于 1964 年,完成于 1966 年,为整个岛屿提供了一致的高程。

3.2　俄罗斯(Russia)

俄罗斯联邦(俄罗斯)横跨欧亚大陆,邻国西北面有挪威、芬兰,西面有爱沙尼亚、拉脱维亚、立陶宛、波兰、白俄罗斯,西南面是乌克兰,南面有格鲁吉亚、阿塞拜疆、哈萨克斯坦,东南面有中国、蒙古和朝鲜。东面与日本和美国隔海相望。

3.2.1　俄罗斯国家平面控制测量

较早以前的地图采用了 Bessel 参考椭球($a = 6377397\text{m}, f = 1/299.15$),使用高斯—克吕格投影和格林尼治作为本初子午线。有两个主要的坐标系:普尔科沃 1932 系统($B = 59°46'18.71''\text{N}, L = 30°19'39.55''\text{E}$)和斯沃博德内 1935($B = 51°25'36.55''\text{N}, L = 128°11'34.77''\text{E}$)。普尔科沃 1932 系统在苏联境内的欧洲使用,而斯沃博德内系统在子午线以东使用。两个系统之间的差异达到 270m,在北部和东部达 790m。在中亚,使用塔什干 1875 坐标系,塔什干天文台作为原点($B = 41°19'31.35''\text{N}, L = 69°17'40.80''\text{E}$),在高加索地区使用巴库 1927 年系统,可汗阁塔作为原点($B = 40°21'57.90''\text{N}, L = 49°50'27.57''\text{E}$)。所有大于 150 万的地形图都带有高斯—克吕格格网坐标。

第二次世界大战后,苏联使用普尔科沃 1942 坐标系统(SK-42),原点是普尔科沃天文台,坐标已校正为 $B = 59°46'18.55''\text{N}, L = 30°19'42.09''\text{E}$。采用 Krassovsky 椭球取代 Bessel 椭球,椭球参数为 $a = 6378245\text{m}, f = 1/298.3$。

苏联天文大地网于 1980 年底完成,1991 年完成了国家天文大地网自由网的最终平差,1995 年完成了国家天文大地网、卫星大地网和多普勒大地网的联合平差,为此获得了 134 个共同控制点的最后坐标值。1996 年进行了国家天文大地网与 134 个控制点组成控制网的最终平差,并获得了高精度的坐标系 SK-95。俄罗斯从 2002 年 7 月 1 日起实行坐标系 SK-95,取代原来的坐标系 SK-42。今后轨道飞行中的各项大地测量保障和解决导航任务中将一律采用统一国家地心坐标系 PZ-90。

SK-95 坐标系是在两个阶段的平差基础上建立的。1995 年天文大地网、多普勒大地网、卫星大地网进行联合平差之后测定了由 134 个控制点(相邻距离为 400～500km)组成的网。1996 年对 1995 年时期的天文大地网进行了最终平差。这次平差中将第一阶段获得的由 134 个控制点的网作为基础网。SK-95 的参考椭球为 Krassovsky 参考椭球,坐标系原点是它的中心点。

新的地心坐标系 GSK-2011 是在 2000 年至 2012 年间完成的。GSK-2011 坐标轴方向与国际地球自转和参考系统服务(IERS)和国际大地测量学协会(IAG)推荐的 ITRS 中的方向相同。GSK-2011 的基本大地测量参数包含四个常数:

地心引力常数(包括大气质量)GM = 398600.4415 × $10^9 \text{m}^3/\text{s}^2$;

地球自转的平均角速度 $\omega = 7292115 \times 10^{-11} \text{rad/s}$;

椭球长半轴 $a = 6378136.5\text{m}$;

椭球扁率 $f = 1/298.2564151$。

GSK-2011 的基础是卫星大地测量网(FAGS),其中包括基本的天文和大地测量网(FAGN);精密大地测量网和卫星大地测量网。由 GNSS 方法在公共地面坐标系中确定的 FAGN 点的空间位置相对于地球质心的误差为 10～15cm 量级,并且 FAGN 任何点的相对位置的误差均不超过平面位置为 1～2cm,考虑到时间的变化,误差则为 2～3cm。通过基于 IGS 站的网平差来确定 2011.0 历元 FAGS 点的坐标。由于在俄罗斯境内 IGS 站的数量和地理分布不是最佳的,因此,为了使 FAGS 网更严密,更可靠,使用了国外的 IGS 站。

基于相同的三角网和导线点通过 GNSS 进行测量:基本天文大地测量网(约 50 个),精密大地测量网(约 300 个)和卫星大地测量网(约 4000 个),其坐标在地心系统中给出,并简化为普通的地面椭球 GSK-2011。从而获得了 2011 年坐标系中约 30 万个大地点的坐标。

俄罗斯的现代坐标基础由以下大地测量网保障。

国家大地网,包括由 24 个控制点组成的基础天文大地网;高精度大地网,147 个控制点;天文大地网,164000 控制点;大地加密网;卫星大地网,26 个控制点;多普勒大地网;国家水准网由 Ⅰ、Ⅱ 等水准测量网形成的主要高程基础组成,并由 Ⅲ、Ⅳ 等水准网补充;Ⅰ级国家重力网和基础重力测量控制点。

俄罗斯在轨道飞行器和导航任务中均采用 PZ-90 地心坐标系。PZ-90 地心坐标系定义:坐标系的原点位于地球质心,Z 轴指向国际地球自转服务局推荐的协议地极原点,X 轴指向赤道与国际时间局定义的零子午线的交点,Y 轴与 X 轴和 Z 轴垂直,构成右手坐标系。基本定义参数:地心引力常数 GM = 398600.44 × $10^9 \text{m}^3/\text{s}^2$;地球自转的平均角速度 $\omega = 7292115 \times 10^{-11} \text{rad/s}$;椭球长半轴 $a = 6378136\text{m}$;椭球扁率 $f = 1/298.257839303$。虽然 PZ-90 与 GPS 所用的 WGS 84 同属地心地固坐标系,但在地球表面的坐标差异可达 20m。目前正在卫星大地网控制点上利用 GEO-IK 和 GLONASS/GPS 综合观测数据对 PZ-90 进行现代化改造。第一阶段将把 6~7 个卫星大地网控制点代入现行的 ITRF 坐标框架,第二阶段再把它们代入该系统的另一坐标系 ITRF 2000。

目前,俄罗斯 GLONASS 全球导航卫星系统轨道包括 28 颗卫星,即 26 颗"GLONASS – M"和 2 颗"GLONASS-K"卫星。其中 23 颗按指定用途运行,1 颗处于轨道预备状态,1 颗在飞行测试阶段,另有 3 颗卫星处于技术维护状态。为实现"GLONASS"系统导航信号的全球覆盖,需要 24 颗正常运行的卫星。2020 年后,GLONASS 系统国外部署的地面站数量将从 6 个增加到 12 个,而俄罗斯境内则从 19 个增加到 45 个。2025 年前系统高轨段预计部署 6 颗卫星,其中首颗卫星将于 2023 年投入运行。这将使半个地球导航精度提高 25%。

3.2.2　俄罗斯国家高程控制测量

俄罗斯高程系统为正常高系统,波罗的海高程系,高程的起始海平面为波罗的海与克朗什塔水准网起始点的平均海平面。俄罗斯水准网的发展、更新和维护均按国家指令计划进行(一般 10 年)。现行的高程基准采用 1968 年建立的 I、II 等水准网的控制点高程。1977 年曾经对这些网进行了平差,1992 年通过对新的全国水准网进行整体平差的决定。1993 年通过了"2000 年前更新和发展俄罗斯 I、II 等水准网计划"。2003 年制订了"2003 年至 2010 年更新俄罗斯联邦 I、II 等水准网计划"。

俄罗斯正常高程系统通过 I 等和 II 等高精度几何水准来维持。高精度控制网由 1000 个闭合环组成,水准线路总长度约 40 万 km,基于喀琅施塔得验潮站进行水准网平差,该验潮站自 1873 年开始就作为高程零点。俄罗斯水准网通过建立新的水准线路更新了既有水准线路,新建水准网加密水准点在俄罗斯是允许的。俄罗斯在欧洲部分的闭合环是从 190km 到 2600km,平均周长约为 980km。在西伯利亚和远东地区多边形长度是从 400km 到 4700km,平均周长约为 2200km。

Krassovsky 参考椭球面上似大地水准面采用天文重力水准测量方法测定,其天文重力水准网覆盖全国,包括 2897 个天文点。计算似大地水准面的高差时采用了 1∶100 万或更大比例尺的重力测量数据。测定高差的精度:10000~20000km 时为 0.06~0.09m,1000m 时为 0.3~0.5m。

3.3　奥地利(Austria)

奥地利共和国(奥地利)是中欧南部的内陆国,东邻匈牙利和斯洛伐克,南接斯洛文尼亚和意大利,西连瑞士和列支敦士登,北与德国和捷克接壤。

3.3.1 奥地利国家平面控制测量

奥地利于 1787 年进行第一次测量。于 1806 年至 1869 年进行了第二次地形测量,建立 1806 年 Vienna 基准,原点位于圣史蒂芬大教堂,$B = 48°12'31.5277''$N,$L = 16°22'27.3275''$E(最初是指加那利群岛的费罗 $17°39'46.02''$ E)。采用 Cassini-Soldner 投影。在 1810 年至 1845 年使用的 Bohnenberger 椭球($a = 6376602$m,$f = 1/324$)。在 1845 年至 1863 年使用的 Zach 椭球($a = 6376602$m,$f = 1/324$)。1847 年到 1851 年使用 Walbeck 椭球($a = 6376896$m,$f = 1/302.78$)。

1869 年至 1896 年进行第三次地形测量,主要基于 Vienna 基准和 Bessel 1841 椭球(实际上于 1863 年采用,$a = 6377397.15$m,$f = 1/299.1528$)。

1872 年,地形图最终采用了 1:25000 的比例尺。在奥地利发现并仍被广泛使用的最常见的古典基准(在 1950 年欧洲之前)是军事地理学院(AT_MGI)1871 年 Hermannskogel 基准,$B = 48°16'15.29''$N,$L = 16°17'41.06''$E。在南斯拉夫建立了 1871 年 Hermannskogel 基准和 ED 50 基准之间的七参数基准转换关系,但是大多数点不在当前的奥地利。

奥地利政府已为 AT_MGI 至 ETRS 89(WGS 84)提供了转换参数:$\Delta X = +577.3$m,$\Delta Y = +90.1$m,$\Delta Z = +463.9$m,$\Delta S = 2.42$ppm,$\varepsilon_X = -5.137''$,$\varepsilon_Y = -1.474''$,$\varepsilon_Z = -5.297''$。AT_MGI 的三维坐标(X,Y,Z)是使用椭球高得出的,椭球高是根据 Bohemia 的 Molo Sartorio(Trieste)和与 AT_MGI Hermannskogel 基准和 Josefstadt 的大地水准面计算的。

民用地形图采用高斯—克吕格横轴墨卡托投影,其分带宽度为 3°,对于第 3 带,中央子午线 $L_0 = 9°$,FE = 3500km;对于第 4 带,中央子午线 $L_0 = 1°$,FE = 4500km;原点的比例因子 $m_0 = 1.0$。

奥地利的军事标准 1:5 万比例尺地形使用 ED 50 基准,从 ED 50 到 WGS 84 发布的参数为:$\Delta a = -251$m,$\Delta f \times 10^4 = -0.14192702$,$\Delta X = -86$m ± 3m,$\Delta Y = -98$m ± 8m,$\Delta Z = -121$m ± 5m。

奥地利水平控制网的基础是在 19 世纪下半叶期间进行的欧洲中部弧度测量网,仅仅由一些三角锁所组成。至 1990 年,奥地利国家水平控制网包括:117 个一等点,463 个二等点,1658 个三等点,9163 个四等点,40885 个五等点(距离 1~1.5km),共计 52286 个点。以及大约 25 万个图根点。五等网的补充加密是在联邦计量与测量局特定的工程和其他工作中完成的。

奥地利联邦计量与测量局(BEV)建立 GNSS 卫星定位服务系统 APOS,使用并处理 GNSS 数据(GPS,GLONASS 和 GALILEO)来提供差分改正参数,以提高卫星基准站测量精度。APOS 包括邻国的众多 GNSS 参考站,因此奥地利的定位服务可以在最新的 ETRS89 参考系统中提供全国范围均匀的三维坐标,并且还可以覆盖沿国界的区域。可提供用于后处理应用程序的测站原始数据(APOS-PP 和 APOS-RAW),以及针对卫星轨道、卫星时钟、电离层和对流层实时计算的单独校正参数(APOS 实时,虚拟参考站 VRS),此校正服务有两种精度:具有 cm 精度的 APOS-RTK,适用于极其精确的应用;具有亚米级精度的 APOS-DGPS,适用于 GIS 和导航应用。

3.3.2 奥地利国家高程控制测量

奥地利高程系统使用亚得里亚海平均海水面为起算面(验潮仅位于 Molo Sartorio/Triest 1875)。自 18 世纪以来,奥地利的高程已由国家测量局借助精密水准测量从验潮站推算而得。高程计算已加入正常高改正,至今正常高高程系统的建立仍使用非齐次性平差。

基准点:的里雅斯特港/意大利(Molo Sartorio/Triest 1875)。

国家基准点:一等水准点 Hutbiegl/Horn(Bobernian Massif)。

高程系统:正常高(由理论重力值求得)。

精密水准点共计 26620 个(1990.11.30),水准点间距在城市、高山区为 300m,乡村为 600m。每年作业 500 点,丢失(破坏)率1.7%。测量精度:往返测限差 $\pm 2.0\sqrt{L}$mm,每站标准差 0.15mm/km,往返测标准差 0.35mm/km,环标准差 0.39mm/km,平差值标准差 0.57mm/km。

三等水准测量(大约 24000 个控制点)用来加密精密水准测量,精度为 ± 1.5mm/km。一至五等水平控制点的高程由三角高程测量联结至水准网。

3.4 希腊(Greece)

希腊共和国(希腊)位于巴尔干半岛最南端。北同保加利亚、马其顿、阿尔巴尼亚相邻,东北与土耳其的欧洲部分接壤,西南濒爱奥尼亚海,东临爱琴海,南隔地中海与非洲大陆相望。

1889 年,成立了希腊陆军地理服务处,并立即开始进行古典三角测量,该机构的名称后来更改为希腊军事地理服务局(HMGS)。三角测量的最初起点是古雅典天文台,$B = 37°58'20.1''$N,$L = 23°42'58.5''$E,采用 Bessel 1841 椭球($a = 6377397.155$m,$f = 1/299.1528128$)。后来使用了"经修订的军事网格"基于兰勃特等角圆锥投影。

与雅典天文台相同的中央子午线,这三个切线区的原点纬度分别为35°,38°和41°,FE分别为1500km,2500km和3500km,三个区域的FN均为500km。1931年至1941年使用的"旧军事网格"具有相同的参数,只是没有假设原点。

从1925年到1946年,使用了两个"英国网格"。地中海区域为兰勃特圆锥割线正形投影,其中央子午线$L_0 = 29°E$,原点纬度$B_0 = 39°30'N$,原点的比例因子$m_0 = 0.99906$,FE = 900km,FN = 600km。Crete岛地区为兰勃特圆锥切线正形投影,其中央子午线$L_0 = 24°59'40''E$,原点纬度$B_0 = 35°N$,原点比例因子$m_0 = 1.0$,FE = 200km,FN = 100km。

自1990年以来,希腊大地测量参考系统(HGRS 87)已在该国广泛使用。但在欧洲或全球制图项目(如EuroGlobal Map,Euro Regional Map,EuroDEM等)的框架中收集和维护的空间数据则为WGS 84系统。

希腊大地参考系统(HGRS 87/ GGRS 87)是一种本地大地参考系统,它以Dionyssos(雅典)的卫星站为原点。GGRS 87定义了该国家的大地基准,使用GRS-80作为参考椭球($a = 6378137m, f = 1/298.2572221, e^2 = 0.0066943800$)可以更好地适应希腊领土的大地水准面。与1989年国际地心参考系统(ITRF 89)平行,$B = 38°04'33.8107''N, L = 23°55'51.0095''E, H = 7.0m$。GGRS 87基于横轴墨卡托投影,投影原点$B_0 = 0°$,中央子午线$L_0 = 24°E$,FE = 500km,原点比例因子$m_0 = 0.9996$。

GGRS 87相对于ITRF 89(实际上是相对于全球大地参考系WGS 84)的参数为:$\Delta X = -199.695m, \Delta Y = +74.815m, \Delta Z = +246.045m$。

国家影像和测绘局已发布了从1950年希腊的欧洲基准到WGS 84基准的三参数:$\Delta X = -84m, \Delta Y = -95m, \Delta Z = -130m$。欧洲石油研究小组给出的从GGRS 87转换为WGS 84参数为:$\Delta X = -199.87m, \Delta Y = +74.79m, \Delta Z = +246.62m$。

3.5 波兰(Poland)

波兰共和国(波兰)位于欧洲中部,西与德国为邻,南与捷克、斯洛伐克接壤,东邻俄罗斯、立陶宛、白俄罗斯、乌克兰,北濒波罗的海。

3.5.1 波兰国家平面控制测量

普鲁士人在波兰的较早地图上绘制了该国的西半部地图,东南部大约17%的地图由奥匈帝国绘制,波兰的其余部分由俄罗斯进行了测绘,这项早期制图活动的时间可以追溯到 1816 年。

波兰成立后开始了新的大地测量,1925 年波兰国家基准(PND 1925)的原点是 Borowa Gora 站,$B = 52°28'32.85''N$,$L = 21°02'12.12''E$。参考椭球为 Bessel 1841($a = 6377397.155m$,$f = 1/299.1528128$)。

从 1927 年到 1935 年,观测到超过 120 个三角形。军事地理学院(WIG)据此制作了 1:25000、1:10 万和 1:30 万地图,这些产品将地形图基准为 PND 1925,并投影至波兰赤平极坐标系统。原点纬度 $B_0 = 52°00'N$,中央子午线 $L_0 = 22°00'E$,原点比例因子 $m_0 = 1.0$,$FE = 600km$,$FN = 500km$。

大约在同一时期为地籍开发的基于 PND 1925 系统,使用了高斯—克吕格横轴墨卡托投影,其中原点的比例因子 $m_0 = 1.0$,$FE = 90km$,$FN = -5700km$,中央子午线 $L_0 = 15°E$,$17°E$,$19°E$ 和 $21°E$。

德国陆军绘制的波兰地形图使用 Deutches Herres Gitter(DHG)网格,该地图与 UTM 相同,但原点比例因子 $m_0 = 1.0$,使用的基准是 PND 1925。俄罗斯分带 TM 相当于波兰对基准的定义也与 DHG 相同,但基准和椭球除外,波兰的网格未解决的平面基准差异介于 160m 至 250m 之间。苏联将其对华沙公约国家的军事地形覆盖范围转换为原点在普尔科沃天文台的 SK-42 基准,并参考了 Krassovsky 椭球。在波兰该基准的首选术语是"波兰 1942"或"PN 42"。

波兰在 20 世纪后半叶大比例尺地形图采用 UKLAD 65 坐标系统,分为 5 个投影带,其中 1~4 带基于准赤平投影(鲁西尔赫斜极赤平),第 5 带为高斯—克吕格横轴墨卡托投影。各投影带覆盖范围及投影参数见表 3-1。

波兰投影带覆盖范围及投影参数 表 3-1

带号	1	2	3	4	5
覆盖省份	Biala Podlaska, Eastern Bielsko, Chełm, Kielce, Kraków, Krosno, Lódź, Lublin, Nowy Scz, Piotrków, Premysl, Radom, Rzeszów, Sieradz, Tarnobrzeg, Tarnów 和 Zamość	Bialystok, Ciechanów, Lomźa, Olsztyn, Ostrolka, Plock, Siedlce, Skierniewice, Suwałki 和 Warszawa	Bydgoszcz, Elbg, Gdańsk, Koszalin, Słupsk, SzczecinToruń, 和 Włocławek	Gorzów, Jelenia Gora, Kalisz, Konin, Legnica, Leszno, Opole, Pila, Poznań, Wałbrzych, Wrocław 和 Zielona Góra	Western Bielsko, Czstochowa 和 Katowice
原点纬度 B_0(N)	50°37'30''	53°00'07''	53°35'00''	51°40'15''	0

带号	1	2	3	4	5
中央子午线 L_0（E）	$21°05'00''$	$21°30'10''$	$17°00'30''$	$16°40'20''$	$18°57'30''$
比例因子 m_0	0.9998	0.9998	0.9998	0.9998	0.999983
FE（km）	4637	4603	3703	3703	237
FN（km）	5467	5806	5627	5627	−4700

对于小比例尺制图,可使用 GUGiK 80 赤平投影,其中原点纬度 $B_0 = 52°12'$N（大约）,中央子午线 $L_0 = 19°10'$E,在距投影原点 215km 的距离处,将点的比例因子设计等于1。

ETRS 89 是在 20 世纪末年采用 GNSS 技术通过法律引入到波兰。2008 年 6 月 2 日,波兰大地测量与制图总部(GUGiK)开始运行多功能精密卫星定位,命名为 ASG-EUPOS。ASG-EUPOS 网络在波兰定义了欧洲陆地参考系统 ETRS 89。在波兰境内对 ASGEUPOS 站点与 18 个波兰 EUREF 永久网络(EPN)站点之间进行联测从而实现了 ETRS 89。在 2010 年至 2011 年,GUGiK 使用 GNSS 和水准仪将 ASG – EUPOS 与现有的大地测量网(水平和高程)集成在一起。这些行动促使制定了新的技术标准,即国家空间参考系统(PSOP),并建立和维护该国的大地测量(水平和高程)、重力基准。

波兰大地控制网主要由波兰国家测绘企业负责建立和精细化。1949 年至 1955 年完成一等天文大地网布设,1953 年至 1960 年进行二等加密,1960 年至 1980 年进一步加密,在乡村达到每 $6km^2$ 一个点,以满足 1∶2000 和 1∶5000 测图的需要,在城区达到每 $2km^2$ 一个点,以满足 1∶500 和 1∶1000 测图的需要,目前,在做更细的加密工作,将达到在农村每 $3km^2$ 一个点、在城区每 $1.5km^2$ 一个点。波兰天文大地网复测周期为 5 ~ 7 年。

3.5.2　波兰国家高程控制测量

波兰高程系统为正常高系统,高程起算依据是欧洲垂直参考基准。1925 年至 1938 年布设波兰一等水准网,由 121 条水准路线构成,形成 36 个闭合环。整体平差后的中误差为 1.04mm/km。

50 年代建立了新的一、二等水准网。其中,一等水准网与邻国同时建立的网进行联合平差,其精度为 1m/km,二等网的观测精度与一等网相同,按一等水准环强制平差的精度不低于 4mm/km 和 10mm/km。1960 年至 1980 年为加密和精化已建立的水准网进行了补充精密水准测量。

1980 年开始对水准网进行综合精化,1986 年完成一等水准网测量,其总的技术标准如下:水准线路总长 17000km;水准点总数 16000 个;水准环 163 个,其中闭合环 135 个;平均水准段长度 1km;平均路线长度 45km。二等水准网测量于 1995 年完成。同时精化三、四等水准网。在水准测量中,除尺长温度改正之外,其余如地磁改正、潮汐改正、大气折光改正等项系统误差一律不予考虑。水准网复测周期为 10 ~ 14 年。

3.6　塞尔维亚(Serbia)

塞尔维亚共和国(塞尔维亚)位于欧洲东南部,巴尔干半岛中北部。东北与罗马尼亚,东部与保加利亚,东南与北马其顿,南部与阿尔巴尼亚,西南与黑山,西部与波黑,西北与克罗地亚,北部与匈牙利相连。

塞尔维亚共和国大地测量局(RGA)成立于 1992 年。前南斯拉夫的经典水平基准的名称包括赫曼斯科格尔(1871)、维也纳大学系统(1892)、普尔科沃 1942(SK-42)和欧洲 1950(ED 50)。

塞尔维亚现行大地测量参考网(AGROS)建立于 2005 年。塞尔维亚全境平均站间距为 70km,有 32 个 GNSS 站点。

塞尔维亚采用欧洲陆地系统 1989(ETRS 89)作为国家大地测量系统的基准。包括 20 个 EPN 站、48 个国家常设站和 19 个外地点。

3.7　捷克(Czech)

捷克共和国(捷克)地处欧洲中部。东靠斯洛伐克,南邻奥地利,西接德国,北毗波兰。

该地区最初一级三角测量由奥匈帝国完成。在 1918 年和 1932 年之间,军事地理学院将兰勃特圆锥投影应用于三角测量的计算和制图,基于 1871 年 Hermannskogel 基准,该基准采用 Bessel 1841 椭球($a = 6377397.155m, f = 1/299.1528128$)。1871 年 Hermannskogel 基准的原点为 $B = 48°16'15.29''N, L = 33°57'41.06''$(加那利群岛的费罗岛东部),标准平行纬线为 $B_N = 50°15', B_S = 48°30'N$,中央子午线 $L_0 = 35°45'$(费罗以东),FE = 1000km,FN = 500km。

新的大地一等网始建于 1936 年,并于 1956 年完成。基本的地籍三角测量网与奥地利、德国、波兰和罗马尼亚的一等测量网相连。

　　1939 年,新的地形图测绘仅覆盖了 5% 的领土。成立波希米亚和摩拉维亚国家测绘局后进行的三角测量网并入最终的帝国三角网中,基准原点位于波茨坦,$B = 52°22'53.9540''$N,$L = 13°04'01.1527''$E。参考椭球为 Bessel 1841。

　　为了合并将帝国三角网重新观测 36 个一等点。所使用的坐标系统是德国坐标系统,其参数与 UTM 完全相同,只是原点的比例因子为 1。除椭球外,德国网格与苏联的网格完全相同。

　　捷克和斯洛伐克负责大地测量、地形和制图活动的机构一直处于重组阶段,直到 1953 年底。在 1953 年至 54 年间,这些机构随后根据苏联确立的模式进行了组织,成立了大地测量与制图中央管理局 USGK。对一等网进行统一平差计算,采用 Krassovsky 1940 椭球 ($a = 6378245$m,$f = 1/298.3$),将基准定义为"SK-42",其原点位于普尔科沃天文台:$B = 59°46'18.55''$N,$L = 30°19'42.09''$E。SK-42 基准使用俄罗斯分带,除了原点的比例因子为 1 外其他的与 UTM 相同。自 1952 年以来使用的民用版本是俄罗斯分带系统的一种修改,其中假设北向原点为 $B = 49°30'$N,FN $= 200$km,FE $= 500$km,原点的比例因子 $m_0 = 0.99992001$。其他所有内容均与标准的高斯—克吕格横轴墨卡托投影相同。

　　大地测量与地形学研究所完成了将捷克和斯洛伐克天文大地网与奥地利,匈牙利和德国的主要网合并到欧洲陆地大陆参考系统 ED 87 中。并参与了将新的欧洲参考系扩展到捷克和斯洛伐克,建立捷克零级 GPS 参考网,将其平均密度提高到 1 站/400km^2,以及捷克 GPS 参考网与德国和奥地利参考网进行直接联测。通过 GPS 技术建立和监测捷克国家地球动力学网,该网由 32 个站点组成,自 1995 年春季以来,该站点定期(一年两次)重复进行 GPS 观测。这些观测结果通过水准和重力测量得到补充。对于地籍办公室,通过 GPS 技术对本地控制网进行加密并与国家 GPS 参考网进行联测。

　　捷克土地测量处管理国内的大地测量参考框架,共有 74962 三角测量点,35415 个联测点,427 个重力控制点。

　　捷克大地测量参考框架中有 1313 条水准线路总计 24711km,119526 个水准基点(捷克国家水准网有 82722 个)。捷克共和国全境的大地水准面模型,其精确度约为 5cm,这使得从该国范围内的任何地方 GPS 观测值确定海平面高程成为可能。

3.8　保加利亚(Bulgaria)

　　保加利亚共和国(保加利亚)位于欧洲巴尔干半岛东南部,北部与罗马尼亚隔多瑙河相望,西部与塞尔维亚、马其顿相邻,南部与希腊、土耳其接壤,东部临接黑海。

1951 年,成立了大地测量、制图和地籍委员会(GCCB)。大地测量"1950 坐标系"在 1950 年被采用,代表的是在 1940 年的 Krassovsky 椭球上平移的"1930 坐标系",新计算的结果是针对该情况移动了大约 8.9cm,但方位角保持不变。更改了坐标系后,使中央子午线向东偏移 500km,中央子午线的比例已改为 1。高斯—克吕格横轴墨卡托投影在军方使用 6 度带,而民用使用 3 度带,与"1930 坐标系"相同。

在 20 世纪 60 年代,仅针对军事应用使用"1950 坐标系",因此需要创建一个满足民用需求的坐标系。新的"坐标系 1970"使用 1940 年 Krassovsky 椭球,划分为四个兰勃特保角圆锥投影带:K3、K7、K5 和 K9。

每个区域的起点都由初始平行度和比例尺定义,并且每个区域都具有中央子午线的不同初始方位角,以便旋转并创建坐标系的保密性。

普通坐标用作"局部"坐标,随着用于民用的高精度 GPS 接收机的出现,保密的重要性逐渐消失。在保加利亚以外,很容易购买比例为 1:5 万的前俄罗斯军事地形图。

1983 年在保加利亚陆军中引入了 SK – 42,作为用于中欧和东欧的组合天文大地坐标网。这是用于军事应用的特殊坐标系,至今仍是秘密。"坐标系 1942-83"是保加利亚国家行政管理部门创建的名称。

保加利亚大地测量系统 2000(BGS 2000),将大地参考系统 1980(GRS 80)作为基本大地参数,如下:

地球赤道半径:$a = 6378137\text{m}$;

地球(与大气层)的地心引力常数:$GM = 3986005 \times 10^8 \text{m}^3/\text{s}^2$;

动态尺度因子:$J2 = 108263 \times 10^{-8}$;

扁率的倒数:$1/f = 298.257222101$;

旋转角速度:$\omega = 7292115 \times 10^{-11} \text{rad/s}$。

采用欧洲大地坐标系 ETRS89 作为国家坐标系,由包括在欧洲水准测量网(UELN)中的国家水准测量网实施并在欧洲垂直参考系统(EVRS)中定义的高程系统,使用统一系统的重力数据(IGSN 1971),大地测量投影为 UTM 投影。

国家大地测量网分为四个等级:101 个一等点;257 个二等点;1764 个三等点;4727 个四等点。国家 GPS 网分为二个等级:113 个一等点;344 个二等点。

在 1996 年安卡拉研讨会上保加利亚正式引入欧盟 7 个测站,其中之一为永久性观测站。实际上,欧盟有 15 个测站,因为他们是 1992 年(7 个测站)和

1993 年(15 个测站)进行综合数据处理,由此定义为 BULREF。

　　7 个欧盟测站点之间的平均距离为 100 ~ 150km,15 个欧盟测站点之间为 40 ~ 60km。GPS 测量主要用于重建 1990 年后的三级和四级大地点,而没有改变作为经典大地网的(SGN)的特征。通过更有效地 GPS 测量更新 SGN 建立的基本原则导致 GPS 数据信息的不足。通过使用许多相同的点,可以导出转换参数,并将其用于将 GPS 结果转换为当地的坐标系。

　　在保加利亚境内欧洲高程参考系统(EVRS)成功实现了将国家水准测量网及补充信息纳入 UELN 数据库中。因此,已根据要求准备了该国的一级水准测量的数据。保加利亚包含在欧洲高程参考框架(EUVN)项目有 3 个点。其中两个是特殊的测量点用于 GPS 测量,分别位于布尔加斯和瓦尔纳的潮汐仪附近。第三个点是在索菲亚附近控制点上,并已经安装永久 GPS 站天线。已经计算出这三个点的重力值,它们的正常高通过水准测量可以得到。

3.9　斯洛伐克(Slovakia)

　　斯洛伐克共和国(斯洛伐克)是位于欧洲中部的内陆国,东邻乌克兰,南接匈牙利,西连捷克、奥地利,北毗波兰。

　　TR 8350.2 为所有斯洛伐克提供了两个三参数转换。从 S-42(参考 Krassovsky 1940 椭球)到 WGS 84:$\Delta X = +26m \pm 3m$, $\Delta Y = -121m \pm 3m$, $\Delta Z = -78m \pm 2m$,并且从 S-JTSK(参考 Bessel 1841 椭球)到 WGS 84:$\Delta X = +589m \pm 4m$, $\Delta Y = +76m \pm 2m$, $\Delta Z = +480m \pm 3m$。

　　斯洛伐克(BKG 2001-2003)发表了从 S-JTSK 到 ETRS 89 的完整 Molodensky 七参数转换为:$\Delta X = +559.0m$, $\Delta Y = +68.7m$, $\Delta Z = +451.5m$, $\varepsilon_X = +7.920''$, $\varepsilon_Y = +4.073''$, $\varepsilon_Z = 4.251''$, $m = +5.71ppm$, $X_0 = 3980912.082m$, $Y_0 = 1392955.999m$, $Z_0 = 4767344.572m$。偏移原点似乎位于共和国几何中心的 Banská 东南。从 S-JTSK 到 ETRS 89 的使用 Bursa-Wolfe 七参数转换的较新版本为:$\Delta X = +485.0m$, $\Delta Y = +169.5m$, $\Delta Z = +483.8m$, $\varepsilon_X = +7.786''$, $\varepsilon_Y = +4.398''$, $\varepsilon_Z = 4.103''$, $m = 0$。

3.10　阿尔巴尼亚(Albania)

　　阿尔巴尼亚共和国(阿尔巴尼亚)位于东南欧巴尔干半岛西部,北部和东北部分别与黑山、塞尔维亚和北马其顿接壤,南部与希腊为邻,西临亚得里亚海,隔奥特朗托海峡与意大利相望。

　　阿尔巴尼亚的第一次三角测量始于1860年至1873年,由维也纳军事地理研究所进行,旨在为巴尔干地区1:75000比例尺地形图提供大地控制。这次三角测量,覆盖了阿尔巴尼亚相当大的面积。三角网由北向南布设,网中用因瓦基线尺测量了几条基线,其中一条靠近斯库台。

　　第二次三角测量是由维也纳军事地理研究所实施的。这次测量是对以前所完成的大地控制测量的补充。一等三角网从匈牙利边界起经南斯拉夫扩展到阿尔巴尼亚中部,南部则用二等和三等三角测量覆盖。第三次三角测量是在1918年,维也纳军事地理研究所完成了阿尔巴尼亚领土的全部三角测量工作。随后,在Bessel椭球面上计算了所有三角点的大地坐标,并按高斯—克吕格横椭圆柱等角投影计算了直角坐标。据估计,这次三角测量的精度可以满足1:5万比例尺测图的要求。

　　第四次三角测量是在1927年至1934年,由意大利军事地理研究所按分级布网,逐级控制的原则施测。全网共划分为四个等级。整个三角网观测结束后,采用Bessel椭球面作为测量计算的基准面,以地拉那天文点坐标为起算,推算出了所有三角点的大地坐标,并按彭纳改良圆锥投影计算了直角坐标。这次测量,是有史以来在阿尔巴尼亚进行的最系统的一次测量,它基本包含了原维也纳军事地理研究所施测的所有三角点。

　　1946年,南斯拉夫一等网与阿尔巴尼亚一等网并列。1955年,阿尔巴尼亚军事地形小组的专家进行了意大利军事地理研究所网的重建和加密测量,以满足1:25000比例尺测图的需要。同时,一等网从意大利军事地理研究所系统(1934年)转变为1942年坐标系,该系统基于Krassovsky椭球,中央子午线$L_0 = 21°$的高斯—克吕格投影。苏联是一个与UTM相同的坐标系统,不同之处在于原点的比例因子为$m_0 = 1.0$。

　　意大利军事地理研究建立的阿尔巴尼亚三角网精度偏低,不能满足国家经济建设、国防建设和科学技术日益发展的需要。为此,从1970年起,阿尔巴尼亚军事地形测量研究所开始重新布设国家高精度大地控制网,经过15年的努力,基本上完成了新一等三角网的布测工作。阿尔巴尼亚三角网布设方案是依据20世纪70年代的技术装备情况和国家测图的实际需要,充分吸取国外特别是中国的布网经验制订出来的,新国家三角网划分为三个等级。在1970年至1985年期间阿尔巴尼亚军事地形学院(MTI)设计、重建、测量和计算新阿尔巴尼亚网,它由三角测量和水准测量构成,重新平差后的系统称为ALB 86系统,继续使用俄罗斯横轴墨卡托投影。

此坐标系统具有阿尔巴尼亚转换参数,其中从 ALB 86 到 WGS 84:$\Delta X = +24\text{m} \pm 3\text{m}, \Delta Y = -130\text{m} \pm 3\text{m}, \Delta Z = -92\text{m} \pm 3\text{m}$。

2009 年《阿尔巴尼亚国家报告》列出了地拉那工业大学大地测量学系从 ITRF 96 至 ALB 86 计算出的新的七参数转换结果:$\Delta X = +35.758\text{m}, \Delta Y = +11.676\text{m}, \Delta Z = +41.135\text{m}, \varepsilon_X = +2.2186'', \varepsilon_Y = +2.4726'', \varepsilon_Z = -3.1233''$, $m = +8.3855\text{ppm}$(基于 18 个公共点)。2010 年,意大利地理军事研究所根据阿尔巴尼亚的 90 个公共点,从 ETRF 2000 到 ALB 86 计算了类似的转换:$\Delta X = +44.183\text{m}, \Delta Y = +0.58\text{m}, \Delta Z = +38.489\text{m}, \varepsilon_X = +2.3867'', \varepsilon_Y = +2.7072''$, $\varepsilon_Z = -3.5196'', m = +8.2703\text{ppm}$。

1994 年 10 月,同美国国防测绘局航空航天中心合作,在阿尔巴尼亚进行了全球定位系统(GPS)大地控制网测量。测量目的旨在基于阿尔巴尼亚大地测量控制网内现有 35 个测站建立 1984 年世界大地测量系统(WGS 84)。1994 年以后,阿尔巴尼亚军事地形学院采用的坐标系是为 UTM 第 34 带。

阿尔巴尼亚高程系统为正常高系统,高程起算依据是亚得里亚海平均海平面高程基准。阿尔巴尼亚高程系统的基准是根据 1958 年至 1977 年潮汐仪的记录确定的亚得里亚海平均海平面,在这些潮汐站的基础上建立了一级水准测量网。

3.11　克罗地亚(Croatia)

克罗地亚共和国(克罗地亚)位于欧洲中南部,巴尔干半岛的西北部。西北和北部分别与斯洛文尼亚和匈牙利接壤,东部和东南部与塞尔维亚、波黑、黑山为邻,西部和南部濒亚得里亚海。

3.11.1　克罗地亚国家平面控制测量

在克罗地亚发现的经典水平基准 Hermannskogel 1871,Vienna 1892,SK-42 和 ED 50。

Hermannskogel 1871 基准使用 Bessel 1841 椭球($a = 6377397.155\text{m}, f = 1/299.1528128$)。基准的原点位置为:$B = 48°16'15.29''\text{N}, L = 33°57'41.06''$在费罗以东,其中费罗 $= 17°39'46.02''\text{E}$。在该基准上找到最常见的网格是南斯拉夫简化高斯—克吕格横轴墨卡托投影,原点的比例系数 $m_0 = 0.9999$,覆盖克罗地亚整个区域的中央子午线为 $L_0 = 18°\text{E}$,$\text{FE} = 500\text{km}$。

Vienna 1892 基准使用过时的 Zach 1812 椭球($a = 6376385\text{m}, f = 1/310$)。基准原点是:$B = 48°12'35.50''\text{N}, L = 16°22'49.98''\text{E}$。

SK-42 使用 Krassovsky 1940 椭球（$a = 6378245\mathrm{m}, f = 1/298.3$）。基准原点位于普尔科沃天文台，原点位置为：$B = 59°46'18.55''\mathrm{N}, L = 30°19'42.09''\mathrm{E}$。

ED 50 基准使用 International 椭球（$a = 6378388\mathrm{m}, f = 1/297$）。基准的原点在德国波茨坦的 Helmertturm，$B = 52°22'53.9540''\mathrm{N}, L = 13°04'01.1527''\mathrm{E}$。

克罗地亚的新陆地参考系统是在 ETRS 89 系统上定义的，欧洲大多数国家将其作为欧盟和欧洲地理推荐的官方平面基准。使用 GRS 80 椭球。永久稳定的大地测量控制点实现了大地测量参考系统，定义了基本控制网，该网由 78 个永久稳定的大地测量控制点组成，这些控制点的坐标由 ETRS 89 确定，称为克罗地亚陆地参考系统 HTRS 96（1996.55）。

克罗地亚使用的地图投影为高斯—克吕格横轴墨卡托投影，该投影的中央子午线 $L_0 = 16°30'\mathrm{E}$，比例因子 $m_0 = 0.9999$（用于地籍和详细地形应用）。为了进行一般的局部制图，将兰勃特等角圆锥投影的双标准纬度确定为 43°05'N 和 45°55'N。自克罗地亚 2013 年加入北约以来，UTM 投影已用于军事应用。所有投影均参考 HTRS 96，根据 ETRS 89 系统的定义，参考椭球为 GRS 80（$a = 6378137\mathrm{m}, f = 1/298.257223563$）。

克罗地亚国家新系统为永久性 GPS 网 CROPOS，建立国家 GPS 网的第一步是在克罗地亚共和国开展欧洲参考框架（EUREF）的测量，并进行了首次 EUREF-1994 克罗地亚和斯洛文尼亚 GPS 测量，将克罗地亚和斯洛文尼亚网络联测到 EUREF-89 参考网中。此次测量中增加了 15 个新点（克罗地亚 10 个，斯洛文尼亚 8 个）。为了在斯洛文尼亚建立参考 GPS 网，1995 年斯洛文尼亚 GPS 测量与 1995 年克罗地亚 GPS 测量一起从克罗地亚开始进行。GPS 网由斯洛文尼亚的 47 个站和克罗地亚的 14 个站组成。1996 年克罗地亚 GPS 测量是克罗地亚的第二次欧洲参考框架测量，也是确定一等和二等克罗地亚参考网的 GPS 测量。1997 年开始建立 10km × 10km 同等级 GPS 点的项目一直持续到 2003 年完成。

在 1994 年至 1996 年基于 ITRF 1996 对克罗地亚和斯洛文尼亚进行的欧洲参考框架和克罗地亚参考框架进行了重新计算之后，采用历元 1995.55，新的解决方案在 2001 年在杜布罗夫尼克举行的欧洲参考框架研讨会决议中通过，重新观测了 11 年前 SLOCRO-94 欧洲参考框架 GPS 点，CROREF-05 于 2005 年 9 月进行 GPS 测量。

CROPOS 由 GNSS 设备、通信设备、网络设备、计算机设备和软件组成。CROPOS 系统在克罗地亚境内分布的位置建立 30 个参考站。参考站将能够进行连续的 GNSS 测量（CORS 站），并将测量数据传输到控制中心，并且可以从控制中心远程控制参考站。

建立 CROPOS 系统和开发独特的转换模型并在 CROPOS 系统中实施,从而实现了更快速,更简单,更可靠的测量。

3.11.2　克罗地亚国家高程控制测量

克罗地亚的高程系统为正常高系统,高程起算依据是亚得里亚海平均海平面(HVRS71)高程基准。高程基准由大地水准面确定,该大地水准面是由亚得里亚海沿岸的杜布罗夫尼克、斯普利特、巴卡尔、罗维尼和科帕尔等五个验潮站的历元 1971.5 计算出来的平均海平面,该系统被称为 HVRS71-1971.5。

基本水准测量网的水准基点采用高精度二等水准测量,其高程根据新的高程基准计算得到,构成了克罗地亚新的高程基准系统。

3.12　波黑(Bosnia and Herzegovina)

波斯尼亚和黑塞哥维那(波黑)位于巴尔干半岛中西部。南、西、北三面与克罗地亚毗连,东与塞尔维亚、黑山为邻。大部分地区位于迪纳拉高原和萨瓦河流域。

波黑参考坐标系建立于 19 世纪,1869 年至 1896 年,主要基于维也纳基准和 Bessel 1841 椭球建立大地控制网。1806 年维也纳基准是根据圣史蒂芬塔的原点建立的,$B = 48°12'31.5277''N, L = 16°22'27.3275''E$。为了向地籍和地形测量提供足够的加密点(每 $25km^2$ 一个加密点),进行了二至四等三角测量。波黑的三角网包括:Dubica 和 Sarajevo 基线,30 个一等点,136 个二等点,2094 个三、四等加密点,其中 54 个点位于教堂、清真寺和文化古迹。

为了制图,基于维也纳基准点,1924 年采用高斯—克吕格圆柱正形投影 3 度投影带用于整个南斯拉夫王国,该投影至今在波黑仍在使用。中央子午线是 15°E、18°E 和 21°E,沿中央子午线的比例因子为 0.9999,FE = 500km。

南斯拉夫大地控制网采用 Hermannskogel(1871 年)基准。由于缺少足够数量的相同加密点,因此坐标变换误差范围为 ΔN 从 + 7.00m 到 − 6.51m,ΔE 从 + 9.95m 到 − 13.70m,并且只能满足炮兵和制图的要求。

由于波黑局部测量的精度有限,在奥匈帝国时期通过图形方法来完成,因此在 1953 年开始对三角网进行重建。重建的三角网作为局部测量的数学基础,使用航空摄影测量方法进行测图。新的局部测量基于 GRS 80 椭球和 ETRS 89 坐标系。自 1998 年以来,波黑的局部测量使用的是欧洲地面参考系统。

2007 年,波黑建立 34 个 EUREF 连续运行参考站(波黑联邦 17 个,塞族 17 个)。

3.13 黑山(Montenegro)

黑山位于欧洲巴尔干半岛中西部。东南与阿尔巴尼亚为邻,东北部与塞尔维亚相连,西北与波黑和克罗地亚接壤,西南部地区濒临亚得里亚海。

黑山独立前大地测量情况可参见塞尔维亚。

黑山大地参考系采用 GRS 80,平面坐标系统在 GRS 80 基础上,使用 UTM 投影。高程系统为正常高系统,高程起算依据是亚得里亚海平均海平面高程基准。

3.14 爱沙尼亚(Estonia)

爱沙尼亚共和国(爱沙尼亚)位于波罗的海东岸。东与俄罗斯接壤,南与拉脱维亚相邻,北邻芬兰湾,与芬兰隔海相望,西南濒里加湾。

波罗的海海岸基准(1829 年至 1838 年)的原点为塔林天文台,参考椭球 Walbeck 1819($a = 6376895\,\mathrm{m}, f = 1/302.7821565$)。

芬兰和圣彼得堡基准(1891 年至 1903 年)以及波罗的海基准(1910 年至 1915 年)的基准原点均为普尔科沃天文台(1913 年的位置),$B = 59°46'18.54''\mathrm{N}$, $L = 30°19'38.55''\mathrm{E}$。

从波罗的海海岸基准到 WGS 84 转换参数为:$\Delta X = +822\,\mathrm{m}$,$\Delta Y = +380\,\mathrm{m}$, $\Delta Z = +649\,\mathrm{m}$。

从芬兰和圣彼得堡基准到 SK-42 基准(1942 年普尔科沃天文台新原点参数为:$B = 59°46'46'18.55''\mathrm{N}$,$L = 30°19'42.09''\mathrm{E}$,参考椭球为 Krassovsky 1940,$a = 6378245\,\mathrm{m}, f = 1/298.3$):$\Delta X = +389\,\mathrm{m}$,$\Delta Y = +228\,\mathrm{m}$,$\Delta Z = +664\,\mathrm{m}$。

从波罗的海基准到 SK-42 基准转换参数:$\Delta X = +361\,\mathrm{m}$,$\Delta Y = +275\,\mathrm{m}$, $\Delta Z = +664\,\mathrm{m}$。

从 SK-42 基准(爱沙尼亚)到 WGS 84 基准转换参数:$\Delta X = +22\,\mathrm{m}$,$\Delta Y = -128\,\mathrm{m}$, $\Delta Z = -87\,\mathrm{m}$。

从芬兰和圣彼得堡基准到 WGS 84 基准转换参数:$\Delta X = +411\,\mathrm{m}$,$\Delta Y = +100\,\mathrm{m}$, $\Delta Z = +577\,\mathrm{m}$。

从波罗的海基准到 WGS 84 基准转换参数:$\Delta X = +383\,\mathrm{m}$,$\Delta Y = +147\,\mathrm{m}$,

$\Delta Z = +577\mathrm{m}_{\circ}$

在1932年之前,俄罗斯对波罗的海国家的平面控制(由俄罗斯使用)一直参考爱沙尼亚 Tarbu 的 Dorpat 天文台。1932年,俄国将普尔科沃天文台(1932年)设置为平面基准,采用 Bessel 1841 参考椭球,随后将其修改为普尔科沃1942年,现在称为 SK-42,采用 Krassovsky 1940 椭球。

爱沙尼亚一个新的大地基准称为爱沙尼亚1937基准,基点位于 Varesmäe, $B=59°18'34.465''\mathrm{N}$, $L=26°33'41.441''\mathrm{E}$。从爱沙尼亚1937基准到 WGS 84 基准参数为: $\Delta X=+373\mathrm{m}$, $\Delta Y=+149\mathrm{m}$, $\Delta Z=+585\mathrm{m}$,平均平面转换精度约为1m,最大误差小于2m。

苏联之前的爱沙尼亚主要坐标系被称为"历史兰勃特系统",对于爱沙尼亚北部地区中央子午线 $L_0=25°\mathrm{E}$,原点纬度 $B_0=59°06'\mathrm{N}$,原点比例因子 $m_0=0.999975$, $\mathrm{FE}(Y_0)=200000\mathrm{m}$, $\mathrm{FN}(X_0)=200000\mathrm{m}$。南部地区,中央子午线 $L_0=25°\mathrm{E}$,原点纬度 $B_0=58°06'\mathrm{N}$,原点比例因子 $m_0=0.999975$, $\mathrm{FE}=200000\mathrm{m}$, $\mathrm{FN}=88634.86\mathrm{m}$。参考椭球为 Bessel 1841。

"O 系列地图"是1946年由苏联军队(O-34&O-35)引入的,参照 SK-42 基准,采用高斯—克吕格横轴墨卡托投影"俄罗斯分带"34带($L_0=21°\mathrm{E}$, $\mathrm{FE}=4500000\mathrm{m}$)和35带($L_0=27°\mathrm{E}$, $\mathrm{FE}=5500000\mathrm{m}$),所有区域的赤道 FN 均为零,原点比例因子为 $m_0=1.0$。

"C 系列地图"由苏联于1963年在爱沙尼亚引入供民用。坐标系统也参考 SK-42 基准,是对高斯—克吕格横轴墨卡托3°间隔投影,中央子午线为 $L_0=21°57'\mathrm{E}$, $24°57'\mathrm{E}$, $27°57'\mathrm{E}$, $\mathrm{FE}=250000\mathrm{m}$,所有区域 FN 均为零,原点纬度不在赤道,而是在 $B_0=00°06'\mathrm{N}$,原点比例因子 $m_0=1.0$。

爱沙尼亚在每个城镇都建立了当地坐标系。如爱沙尼亚政府为首都塔林设计的城市坐标系统采用高斯—克吕格横轴墨卡托投影,中央子午线 $L_0=24°\mathrm{E}$, $\mathrm{FE}(Y_0)=24000\mathrm{m}$,在赤道处的 $\mathrm{FN}=6536000\mathrm{m}$,原点的比例因子 $m_0=1.0$。

TM Baltic 93 旨在为爱沙尼亚、拉脱维亚和立陶宛提供通用的参考和制图框架,采用高斯—克吕格横轴墨卡托投影,中央子午线 $L_0=24°\mathrm{E}$, $\mathrm{FE}(Y_0)=500000\mathrm{m}$,在赤道处 $\mathrm{FN}(X_0)=0\mathrm{m}$,原点处的比例因子 $m_0=0.9996$,在总体上被称为"修改后的 UTM"。

目前爱沙尼亚的主要官方坐标系基于 GRS 80 椭球,基于 EUREF-89 和兰勃特等角圆锥投影。坐标参数的原点与 TM Baltic 93 相匹配,其中: $L_0=24°\mathrm{E}$,原点纬度 $B_0=57°31'03.19415''\mathrm{N}$,南标准纬线 $B_\mathrm{S}=58°00'\mathrm{N}$,北标准纬线 $B_\mathrm{N}=59°20'\mathrm{N}$, $\mathrm{FE}=500000\mathrm{m}$, $\mathrm{FN}=6375000\mathrm{m}$。

3.15 立陶宛(Lithuania)

立陶宛共和国(立陶宛)位于波罗的海东岸,北接拉脱维亚,东连白俄罗斯,南邻波兰,西濒波罗的海和俄罗斯加里宁格勒州。

立陶宛最早的大地测量在1889年至1890年之间进行的,基于1875年Warsaw基准所引用的"平移椭球"($a = 6380880$m,$f = 1/263.597$),原点为Kaunas天文台,$B = 54°53'43.99''$N $\pm 0.05''$,$L = 1^h35^m29.504^s \pm 0.0014$E(注:可按360度/24小时换算)。

立陶宛波茨坦基准采用高斯—克吕格横轴墨卡托投影,其中西带的中央子午线为$L_0 = 21°$E,FE $= 1500$km;中央带$L_0 = 24°$E,FE $= 2500$km;东带$L_0 = 27°$E,FE $= 3500$km。三个带在原点处比例因子$m_0 = 1.0$,且参考椭球都为Bessel 1841椭球($a = 6377397.155$m,$f = 1/299.1528$)。

第二次世界大战前,立陶宛地形图坐标基准为普尔科沃系统32,其原点$B = 59°46'18.71''$N,$L = 30°19'39.55''$E,并保留了Bessel 1841椭球。第二次世界大战后苏联地图被转换为单一坐标系,即SK-42,采用Krassovsky椭球($a = 6378245$m,$f = 1/298.3$)替代了Bessel 1841椭球,投影和军事网格保持不变。

到1994年,立陶宛坐标系确定为LKS 94,将SK-42废弃。LKS 94与EUREF 89坐标系统ETRS 89吻合,参考椭球为GRS 1980($a = 6378137$m,$f = 1/298.257\ 222\ 101$)。立陶宛GPS网是在坐标系LKS 94中计算的,在新的坐标系中重新计算了原三角网和导线点的坐标。当前的国家制图基于高斯—克吕格横轴墨卡托投影,且只使用一个分带,其中央子午线$L_0 = 24°$E,FE $= 500000$m,FN $= 0$m,原点纬度为0度。中央子午线比例因子$m_0 = 0.9998$。

高程基准为Kronshtadt潮汐站的波罗的海平均海平面,被认为是零高程。

3.16 斯洛文尼亚(Slovenia)

斯洛文尼亚共和国(斯洛文尼亚)位于欧洲中南部,巴尔干半岛西北端。西接意大利,北邻奥地利和匈牙利,东部和南部与克罗地亚接壤,西南濒亚得里亚海。

斯洛文尼亚目前正在使用新旧两个国家平面坐标系。"旧"平面坐标系基于MGI基准的经典的三角网,基准点是奥地利维也纳附近的Hermannskogel,测量和计算(一级网平差)于1948年完成(D48)。新平面坐标系是 ETRS 89 在斯洛文尼亚的实现。

MGI 基准覆盖了奥地利和前南斯拉夫,但当这些国家切换到格林尼治子午线时,奥地利认为费罗位于格林尼治以西 17°40′00″,而前南斯拉夫则假定其位于格林尼治以西 17°39′46.02″。因此,将 MGI 与格林尼治结合使用时,由于经度相差约 13.98″(约300m),因此必须区分 MGI(奥地利格林尼治)和 MGI(前南斯拉夫格林尼治)。MGI 数据于 1901 年完成,但后来改用格林尼治(1920年代)。1948 年,前南斯拉夫进行了新的平差。至少在斯洛文尼亚,此基准被称为 D48,并且它(可能)被设计为一个较小的改进,从某种意义上说,它已消除了一些失真,但坐标变化不超过几 m(与 MGI 相比)。斯洛文尼亚后来对欧洲 ETRS 89 基准进行了加密,在斯洛文尼亚被称为 D 96,在 EPSG 数据库中被称为"Slovenia Geodetic Datum 1996"(EPSG:6765)。

在 D 48 基准上找到的最常见的网格投影是前南斯拉夫简化高斯—克吕格横轴墨卡托投影,它涉及 Bessel 1841 椭球($a = 6377397.155\mathrm{m}, f = 1/299.1528128$)至今仍在斯洛文尼亚使用,中央子午线的原点比例系数 $m_0 = 0.9999$,分带的中央子午线 $L_0 = 15°E, FE = 500\mathrm{km}$。D 48 基准,是对 Hermannskogel 1871 基准的重新平差,仍然参考 Bessel 1841 椭球。

在 1994 年至 1996 年进行了 3 次 EUREF GPS 测量,在 2003 年西班牙托莱多举行的 EUREF 研讨会上,提出了这三次测量的组合解决方案,计算结果被认定为 EUREF 标准 B 类,在这些测量活动中对整个一级三角网进行了重新平差,并创建了新的斯洛文尼亚参考框架。

使用新系统的基础架构已于 2006 年完成。国家永久性 GNSS 网称为 SIGNAL,由 15 个永久性站点组成。GNSS 服务可确保在全国范围内实时定位和后期处理。

GNSS 常设台站的坐标是在 2007 年 12 月计算的(测量的平均时间是 2007.26),计算遵循 EUREF 准则,最终坐标与新的斯洛文尼亚大地基准(D 96)协调一致。

旧的平面坐标系-D 48/GK

名称:D 48 = 1948 年大地基准,高斯—克吕格投影

参考面:Bessel 椭球

定义年份:1841

本初子午线:格林尼治

椭球长半轴:$a = 6377397.15500\mathrm{m}$

椭球短半轴:$b = 6356078.96325\mathrm{m}$

带号:5

带宽:$3°15'$

中央子午线 L_0:15°E

中央子午线比例因子 m_0:0.9999

FN:-5000000m

FE:500000m

新的平面坐标系:D 96

名称:D9 6/TM = 大地基准面 1996,横轴墨卡托投影

参考面:GRS 80 椭球

定义年份:1979(IUGG)

本初子午线:格林尼治

椭球长半轴:$a = 6378137.0$m

椭球短半轴:$b = 6356752.31414$m

带号:5

带宽:$3°15'$

中央子午线 L_0:15°E

中央子午线比例因子 m_0:0.9999

FN:-5000000m

FE:500000m

斯洛文尼亚发布的从 SI_D 48 基准到 ETRS 89 基准的七参数 Helmert 转换为:$\Delta X = +426.9$m,$\Delta Y = +142.6$m,$\Delta Z = +460.1$m,$m = +17.1 \times 10^{-6}$,$\varepsilon_X = +4.91''$,$\varepsilon_Y = +4.49''$,$\varepsilon_Z = -12.42''$。

斯洛文尼亚当前使用的水准网是在 2000 年重新计算的。重新计算中使用的数据来自 1970 年至 1973 年测量的高精度水准测量线路(NVN II)和 1980 年至 2000 年测量的一级水准测量路线,它由 6 个闭合环组成,在斯洛文尼亚的区域上部分闭合。

3.17 匈牙利(Hungary)

匈牙利为中欧内陆国。东邻罗马尼亚、乌克兰,南接斯洛文尼亚、克罗地亚、塞尔维亚,西靠奥地利,北连斯洛伐克。

3.17.1 匈牙利国家平面控制测量

横贯全国的大地网首先在 1860 年到 1913 年之间建立,奥匈帝国时期有关

情况参见 3.3 节。

1927 年匈牙利开始一项新的地形测量。布达佩斯使用斜极射赤面投影系统，原点位于布达佩斯天文台 Ingenta。该坐标系的原点被定义为：$B_0 = 47°29'09.6380''$N，中央子午线 $L_0 = 36°42'53.5733''$（费罗以东，根据 1907 年天文观测得出，费罗 = $17°39'46.02''$格林尼治以西）。参考椭球为 Bessel 1841（$a = 6377397.155$m，$f = 1/299.1528128$）。FE = FN = 500km。

全国统一平面控制网（NHN）第一阶段在 1948 年至 1952 年沿边界建造了一条一等三角网（平均边长 30km），中间由一条支撑网连接。为了加快测量进度，加密网使用 7km 边长的三等三角形，而不是使用 30km 的一等三角形，这意味着层次结构缺少二等点。从第二次世界大战结束到 1954 年，匈牙利的测绘机构经历了一系列的重组，并开始遵循苏联模式采用 Krassovsky 1940 椭球（$a = 6378245$m，$f = 1/298.3$），高斯—克吕格横轴墨卡托投影，FE = 500km，FN = -5000km。1957 年以前用于军事测绘的中央子午线经度 L_0 为 18° 和 21°，1957 年以后为 15° 和 21°。1957 年以来的地籍测绘，主要采用了 17°、19°、21° 和 23°。

第二阶段进行了改进，并建立了 1972 年新的匈牙利国家基准（HD 72），也被称为"1972 年国家统一平面控制网"（1972 年 EOVA 基准），其原点位于Sztlthegy，$B = 47°17'32.6156''$N，$L = 19°36'09.9865''$E，参考椭球为 GRS 1980，采用高斯—克吕格投影，投影参数：$B_0 = 47°08'39.8174''$N，中央子午线 $L_0 = 19°02'54.8584''$E，FE = 200km，FN = 650km，比例因子 $m_0 = 0.99993$。一等网共有 167 个点，其中 141 个点在匈牙利，其余的点在邻国。超过 100 个控制点在塔上，地面上的标石安装了由钢筋混凝土板制成的金字塔梯形保护罩，以避免受到严重损坏，三角点标志见图 3-1。三等点的计算和随后的低等点的计算都在投影平面上进行。实际测量点位置密集，约有 2100 个，平均距离 1~1.5km。20 世纪 60 年代，采用传统的三角测量方法，通过简单的方向测量来确定 9000 个点。到 20 世纪 90 年代中期，共计有 58000 个四等点，这代表了匈牙利传统的水平网。

发布的转换参数 HD-72 至 WGS 84 为：$\Delta X = -5.3$m，$\Delta Y = +157.77$m，$\Delta Z = +31.6$m，$m = -2.11$ppm，$\varepsilon_X = -0.97''$，$\varepsilon_Y = -0.50''$，$\varepsilon_Z = -1.11''$。

在 1991 年至 1997 年，匈牙利建立了一个由 1153 个点组成的 GPS 网（NGN），三维参考系为 ETRS 89（由 OGPSH 在匈牙利实现），平均点距离为 10km，点位与 NHN 相同。匈牙利国家大地测量局免费提供了一款软件 EHT，它能够解决 WGS 84 – HD72 转换，产生最佳的局部拟合误差为 2~5cm。

1996 年开始建立第一个卫星大地测量连续观测站，匈牙利全国 CORS 系统在 2008 年建成,最初的计划是建造 12 个站,最终增加到 35 个。使用德国 Geo 公司的软件进行总部的数据处理和服务,服务分为后处理和实时两种类型。

a)

b)

图 3-1　匈牙利传统三角点标志

3.17.2　匈牙利国家高程控制测量

匈牙利国家高程基准为 EOMA,水准基准原点为 Nadap,该点波罗的海高程 $H = +173.1638\mathrm{m}$,亚得里亚海高程 $H = +173.8388\mathrm{m}$。第一个覆盖全国的国家高程控制网(NVN)建立于奥匈帝国时期(1873 年至 1913 年)。高程基准面最初是亚得里亚海的平均基准面,从在 20 世纪 60 年代起使用波罗的海的基准面。

一等水准网完成于 20 世纪 70 年代,然后进行二等和三等加密。整个 NVN 的形成持续了近 40 年。自 1998 年以来,三等水准测量技术已被 GPS 高程测量技术所取代,三等水准点的椭球高转化为波罗的海高程的中误差为 5mm。

全国水准网由一、二、三等水准路线和点组成,平均点密度为 1 点/4km²。全国约有 25000 多个水准点。

3.18　北马其顿(North Macedonia)

北马其顿共和国(北马其顿)位于欧洲巴尔干半岛中部。西邻阿尔巴尼亚,南接希腊,东接保加利亚,北部与塞尔维亚接壤。

3.18.1　北马其顿国家平面控制测量

在两次世界大战期间,军事地理学院是负责大地测量和制图的机构,负责统一三角测量和制作出覆盖整个国家的地图,其中相当一部分从未进行过测量。第二次世界大战后,人民军地理研究所相当成功地进行了前期的工作。从 1917 年至 1924 年,军事地理研究所使用 Clarke 1880 椭球($a = 6378249.145\mathrm{m}, f = 1/293.465$),为了获得与涵盖军事三角测量的地理坐标一致,并且由于卡达斯特州已经采用了 Bessel 椭球,因此将 Clarke 1880 椭球三角测量的坐标转换为 Bessel 1841 椭球($a = 6377397.155\mathrm{m}, f = 1/299.1528128$)。

马其顿的州参考坐标系基于从前南斯拉夫体系获得的 Bessel 椭球,详细信息见表 3-2。

北马其顿国家坐标系参数　　　　　　　表 3-2

基准	Hermannskogel
椭球	Bessel 1841
地图投影	高斯—克吕格(3°带)
中央子午线	21°E
纬线	赤道
尺度因子	0.9999
FE	500000m
FN	0m

北马其顿的基本大地测量网络包括:三角网(TN),城市三角网(UTN),水准网(LN),重力网(GN),天文(AN)和 GNSS 网络。

北马其顿的大地测量工作可以分为两个时期:一是 1991 年之前;二是 1991 年至 2010 年。在 1991 年之前的一个世纪中,已经建立了 4 个等级的大地测量网,高等级网 1 级和 2 级,两个等级的重力网络以及基本的重力网。马其顿独立后,已开展了一些旨在建立 GNSS 网络并将马其顿网与欧洲网连接起来的工作。在 1991 年之后,没有任何与重力,水准和天文大地测量网有关的测量。三角网(TN)是水平(二维)参考系统,分为四个基本等级和两个附加等级,详见表 3-3。

三角测量类别和三角形边的长度表　　　　　　　　　　表 3-3

等　级	三角边长	等　级	三角边长
1 级	超过 20km	3 级-基本	5～13km
2 级-基本	15～25km	3 级-附加	3～7km
2 级-附加	9～18km	4 级	1～4km

一级三角网(TN1)是长边相互连接的三角形的基本网,覆盖了全国范围,测量和计算尽可能高精度完成。一级和二级三角网的建立工作始于 1920 年,而测量工作于 1923 年结束。1926 年,对全国所有一级三角网点平差完成,方向均方差 $m_p = 0.8''$。所有 27 个点(其中一个位于塞尔维亚)的坐标,以及来自初始网的 8 个点,都在马其顿国家坐标系中进行了计算。一级三角网中闭合三角形 35 个,平均边长为 39.7km。在马其顿地区,除了一级三角网中的 26 个点之外,还有 218 个二级附加点,2174 个三级点和 12962 个四级点。马其顿地区共有 15380 个三角点。

作为局部水平(二维)参考系统的一部分,城市三角网(UTN)是一个城市及其周围地区所有大地测量工作的基础,相邻点之间的距离为 1～4km。1958 年在斯科普里建立了马其顿第一个城市三角网,目的是为了地震后重建。目前在每个城市和一些较大的地区,都有城市三角网。

马其顿在 1996 年至 2009 年的三个时期完成了基本 GPS 网,GPS 网是一个三维参考系统。为了使马其顿的点与国际参考网络 ITRF 94(国际陆地参考框架)建立联系,对另外七个基本点进行了 GPS 观测。除这七个点外,还对另外 25 个点进行了 GPS 观测,这些点属于零级 GPS,其中两个点(在斯科普里和奥赫里德机场)用作马其顿航空运输的 GPS 控制。

作为欧洲 GPS 网一部分,在 1996 年第一次 GPS 测量期间,于奥赫里德建立了一个永久性连续观测站(图 3-2)。

马其顿的其他 GPS 测量于 2004 年初进行,目的是制作比例为 1∶25000 的新地形图。它们包括一级三角网的 9 个点,城市三角网 17 个点和马其顿境内的 24 个新定义的点。

根据马其顿国家大地测量局的战略业务计划,在 2007 年至 2009 年期间,马其顿的整个领土被新的 GNSS 网覆盖,该网由 14 个虚拟参考站组成(VRS),名称为 MAKPOS(马其顿定位系统)。GNSS 网是在马其顿领土内建立的本地独立网,无需连接并根据欧洲参考框架的点进行平差,这是马其顿三维大地测量网,全天候连续运行。MAKPOS 网络管理中心位于 AREC。从 VRS 到中心的数据传输是通过 VPN 和 ADSL 完成的,并且通过使用 GPRS,GSM 和 Internet 实现向用户的数据分配。

图 3-2　奥赫里德 GNSS 永久性连续观测站

3.18.2　北马其顿国家高程控制测量

马其顿规定采用的高程系统为正常高系统,高程起算依据是意大利的里雅斯特萨尔托里奥平均海平面高程基准。水准网(LN)是一维参考系统,通过该系统可以定义高程。马其顿的高精度水准测量网实际上是前南斯拉夫高精度水准测量网的一部分,前南斯拉夫定义了基本高程系统。马其顿国家高程网分两个高精度级别,一级高精度水准网(HAL1)和二级高精度水准网(HAL2)。HAL1被认为是前南斯拉夫至 1968 年的所有水准测量和计算。在此期间,通过稳定新的水准测量网中的基准,在马其顿启动了建立了 HAL2。

3.19　罗马尼亚(Romania)

罗马尼亚位于东南欧巴尔干半岛东北部。北和东北分别与乌克兰和摩尔多瓦为邻,南接保加利亚,西南和西北分别与塞尔维亚和匈牙利接壤,东南临黑海。

3.19.1　罗马尼亚国家平面控制测量

早在 17 世纪,奥匈帝国在罗马尼亚就开展了大地和地形测量工作,1817 年至 1904 年使用的 Cassini 投影,其基准原点 $B = 45°50'25.430''N, L = 41°46'32.713''E$。采用 1812 年 von Zach 椭球（$a = 6376385\text{m}, f = 1/310$）。

奥地利于 1869 年引入 Bessel 1841 椭球（$a = 6377397.155\text{m}, f = 1/299.1528$）。1870 年建立了两个 Bonne 投影带，均投影到 Bessel 1841 椭球上，西罗马尼亚 Bonne 带（$B_0 = 45°00'\text{N}, L_0 = 26°06'41.18''\text{E}$）和东罗马尼亚 Bonne 带（$B_0 = 46°30'\text{N}, L_0 = 27°20'13.35''\text{E}$），这两个网格的原点比例因子均等于 1，并且没有假设原点。

1930 年新罗马尼亚基准，使用 Hayford 1909 椭球（$a = 6378388\text{m}, f = 1/297$，后来称为 International 1924）。原点在 Bucharest 的 Piscului 军事天文台，$B = 44°24'34.20''\text{N} \pm 0.06$（1895），$L = 26°06'44.98''\text{E} \pm 0.075''$（1900.7）。开发了 Rousilhe 立体投影，其投影中心位于国家地理中心附近，投影原点 $B_0 = 45°54'\text{N}$，$L_0 = 25°23'32.8772''\text{E}$，$\text{FE} = \text{FN} = 500\text{km}$，$m_0 = 0.9996666666$。由于原点位于 Kronstadt 附近，因此被称为以 Kronstadt 为中心的投影。

1940 年和 1942 年试图重新创建和扩展原始的 Lambert-Cholesky 投影，采用 Clarke 1880 椭球（$a = 6378249.2\text{m}, e^2 = 0.00680348764$），$m_0 = 0.99844674$，$B_0 = 45°02'29.216''\text{N}, L_0 = 24°18'44.99''\text{E}$，$\text{FE} = 500\text{km}$，$\text{FN} = 504599.11\text{m}$。这些参数并不完全是 Lambert-Cholesky 投影，而是接近罗马尼亚实际的投影。

第二次世界大战后，罗马尼亚引入苏联的 SK-42 坐标系统，原点为普尔科沃天文台，$B = 59°46'18.55''\text{N}, L = 30°19'42.09''\text{E}$。采用 Krassovsky 1940 椭球（$a = 6378245\text{m}, f = 1/298.3$）。使用高斯—克吕格横轴墨卡托俄罗斯投影带，其网格参数与 UTM 相同，只是在中子午线上的比例因子等于 1。即使将俄罗斯带用于该国的军事地形图绘制，但罗马尼亚内部并没有使用。

"Stereo 70" 是根据 Hristow 斜体立体投影为罗马尼亚开发的。选择投影中心为 $B_0 = 45°\text{N}, L_0 = 25°\text{E}, \text{FE} = \text{FN} = 500\text{km}, m_0 = 0.999750$。例如：点 $B = 44°30'30''\text{N}$，$L = 26°03'03''\text{E}$，在 "Stereo 70" 网格坐标为：北（X）$= 334794.541\text{m}$，东（Y）$= 583553.824\text{m}$。在 Kronstadt 立体上计算的网格坐标为：北（Y）$= 345588.461\text{m}$，东（X）$= 552344.592\text{m}$。需要注意的是，Kronstadt Stereo 角度单位为 Grads（$100^G = 90°$），对于同一点，$B = 49^G 45^c 37^{cc}.037\text{N}, L = 28^G 94^c 53^{cc}.704\text{E}$。

NIMA 列出了从罗马尼亚的 SK-42 到 WGS 84 基准的转换参数：$\Delta X = +28\text{m} \pm 3\text{m}, \Delta Y = -121\text{m} \pm 5\text{m}$，而 $\Delta Z = +177\text{m} \pm 3\text{m}$，这是基于四个共用点于 1997 年计算的。

美国国家大地测量局协助罗马尼亚政府建立了罗马尼亚高精度参考网，Pisculci 在 SK-42 的大地坐标：$B = 44°24'22.383''\text{N}, L = 26°06'44.126''\text{E}, H = 89.275\text{m}$；在 EUREF89 上的大地坐标：$B = 44°24'22.71021''\text{N}, L = 26°06'38.74635''\text{E}, h = 124.520\text{m}$。

罗马尼亚国家大地测量网(NGN)经历了五个发展阶段。第二次世界大战之前的旧罗马尼亚三角测量有皮斯库瑞山(布加勒斯特)天文站,假设大地水准面和 Hayford 椭球与天文方位角在基本点上重合。罗马尼亚国家大地测量网发展的第二个重要阶段是第一个三角锁网的建立,一等点共 374 个,其中 337 个在罗马尼亚,外部点有 37 个,于 1958 年和 1962 年进行了联合平差,三角点的密度为 1 点/20km²,精度为 10～15cm。

第三阶段是 1966 年至 1970 年,对当时的三角网进行了新的观测(特别是用电子测距仪测量的新基线;大约 80 条基线,长度在 15 至 41km 之间),基于新概念以及软件进行平差。罗马尼亚国家大地测量网主要由军事地形局和大地测量学、摄影测量学、制图及土地研究机构联合完成。

在第四阶段(1970 年至 1990 年),罗马尼亚国家大地测量网进行了改进,增加了距离测量,包括天文观测、距离测量(大城镇控制网进行了加密)和角度观测。并已在多瑙河三角洲布设,1984 年罗马尼亚进行了首次多普勒(卫星)测量。1990 年后,罗马尼亚使用 GPS 建立新的(卫星)大地测量网。

从 1991 年开始使用第一台 GPS 设备开始,直到 1999 年,法兰克福地图学与大地测量学联邦机构和大地测量学协会合作在罗马尼亚布加勒斯特土木工程技术大学安装了罗马尼亚第一个 GPS 永久站,全球卫星定位的新方法引入到罗马尼亚。罗马尼亚是欧盟组织的成员,通过 75 个卫星定位点和 CORS 站实现了罗马尼亚定位系统,为中欧和东欧国家成员以及欧盟基础设施所采用的标准作出了贡献。

3.19.2　罗马尼亚国家高程控制测量

罗马尼亚高程系统为正常高系统,高程起算依据 1975 年黑海高程基准。国家水准测量网分为 5 个等级,一等国家精密水准网由 19 个多边形组成,长度为 6600km,包括 6400 个点,点的密度为 1 点/km²,与邻国建立了 24 条水准路线:乌克兰 2 条,摩尔多瓦 1 条,保加利亚 6 条,塞尔维亚/黑山 10 条和匈牙利 5 条。将一等水准网进行加密,形成 32 个二等至四等水准的多边形。

3.20　拉脱维亚(Latvia)

拉脱维亚共和国(拉脱维亚)位于波罗的海东岸。北与爱沙尼亚,南与立陶宛,东与俄罗斯,东南与白俄罗斯接壤。

3.20.1　拉脱维亚国家平面控制测量

拉脱维亚大地测量活动始于 1820 年至 1832 年 Tenner 建立的一级网,最初是在 Walbeck 1819 椭球上($a = 6376895\text{m}, f = 1/302.7821565$)计算的,后来在 Bessel 1841 椭球上重新计算。

至 1912 年,基本形成覆盖拉脱维亚东西部的三角锁网,这些测量的三角网是根据普尔科沃 1904 年基准或 Yuryev II 基准计算的,两者均采用 Bessel 1841 年椭球($a = 6377397.155\text{m}, f = 1/299.1528128$)。

新的拉脱维亚测量局开始分阶段统一这些网,并于 1924 年开始自己的测量活动。统一的大地网基于 14 个可用的一等点,将普尔科沃 1904 基准点的坐标重新计算为 Yuryev II 基准的坐标,然后将其放入 Senks Soldner 网格中。1905 年的俄罗斯网已经在 Yuryev II 上进行了计算,并被纳入到旧的 Senks Soldner 网格中,其中 $B = 56°52'15.184''\text{N}, L = 25°57'34.720''\text{E}$,没有使用原点加常数。

临时 Courland 系统分为两个 Cassini-Soldner 投影带:Riga 原点为 $B = 56°56'53.919''\text{N}$ 和 $L = 24°06'31.898''\text{E}$;Vardupe 原点为 $B = 56°51'32.961''\text{N}, L = 21°52'03.462''\text{E}$;两个坐标网格均未使用原点加常数。

拉脱维亚国家控制网按四个 Cassini – Soldner 投影带网格计算的。坐标投影名称和各个原点的坐标如下:

Vardupe:$B = 56°51'32.961''\text{N}, L = 21°52'03.462''\text{E}$

Riga:$B = 56°56'53.919''\text{N}, L = 24°06'31.898''\text{E}$

Gaisinkalns:$B = 56°52'15.031''\text{N}, L = 25°57'34.920''\text{E}$

Vitolnieki:$B = 56°40'08.447''\text{N}, L = 27°15'12.252''\text{E}$

1932 年,俄罗斯将普尔科沃天文台(1932 年)定义为 Bessel1841 年椭球的平面基准和原点,随后将其修改为普尔科沃 1942,现在称为"系统 42"(即 SK-42),采用 Krassovsky 1940 椭球。1943 年,拉脱维亚—俄罗斯边界沿线进行了广泛的测量,以最终确定拉脱维亚三角网与普尔科沃系统的关系。在完成这些测量后,拉脱维亚系统(德国陆军网格普尔科沃 1932 系统)已通过严格平差转换为普尔科沃 1932 系统,从四个拉脱维亚坐标系转换为最终德国陆军网格普尔科沃 1932 系统。要将德国陆军网格普尔科沃 1932 基准网格坐标转换为第 34 带 UTM 的欧洲基准 1950 坐标,使用以下公式:

$$X_{\text{UTM}} = 0.9996056758 X_{普尔科沃1932} + 0.0000176163\ Y_{普尔科沃1932} + 828.01 \quad (3\text{-}1)$$

$$Y_{UTM} = 0.9996056758\ Y_{普尔科沃1932} + 0.0000176163\ X_{普尔科沃1932} + 365.98$$

$$(3-2)$$

整个欧洲地区从欧洲基准1950年到WGS 84的转换值为：$\Delta X = -87m \pm 3m$，$\Delta Y = -95m \pm 3m$ 和 $\Delta Z = -120m \pm 3m$。从SK-42基准(在拉脱维亚)到WGS 84基准的转换值为：$\Delta X = +24m \pm 2m$，$\Delta Y = -124m \pm 2m$ 和 $\Delta Z = -82m \pm 2m$。

拉脱维亚大地测量分三级,拉脱维亚一等和二等大地测量点的坐标目录和全球定位系统(GPS)的永久基站网络(最新的)的数据放置在LGIA网站上;建立国家大地测量网络数据库(NGNDB)是为了汇总、存储和维护有关国家大地测量网络的最新信息,其中记录了大约4300个国家大地测量网点,预计将来会将NGNDB与LGIA的中央数据库和数据分发系统关联起来。

为了对基本网进行重复观测和提高精度,对国家大地测量网的一等点进行22个点的测量,检查了1800个大地点。CORS网共由19个基站组成(17个基站采用徕卡GPS仪器,2个基站使用天宝GPS仪器),它们与拉脱维亚系统的大地测量点关联起来,并均匀分布在该国整个领土上,2005年,在里加建立了统一数据控制中心。

3.20.2　拉脱维亚国家高程控制测量

拉脱维亚高程系统为正常高系统,高程起算依据是波罗的海高程基准。

在拉脱维亚境内进行了三次精密水准测量。从1929年到1939年,在拉脱维亚境内进行埋设和测量了整个一等水准网,水准网线路总长为4422km,其中包括1262个水准标志。在1967年至1974年再次进行了精密水准测量,几乎所有线路都重新进行测量,在未完成测量的水准线中,水准点之间的高程值取自历史测量数据。拉脱维亚最近的一次水准工作是在2000年至2010年期间进行的。在2000年至2005年之间,国家土地局组织并执行了精密水准测量工作。在接下来的时期从2006年到2010年,拉脱维亚地理空间信息局的专家继续并成功完成了这些工作。在恢复一等国家水准网工作;进行了371km水准测量工作;一等水准网中包含阿拉斯、印德拉、康加里三个大地测量基本点;在1977年波罗的海正常高系统中,为水准点计算了测量高程;2007年完成了水准测量的准备工作,对墙水准基点和地面水准基点进行了高程测量;利用最新的水准仪数据分析地壳的垂直变化。水准网的埋标和测量按照一等、二等和三等分级测量的技术要求进行,拉脱维亚一等水准网由15个精密水准线路闭合环组成,在里加周围由五个闭合环组成中间一个闭合环。

3.21 乌克兰(Ukraine)

乌克兰位于欧洲东部。北邻白俄罗斯,东北接俄罗斯,西连波兰、斯洛伐克、匈牙利,西南同罗马尼亚、摩尔多瓦毗邻,南面是黑海、亚速海,隔海同土耳其相望。

乌克兰的平面大地测量网(HSGN)的观测始于 1923 年至 1925 年,但花了 30 多年才完成平面和水准测量工作。一等网于 1970 年完工,由多边形组成一等网锁每个环长小于 200~250km,三等和四等加密控制网测量一直在进行中。HSGN 由 19538 点组成,其中包括 547 个一等点和 5386 个二等点。

乌克兰 HSGN 基于苏联 1942 年建立的 SK-42 基准上,原点位于普尔科沃天文台,$B = 59°46'18.55''\text{N}, L = 30°19'42.09''\text{E}$。参考椭球为 Krassovsky 1940($a = 6378245.0\text{m}, f = 1/298.3$)。

乌克兰 HSGN 与苏联使用了相同的俄罗斯分带,与 UTM 不同之处在于原点 $m_0 = 1$。对于大规模制图,分带的宽度减小到 3°,而不是标准的 6°分带。

高程大地测量网络(VSGN)由近 11000km 的一等水准,12600km 的二等水准,6000km 的三等水准和约 300000km 的普通水准组成。从乌克兰任何地点到一等或二等水准点的平均距离不超过 40km。一等 VSGN 与波兰、斯洛伐克、罗马尼亚、匈牙利、俄罗斯和白俄罗斯的高程网相关。高程基准位于圣彼得堡(俄罗斯)附近波罗的海的克朗施塔特潮汐站。国家重力网由 80 个一等点和 20 个二等点组成,基本点位于波尔塔瓦。

3.22 白俄罗斯(Belarus)

白俄罗斯共和国(白俄罗斯)位于东欧平原西部,东邻俄罗斯,北、西北与拉脱维亚和立陶宛交界,西与波兰毗邻,南与乌克兰接壤。

3.22.1 白俄罗斯国家平面控制测量

在 19 世纪和 20 世纪初白俄罗斯进行了测量和地形图绘制,但这些仅用于军事目的。当时,俄罗斯使用 Walbeck 1819 椭球($a = 6376896\text{m}, f = 1/302.78$)。"SK-42"基准采用 Krassovsky 1940 椭球($a = 6378245\text{m}, f = 1/298.3$)。使用的网格系统是俄罗斯分带。

自 2010 年 1 月 1 日起,开始使用白俄罗斯 1995 年国家参考框架国家大地测量参考系统(SGR95 RB)。国家大地测量包括:

（1）基准天文大地网（明斯克的 FAGS），FAGS 测站与 ITRS/ITRF2005 坐标系统通过固定 9 个 IGS 站进行联测。

（2）精确的大地测量网（零级参考网）由 9 个测站组成。

（3）一等卫星大地测量网（一等参考网）共计 846 个测站。

（4）详细控制网或局部大地控制网包括 9 个精密大地网点，利用老的三角点 306 个，共计 6286 个点。

白俄罗斯建立了永久性的连续观测站，最早开始于明克斯区域建立 15 个测站，到 2010 年共建立了 34 个测站，到 2015 年白俄罗斯建成 99 个永久性的连续参考站并覆盖白俄罗斯全境。

3.22.2　白俄罗斯国家高程控制测量

白俄罗斯采用的是正常高系统，高程起算依据是波罗的海 1977 高程基准，精密几何水准测量分为一等和二等，波罗的海高程系统是白俄罗斯官方的高程系统。从 1994 年至 2004 年进行了高精度水准测量及平差，包括了俄罗斯与白俄罗斯高程控制网的联测。

白俄罗斯一等水准网包括精密水准往返测约 3700km、1930 水准点，平差后标准差为 1.7mm/km。当前二等水准网的重建工作已经完成。

3.23　摩尔多瓦（Moldova）

摩尔多瓦共和国（摩尔多瓦）是位于东南欧北部的内陆国，与罗马尼亚和乌克兰接壤，东、南、北被乌克兰环绕，西与罗马尼亚为邻。

奥地利军事地理勘测局在老罗马尼亚部分地区的大地测量和制图工作上投入了大量的工作。

摩尔多瓦大地控制使用 SK-42 系统，原点在普尔科沃天文台，采用 Krassovsky 1940 椭球（$a = 6378245\text{m}, f = 1/298.3$）。

从 SK-42 到 1989 年欧洲陆地参考坐标系（当地称为 MOLDREF 89）的七参数转换为：$\Delta X = -617.880\text{m}$，$\Delta Y = -253.456\text{m}$，$\Delta Z = -315.690\text{m}$，$\varepsilon_X = +5.79748''$，$\varepsilon_Y = -2.44443''$，$\varepsilon_Z = -5.1534''$，$m = -13.51806\text{ppm}$。

摩尔多瓦三角网由一、二、三等网组成，在 Bessel 椭球面上计算了多布鲁扎和蒙特尼亚直到齐姆尼西亚子午线（$a = 6377397.155\text{m}, f = 1/299.1528128$）。而对于这个子午线以西的三角网，采用 Clarke 1880 椭球（$a = 6378249.145\text{m}, f = 1/293.465$）进行计算。

摩尔多瓦采用横轴墨卡托投影(TMM),中央子午线 $L_0 = 28°24'E, m_0 = 0.99994, FE = 500km$。

摩尔多瓦的 GPS 网目前约 1200 个 GPS 零、一、二和三级站点,其大地坐标系统为 ETRS 89。波罗的海 1977 高度系统中已知正常高度 H,所选高度的精度在 4~8cm。最新的摩尔多瓦参考系统为 MOLDREF 99,摩尔多瓦 CORS 系统为 MOLDPOS。

3.24 马耳他(Malta)

马耳他共和国(马其他)是位于地中海中部的岛国,有"地中海心脏"之称。

New Brunswick 大学大地测量与地球动力学工程系主任 Peter Dare 教授于 1993 年与东伦敦大学的学生对马耳他进行了 GPS 测量。马耳他早期测量的历史详细信息摘自 Peter Dare 教授的 GPS 测量报告。

早在 1896 年进行了一次测量,作为 1:2500 比例尺制图的基础。1900 年,意大利政府开展了从西西里岛到马耳他和 Gozo 的联测。由于先前测量中的大量差异,工程师于 1928 年重新进行了三角测量,这些点中的大多数都无法找到。

1928 年马耳他基准位于 de Vue 站,$B = 35°52'55.95''N, L = 14°24'15.32''W$,参考椭球为 International($a = 6378388m, f = 1/297$)。

第二次世界大战期间,英国海军和陆军进行了海防测量,据了解这些测站坐标精确到约 0.2m。1955 年和 1956 年,军事人员再次对马耳他进行了彻底的重新平差。这是为 1:2500 地形测量提供新的控制,并为将来提供一个三角测量网。主要和次要点的精度大约为 0.05m,而第三级点(由交会点和后方交会点固定)则精度大约为 0.5m。在 1956 年期间,增加了额外的三角测量点,这些三角测量点的精度约为 0.5m。1968 年 6 月下旬,海外测量局(DOS)在马耳他岛开始了实地测量以控制航空摄影,从而可以制作 1:2500 的地形图。这项工作于 1969 年 1 月 1 日完成,共设立 85 个控制点用于航空三角测量。使用了马耳他兰勃特投影带,投影参数为:中央子午线 $L_0 = 14°27'48.92''W$,原点纬度 $B_0 = 35°55'30.46''N$,原点比例系数 $m_0 = 1.0$,FE = 156557.8m,FN = 141649.65m。参考椭球为 Clarke 1880($a = 6378249.145m, f = 1/293.465$)。同时为马耳他计算了 1950 年欧洲基准坐标,并使用了 International 参考椭球,与 1928 年马耳他原始基准相同。

根据 TR 8350.2,马耳他从 ED 50 到 WGS 84 的转换为:$\Delta X = -107m \pm 25m$,$\Delta Y = -88m \pm 25m, \Delta Z = -149m \pm 25m$。

现在的新系统称为 1993 年马耳他大地控制网 PN 93。

3.25　葡萄牙(Portugal)

葡萄牙共和国(葡萄牙)位于欧洲伊比利亚半岛的西南部。东、北连接西班牙,西、南濒临大西洋。

葡萄牙第一个基本大地测量三角网 1778 年开始进行,一直持续到 1848 年。里斯本圣乔治城堡基准,参考椭球为 Bessel 1841($a = 6377397.155\text{m}$, $f = 1/299.1528128$),采用彭纳投影,投影原点纬度 $B_0 = 38°42'43.631''\text{N}$,中央子午线 $L_0 = 9°07'54.806''\text{W}$,原点的比例因子为 1,坐标无加常数。

1891 年,陆军出版的里斯本 1:2 万市郊军用地形图,也使用了彭纳投影,原点纬度 $B_0 = 39°40'\text{N}$,中央子午线 $L_0 = 8°07'54.806''\text{W}$。原点的比例因子等于 1,FE $= 200\text{km}$,FN $= 400\text{km}$。

1995 年完成了葡萄牙大陆军事地图的测绘,比例尺为 1:25000,共 639 张。采用高斯—克吕格横轴墨卡托投影,原点纬度 $B_0 =$ 赤道,中央子午线 $L_0 = 8°07'54.862''\text{W}$。原点的比例因子等于 1,FE $= 300\text{km}$,FN $= 200\text{km}$。基于圣乔治城堡基准,基准原点 $B = 38°42'43.631''\text{N}$, $L = 9°07'54.8446''\text{W}$。参考椭球为 Hayford 1909 或 International(Madrid)1924($a = 6378388\text{m}$, $f = 1/297$)。

亚速尔群岛和马德拉群岛等岛屿地图投影参数见表 3-4。

葡萄牙各岛屿地图投影参数　　　　　　表 3-4

序号	地　　区	中央子午线	FE	FE	比例因子
1	Azores			38°45'N	
2	Madeira	16°20'01.2304''W		33°03'23.9412''N	
3	São Jorge	28W			
4	Faial	28°42'W	0		1
5	Pico	28°20'W			
6	Gracious	28W			
7	the Ilha de Madeira e Desertas	16°55'W		32°45'N	

在 20 世纪 60 年代,开展了各种类型的制图测量工作。包括非洲前葡萄牙领土的正射影像图。

里斯本基准到 WGS 84 基准转换参数: $\Delta X = -302.581\text{m} \pm 0.49\text{m}$, $\Delta Y =$

$-61.360\mathrm{m} \pm 0.65\mathrm{m}, \Delta Z = +103.047\mathrm{m} \pm 0.49\mathrm{m}$。

基准 73 到 WGS 84 转换参数：$\Delta X = -223.116\mathrm{m} \pm 0.11\mathrm{m}, \Delta Y = +109.825\mathrm{m} \pm 0.15\mathrm{m}, \Delta Z = +36.871\mathrm{m} \pm 0.11\mathrm{m}$。

欧洲 1950 基准（ED 50）到 WGS 84 基准转换参数：$\Delta X = -85.858\mathrm{m} \pm 0.19\mathrm{m}, \Delta Y = -108.681\mathrm{m} \pm 0.26\mathrm{m}, \Delta Z = -120.361\mathrm{m} \pm 0.19\mathrm{m}$。国家图像和制图机构（NIMA）公布了欧洲 85 个点的平均解，即：$\Delta X = -87\mathrm{m} \pm 3\mathrm{m}, \Delta Y = -98\mathrm{m} \pm 3\mathrm{m}, \Delta Z = -121\mathrm{m} \pm 5\mathrm{m}$。

1936 年马德拉岛圣多港基准至 WGS 84 基准面参数（六点解）为：$\Delta X = -542.544\mathrm{m} \pm 0.31\mathrm{m}, \Delta Y = -235.514\mathrm{m} \pm 0.31\mathrm{m}, \Delta Z = +285.877\mathrm{m} \pm 0.31\mathrm{m}$。

NIMA 于 1991 年发布了一个两点解算，其中：$\Delta X = -499\mathrm{m} \pm 25\mathrm{m}, \Delta Y = -249\mathrm{m} \pm 25\mathrm{m}, \Delta Z = +314\mathrm{m} \pm 25\mathrm{m}$。

圣米格尔岛的圣皮埃尔基准到 WGS 84 基准面参数（4 点解）是 $\Delta X = -203.584\mathrm{m} \pm 0.26\mathrm{m}, \Delta Y = +96.902\mathrm{m} \pm 0.26\mathrm{m}, \Delta Z = -62.965\mathrm{m} \pm 0.26\mathrm{m}$。

国家测绘局在 1987 年发布了一个两点解：$\Delta X = -203\mathrm{m} \pm 25\mathrm{m}, \Delta Y = +141\mathrm{m} \pm 25\mathrm{m}, \Delta Z = -53\mathrm{m} \pm 25\mathrm{m}$。

3.26　意大利（Italy）

意大利共和国（意大利）位于欧洲南部，包括亚平宁半岛及西西里、撒丁等岛屿。北以阿尔卑斯山为屏障与法国、瑞士、奥地利、斯洛文尼亚接壤，东、南、西三面分别临地中海的属海亚得里亚海、爱奥尼亚海和第勒尼安海。

意大利大地三角网是按分级布网，逐级控制的原则施测的，全网共分为四个等级。经历了 1908 年热那亚坐标系、1940 年罗马坐标系、1983 年罗马坐标系。

一等三角网采用全面网的形式布测，始于 1883 年，完成于 1902 年。该网大约由 345 个三角点，8 条钢瓦基线和 16 个拉普拉斯点组成，覆盖了整个意大利陆地及其附近岛屿。为了及时提供测图控制数据，意大利大地测量委员会把整个网从北到南分成八个分区进行了平差计算，西西里岛和撒丁岛分别为第七和第八分区。每个分区包含一条基线和若干个拉普拉斯点，作为控制网的尺度和定向。平差时，先以自由网形式平差罗马北部的三个分区，然后再逐一平差罗马南部的五个分区，其结果符合到北部网上，平差结果称为 1908 年热那亚坐标系。1908 年热那亚坐标系采用 Bessel 1841 椭球（$a = 6377397.15\mathrm{m}, f = 1/299.1528$），大地原点为热那亚水利学院天文台。

1940 年，意大利大地测量委员会委托军事地理研究所，重新整理了以前施测的全部一、二等三角网观测资料,按单点天文定位方法建立了1940年罗马坐标系,或称为1940年意大利军事地理研究所坐标系 IGM 40,1940年罗马坐标系采用 Hayford 1909(International 1924)椭球($a = 6378388$m,$f = 1/297.0$),大地原点设在意大利中部地区罗马的蒙特马里奥山天文台,$B = 41°55'25.51''$N $\pm 0.027''$,$L = 12°27'08.40''$E。1940年罗马坐标系建立后,意大利将作为地形图平面控制的近42000个一至四等三角点,在该系统上进行了平差计算。采用 Gauss-Boaga 横轴墨卡托投影,由两个区域组成:西区(Ⅰ)位于6°E 到12°27'08.40''E(蒙特马里奥子午线),东区(Ⅱ)从11°57'08.40''E(蒙特马里奥以西30'子午线)到18°30'E。原点比例因子 $m_0 = 0.9996$,Ⅰ区(西)的 FE = 1500km,Ⅱ区(东)的 FE = 2520km。

意大利测绘部门在不同时期曾采用过许多地方坐标系,如地籍测量坐标系,意大利北部和中部的热那亚坐标系、意大利南部和西西里岛的卡斯塔内阿坐标系、撒丁岛的瓜尔迪亚·韦基亚坐标系,1905年罗马坐标系等。这些地方性坐标系在早期的测量与制图中曾不同程度地得到应用,但1940年罗马坐标系建立后,它们均已停止使用。

第二次世界大战后,意大利补测和修测了部分一等三角网,增加了天文观测和距离观测,使测网的几何强度和精度得到进一步提高。在此基础上,于1983年对一等三角网进行了整体平差,建立了1983年罗马坐标系,或称为1983年意大利军事地理研究所坐标系(IGM83)。意大利新一等三角网由348个三角点,56条光电测距边,22条微波测距边,2条铟瓦基线,33个拉普拉斯方位角组成。平差前,全部观测数据严密归算到了参考椭球面。为了保持网的连续性,平差计算仍在 Hayford 椭球面上按坐标变化法进行。平差时,保持马里奥山天文台原点的1940年罗马坐标系坐标固定,但未固定方向。1983年罗马坐标系的质量得到了明显的改善。新网被采用作为整个意大利领土的几何框架。

1940年罗马坐标系与1983年罗马坐标系既有联系又有区别,相同点是:采用的参考椭球相同,大地原点相同,定位相同。不同点是:前者属于一点定向,局部平差成果,后者属于多点定向,整体平差成果。

意大利空间网是20世纪90年代用 GPS 定位技术建立的。利用空间网与地面网中的重合点,计算了 WGS 84 坐标系与1940年罗马坐标系和1983年罗马坐标系之间的变换参数。WGS 84 到1940年罗马坐标系的转换参数:$\Delta X = +144.3$m,$\Delta Y = +72.8$m,$\Delta Z = -11.4$m,$m = 8.3$ppm,$\varepsilon_X = +1.8''$,$\varepsilon_Y = -1.2''$,$\varepsilon_Z = +2.3''$。WGS 84 到1983年罗马坐标系的转换参数:$\Delta X = +169.5$m,$\Delta Y = +79.0$m,$\Delta Z = -12.9$m,$\varepsilon_X = +0.6''$,$\varepsilon_Y = -1.5''$,$\varepsilon_Z = +1.2''$,$m = 2.8$ppm。

在撒丁岛,1940 罗马坐标系到 ETRS 89 转换参数为:$\Delta X = -168.6$m,$\Delta Y = -34.0$m,$\Delta Z = +38.7$m,$\varepsilon_X = +0.374''$,$\varepsilon_Y = +0.679''$,$\varepsilon_Z = +1.379''$,$m = -9.48$ppm。

在西西里岛,1940 罗马坐标系到 ETRS 89 转换参数为:$\Delta X = -50.2$m,$\Delta Y = -50.4$m,$\Delta Z = +84.8$m,$\varepsilon_X = +0.690''$,$\varepsilon_Y = +2.012''$,$\varepsilon_Z = -0.459''$,$m = -28.08$ppm。

在意大利半岛,1940 罗马坐标系到 ETRS 89 转换参数为:$\Delta X = -104.1$m,$\Delta Y = -49.1$m,$\Delta Z = -9.9$m,$\varepsilon_X = -0.971''$,$\varepsilon_Y = +2.917''$,$\varepsilon_Z = -0.714''$,$m = -11.68$ppm。

3.27 卢森堡(Luxembourg)

卢森堡大公国(卢森堡)位于欧洲西北部,东邻德国,南毗法国,西部和北部与比利时接壤。

在第一次世界大战期间,英国人制作了一系列地形图,并用实线显示了北德古尔地区。法国北部德古尔区基于法国陆军截圆锥投影,其原点纬度为 $B_0 = 49°30'00''$,中子午线为 $L_0 = 7°44'13.95''$E,原点比例因子 $m_0 = 0.999509082$,FE $= 500$km,FN $= 300$km。参考椭球为重建的 Plessis($a = 6376523.994$m,$f = 1/308.624807$),使用的基准是法国的新三角测量基准(NTF 1887)。

卢森堡国家基准(LUREF)于 1930 年建立,其基准点(拉普拉斯天文台)位于比利时的 Habay-la-Neuve,参考椭球为 Hayford 或 Internationa 1924($a = 6378388$m,$f = 1/297$)。卢森堡横轴墨卡托投影于 1940 年使用,原点纬度 $B_0 = 49°50'$N,中央子午线 $L_0 = 6°10'$E,FE $= 80$km,FN $= 100$km。

从 LUREF 到 WGS 84/EUREF 89 的 Bursa-Wolfe 转换参数:$\Delta X = -192.986$m,$\Delta Y = +13.673$m,$\Delta Z = -39.309$m,$\varepsilon_X = +0.4099''$,$\varepsilon_Y = +2.9332''$,$\varepsilon_Z = -2.6881''$,比例因子 $m = 0.43$ppm。Molodensky-Badekas 模型参数为:$\Delta X = -265.983$m,$\Delta Y = +76.918$m,$\Delta Z = +20.182$m,$\varepsilon_X = +0.4099''$,$\varepsilon_Y = +2.9332''$,$\varepsilon_Z = -2.6881''$,比例因子 $m = 0.43$ppm,旋转原点为:$X_0 = 4098647.674$m,$Y_0 = 442843.139$m,$Z_0 = 4851251.093$m。

卢森堡高程系统为正常高系统,高程起算依据是卢森堡国家高程基准,卢森堡国家体育总局(NG-L)的初始基准点为 Wemperhardt(靠近比利时北部边界),高程为 528.030m,这是基于阿姆斯特丹佩格尔潮汐站。NG-L 仅基于几何水准,水准点密度为 1.8 点/km²,共有 3800 个点。

CHAPTER 4

|第 4 章|

大 洋 洲

大洋洲(Oceania),位于太平洋的西南部和南部。赤道南北的广大海域,在亚洲和南极洲之间,西邻印度洋,东临太平洋。陆地总面积约 897 万 km²,约占世界陆地总面积的 6%,是世界上最小的一个洲。大洋洲人口是除南极洲外,世界上人口最少的洲。

大洋洲跨南北两半球,从南纬 47°到北纬 30°,横跨东西半球,从东经 110°到西经 160°,东西距离 1 万多 km,南北距离 8000 多 km。

大洋洲共有 16 个国家和十几个地区。截至 2020 年 1 月,已同中国签订共建"一带一路"合作文件的大洋洲国家共计 11 个。

大洋洲由一块大陆和分散在浩瀚海域中的无数岛屿组成,这些岛屿在历史上的大地测量大部分由澳大利亚、新西兰进行,其大地坐标系的特点多为单个岛屿独立设置。随着 GPS 的应用,建设新的大地控制网及区域大地基准成为可能。大西洋这些岛国也加入亚太参考框架(APREF)的建设,相关内容参见第 2 章。

4.1 新西兰(New Zealand)

新西兰位于太平洋西南部,西隔塔斯曼海与澳大利亚相望,由北岛、南岛、斯图尔特岛及其附近一些小岛组成。

目前新西兰国家控制网有以下几类：

参考框架（NRF）确定大地测量基准和国际参考系统，以及垂直基准。大地基准参考点（GDRM）垂直基准参考点（VDRM）位于同一位置。GDRM 为连续运行 CORS 站。VDRM 通常是绝对重力，可能与其他观测系统（VLBI,DORIS）位于同一地点。每个构造板块的稳定地区上至少有一个大地基准参考点。

变形监测网（DMN）用来确定和监测板块运动引起的全国范围的变形，以及区域和局部变形，大地基准的维护，维持地籍测量平面和垂直控制基准，维持基本地理空间网。国家变形监测网点位于板块构造的稳定位置，约 100km 一个点，为连续运行 CORS 站。区域变形监测网点约 20km 一个 GNSS 点。局部变形监测网点约 1 ~ 10km 一个 GNSS 点。

地籍平面控制网（CHN）和地籍垂直控制网（CVN）。点位密度 0.3km（城市），1km（农村）。

基本地理空间网（BGN）和高程网（NHN），使政府指导的地理空间活动的数据能够有效和准确地参考国家大地测量基准。BGN 点位密度 50km，NHN为 2km。

4.1.1　新西兰国家平面控制测量

19 世纪末，新西兰的近代测量就已经开始。一名叫詹姆斯·库克的船长，掌握了平板仪和照准仪的测量技能。花了六个月的时间绘制了一张新西兰长达 2400 英里的海岸线图。第一次使用三角测量是由 Felton Mathew 在 1840 年至 1841 年担任第一任总测量师时进行的，覆盖了奥克兰附近的有限区域。

新西兰的原始基准是 1883 年的库克山基准，位于惠灵顿市。

1949 年建立了新西兰大地基准 1949（NZGD 49），原点为：Papatahi，大地坐标为：$B = 41°19'08.9000''S$, $L = 175°02'51.0000''E$，方位角至 Kapiti 2 号 $\alpha = 347°55'02.500''$，参考椭球为 International 1924，其中 $a = 6378388m$, $f = 1/297$。

每个岛屿都进行独立的横轴墨卡托投影，新西兰北岛原点 $B = 39°S$，中央子午线 $L = 175°30'E$，原点比例因数 $m_0 = 1$，FN = 400000 码，FE = 300000 码，其中 1 英尺 = 0.304799735m。新西兰南岛原点 $B = 44°S$，中央子午线 $L = 171°30'E$，原点比例因子 $m_0 = 1$，FN = 500000 码，FE = 500000 码。

1998 年 8 月，新西兰土地局（LINZ）批准采用和实施新的大地基准，即新西兰大地基准 2000（NZGD 2000）。新的点坐标相对于旧基准 NZGD 49 改变了大约 200m。

新西兰大地基准2000(NZGD 2000)主要参数为:

参考椭球:GRS 80($a = 6378137\text{m}$,$1/f = 298.257222101$)

参考框架:ITRF96

变形模型:LINZ

投影:UTM

原点纬度:$B = 0°$

中央子午线:$L = 171°\text{E}$

比例因子:$m_0 = 0.9996$

FN:10000km

FE:1600km

NZGD1949 至 NZGD2000 的三参数和七参数转换值见表4-1、表4-2。

NZGD1949 至 NZGD2000 的三参数　　　　　　　表4-1

$\Delta X(\text{m})$	$\Delta Y(\text{m})$	$\Delta Z(\text{m})$
54.4	-20.1	183.1

NZGD1949 至 NZGD2000 七参数　　　　　　　表4-2

$\Delta X(\text{m})$	$\Delta Y(\text{m})$	$\Delta Z(\text{m})$	$\varepsilon_X(")$	$\varepsilon_Y(")$	$\varepsilon_Z(")$	$m(\text{ppm})$
59.47	-5.04	187.44	-0.470	0.100	-1.024	-4.5993

新西兰近海岛屿坐标投影参数为:

投影名称:见表4-3

简称:见表4-3

投影类型:横轴墨卡托

参考椭球:GRS 80

基准:NZGD 2000

原点纬度:0

中央子午线:见表4-3

FN:10000km

FE:3500km

中央子午线比例因子:1

新西兰近海岛屿坐标投影参数 表 4-3

区 域	投 影 名 称	简 称	中央子午线
Chatham Islands	Chatham Islands Transverse Mercator 2000	CITM 2000	176°30′W
Snares and Auckland Islands	Auckland Islands Transverse Mercator 2000	AKTM 2000	166°00′E
Campbell Island	Campbell Island Transverse Mercator 2000	CATM 2000	169°00′E
Antipodes and Bounty Islands	Antipodes Islands Transverse Mercator 2000	AITM 2000	179°00′E
Raoul Island and Kermadec Islands	Raoul Island Transverse Mercator 2000	RITM 2000	178°00′W

当以新西兰横轴墨卡托 2000 投影(NZTM 2000)的坐标作为参考时,LINZ 提供的空间数据参数为:

投影名称:新西兰横轴墨卡托 2000

简称:NZTM 2000

投影类型:横轴墨卡托

参考椭球:GRS 80

数据:NZGD 2000

原点纬度:0

经度:173°E

FN:10000km

FE:1600km

中央子午线比例因子:0.9996

当用于新西兰地籍测量时,将 NZGD2000 分为 28 个组区,其具体参数为:

名称:见表 4-4

简称:见表 4-4

投影类型:横轴墨卡托

参考椭球:GRS 80

基准:NZGD 2000

原点纬度:见表 4-4

原点经度:见表 4-4

FN:800km

FE:400km

中央子午线比例因子:见表4-4

分区坐标投影参数   表4-4

序	名　称	简　称	原点纬度	原点经度	比例因子
1	Mount Eden 2000	EDENTM 2000	36°52′47″S	174°45′51″E	0.9999
2	Bay of Plenty 2000	PLENTM 2000	37°45′40″S	176°27′58″E	1
3	Poverty Bay 2000	POVETM 2000	38°37′28″S	177°53′08″E	1
4	Hawkes Bay 2000	HAWKTM 2000	39°39′03″S	176°40′25″E	1
5	Taranaki 2000	TARATM 2000	39°08′08″S	174°13′40″E	1
6	Tuhirangi 2000	TUHITM 2000	39°30′44″S	175°38′24″E	1
7	Wanganui 2000	WANGTM 2000	40°14′31″S	175°29′17″E	1
8	Wairarapa 2000	WAIRTM 2000	40°55′31″S	175°38′50″E	1
9	Wellington 2000	WELLTM 2000	41°18′04″S	174°46′35″E	1
10	Collingwood 2000	COLLTM 2000	40°42′53″S	172°40′19″E	1
11	Nelson 2000	NELSTM 2000	41°16′28″S	173°17′57″E	1
12	Karamea 2000	KARATM 2000	41°17′23″S	172°06′32″E	1
13	Buller 2000	BULLTM 2000	41°48′38″S	171°34′52″E	1
14	Grey 2000	GREYTM 2000	42°20′01″S	171°32′59″E	1
15	Amuri 2000	AMURTM 2000	42°41′20″S	173°00′36″E	1
16	Marlborough 2000	MARLTM 2000	41°32′40″S	173°48′07″E	1
17	Hokitika 2000	HOKITM 2000	42°53′10″S	170°58′47″E	1
18	Okarito 2000	OKARTM 2000	43°06′36″S	170°15′39″E	1
19	Jacksons Bay 2000	JACKTM 2000	43°58′40″S	168°36′22″E	1
20	Mount Pleasant 2000	PLEATM 2000	43°35′26″S	172°43′37″E	1
21	Gawler 2000	GAWLTM 2000	43°44′55″S	171°21′38″E	1
22	Timaru 2000	TIMATM 2000	44°24′07″S	171°03′26″E	1
23	Lindis Peak 2000	LINDTM 2000	44°44′06″S	169°28′03″E	1
24	Mount Nicholas 2000	NICHTM 2000	45°07′58″S	168°23′55″E	1
25	Mount York 2000	YORKTM 2000	45°33′49″S	167°44′19″E	1
26	Observation Point 2000	OBSETM 2000	45°48′58″S	170°37′42″E	1
27	North Taieri 2000	TAIETM 2000	45°51′41″S	170°16′57″E	0.99996
28	Bluff 2000	BLUFTM 2000	46°36′00″S	168°20′34″E	1

若以兰勃特圆锥投影(NZCS 2000)为坐标参考时,LINZ 提供的空间数据参数为:

投影类型:Lambert 圆锥

参考椭球:GRS 80

基准:NZGD 2000

第一标准纬线:37°30′S

第二标准纬线:44°30′S

原点纬度:41°00′S

中央子午线经度:173°00′E

FN:7000km

FE:3000km

4.1.2 新西兰国家高程控制测量

新西兰的垂直基准有 3 个:2009 新西兰垂直基准(NZVD 2009)、区域 MSL 基准及 2000 新西兰大地基准(NZGD 2000)。NZVD 2009 是新西兰及其离岛的官方垂直基准。其参考面是 2009 新西兰似大地水准面(NZ-Geoid 2009),高程系统为正常高系统,正常重力场基于 GRS 80。

新西兰使用的高程基准有两种:正常高和大地高。

正常高高程基准:NZVD 2016 和 13 个局部垂直基准(MSL)。

大地高椭球基准为 NZGD 2000,NZGD 2000 参考的是 GRS 80 椭球。ZGD 2000 椭球高与斯图尔特岛附近的 MSL 近似相等,而与其北部地区的 MSL 差异约 35m。NZVD 2009 定义了与现存 13 个区域 MSL 基准间的高程转换偏移量,可用于 3 个垂直基准间的转换。可通过大地水准面模型(例如 NZGeoid 2016)进行高程转换。

新西兰国家大地测量局提供 CORS 站信息,土地局网站上提供各类控制点数据服务以及不同坐标和高程基准的在线转换软件,方便用户进行转换。

4.2 巴布亚新几内亚(Papau New Guinea)

巴布亚新几内亚是独立国,位于太平洋西南部。西与印度尼西亚的伊里安查亚省接壤,南隔托雷斯海峡与澳大利亚相望。全境共有 600 多个岛屿。主要岛屿包括新不列颠岛、新爱尔兰岛、马努斯岛、布干维尔岛和布卡岛等。

4.2.1 巴布亚新几内亚国家平面控制测量

1914 年,第一位负责测绘的是澳大利亚的工程师,进行了地形图的测量。在澳大利亚皇家测量团和美国陆军的协助下,其测量工作一直持续到 20 世纪 50 年代。

作为当地基准的最古老的"天文站"是 1939 年在 Moresby 港附近的 Paga,其位置为:$B = 9°29'00.31''S, L = 147°08'21.66''E$。参考椭球为 Bessel1841,其中:$a = 6378397.155m, f = 1/299.1528$。原点位于 $B_0 = 8°S$,中央子午线 $L_0 = 150°E$,$m_0 = 0.9997, FN = 1000km, FE = 3000km$。

1939 年 Paga 基准的最新来源数据现在表明参考椭球为 International 1924,其中:$a = 6378388m, f = 1/297$。但这个变化发生的时间是未知的。

巴布亚新几内亚的制图产品很大程度上是在 1966 年澳大利亚大地测量基准上进行的,其原点在约翰斯顿凯恩,其中:$B = 25°56'54.5515''S, L = 133°12'30.0771''E, h = 571.2m$,参考椭球为澳大利亚国家椭球:$a = 6378160m, f = 1/298.25$。

巴布亚新几内亚最新的大地基准是 1994 国家基准(PNG 94),这是一个地心基准,由巴布亚新几内亚周围广泛的大地测量站网定义,有三个永久性 GPS 基站。巴布亚新几内亚地图格网 1994(PNGMG)是 GRS 80 椭球($a = 6378137m, f = 1/298.257222101$)上的 UTM 格网坐标。根据巴布亚新几内亚理工大学测量与土地系的资料,AGD 66 与 PNG 94 坐标之间非常近似的关系如下:PNG 94 纬度在 AGD 66 纬度以北约 5″,PNG 94 经度在 AGD 66 纬度以东约 4″,PNG 格网东坐标大约比 AGD 66 大 120m,PNGMG 北坐标大约比 AGD 66 大 160m。AGD 66 和 PNG 94 之间存在这种近似关系。

巴布亚新几内亚使用的平面基准主要有:ITRF 2008 – 国际地面参考框架 2008;WGS 84;WGS 1972;PNG 94—巴布亚新几内亚大地基准 1994;AGD 66—澳大利亚大地基准 1966。

4.2.2 巴布亚新几内亚国家高程控制测量

巴布亚新几内亚使用的高程基准主要有:平均海平面(MSL);大地高;联邦工程部高程基准(CDW);天文最低潮位;海图基准。其换算关系如图 4-1 所示。

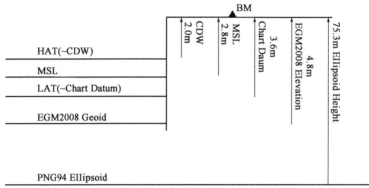

图 4-1　巴布亚新几内亚高程基准换算关系图

注：据巴布亚新几内亚第 48 届测量师协会大会资料（2014 年 7 月 24 日-26 日）。

4.3　萨摩亚（Samoa）

萨摩亚位于太平洋南部，萨摩亚群岛西部，由乌波卢（Upolu）、萨瓦伊（Savaii）两个主岛和附近的马诺诺、阿波利马、努乌泰雷、努乌卢瓦、纳木瓦、法努瓦塔普、努乌萨菲埃、努乌洛帕等八个小岛组成。

萨摩亚大地测量网由 34 个测量点组成，包括 26 个一等点和 8 个二等点。平面基准定义为 2005 年萨摩亚大地测量参考系统（SGRS 2005）。主要参数为：

椭球：GRS 80，其中 $a = 6378137\text{m}$，$f = 1/298.257222101$。其中点 102-Faleolo CGPS：$B = 13°49'55.95916''S$，$L = 171°59'58.32189''W$，$h = 47.600\text{m}$；点 104-Fagali CGPS：$B = 13°50'57.14900''S$，$L = 171°44'18.34120''W$，$h = 76.875\text{m}$。该基准在国际地面参考框架 2000（ITRF 2000）2006.00 历元定义。萨摩亚投影带为 UTM Zone 2。

从 WGS 72 到 SGRS 2005 的转换参数为：$\Delta X = +0.460\text{m}$，$\Delta Y = -13.615\text{m}$，$\Delta Z = +5.786\text{m}$。天文台多普勒观测的 SGRS 2005 坐标为：$B = 13°48'52.903267''$ S，$L = 171°46'50.92481''W$，$H = 1.41\text{m}$。

在 20 世纪初，德国测量师于 1914 年开始建立了有史以来第一个测量系统，它被用作萨摩亚所有测量的基础，并建立了称之为天文台的原点。1921 年至 1927 年间，在此原点的基础上，对阿皮亚整个地区进行了导线测量。1941 年，德国人对系统进行了重新计算，并将原点移到北边几米处，称之为 Lemuta 原点，作为迄今为止国内所有地籍测量所使用的基准点。1953 年至 1954 年之间完成了基于 Lemuta 基准所有控制导线测量。

根据 1∶2 万地形图上标示的 Lemuta 基准网格参数,TM 投影,International 椭球,原点坐标 $B=13°48'26''$S,$L=171°46'30''$W,FE=FN=0,比例因子 $m_0=1.0$。

美国地质勘探局 1962 年建立了美属萨摩亚 1962 年基准(AMA),采用了 Clarke 1866 椭球($a=6378206.4$m,$b=6356583.8$m),$H=5.43$m。从 AMA 到 WGS 84 的转换参数为:$\Delta X=-115$m±25m,$\Delta Y=+118$m±25m,$\Delta Z=+426$m±25m。美属萨摩亚当前的新基准是 NAD 83(2002-HARN)。

1988 年采用的统一的西萨摩亚格网坐标(WSIG),基于 WGS 72 基准,横轴墨卡托投影。参考椭球为 WGS 72($a=6378135$m,$f=1/298.26$)。中央子午线 $L_0=188°$E(172°W),比例因子 $m_0=1$,FE=700km,FN=7000km。

4.4 纽埃(Niue)

纽埃位于南太平洋国际日期变更线东侧,属波利尼西亚群岛,是太平洋中南部的一个岛国,其西为汤加,以北是萨摩亚,以东则是邻国的库克群岛。

据纽埃测量局 1998 年信息:纽埃岛非常平坦,我们没有三角测量系统,相反,我们拥有的是沿着该岛周围和穿过该岛的主要道路的一系列控制导线。它们主要用于地籍测量。纽埃岛的第一次测量是 1903 年由新西兰的测量员哈扎德(Harzard)建立的。他建立了原点 Tomb,还观测了经纬度,但没有使用网格坐标系统的信息。1903 年坐标的原点 $B=19°01'42''$S,$L=169°55'15''$W,坐标为英制链。1980 年,随着度量单位公制化引入,为保持岛上所有坐标为正,采用了 FN=15000m,FE=5000m 的假原点。坐标系被正式命名为 Niue Map Grid。

据 1945 年的天文观测,原点坐标 $B=19°03'10''$S,$L=169°55'22''$W,$H=18.86$m。参考椭球为 International 1924,其中 $a=6378388$m,$f=1/298$。平面坐标系可能基于横轴墨卡托投影。考虑到纽埃的面积很小,对于该旧基准,投影的选择是不太可能的,因为坐标仅用于地籍目的,而不用于大地测量应用。

1991 年,纽埃完成全国的 GPS 测量,GPS 测量是由新西兰测量和土地信息部进行的,共设有 11 个点。新坐标系定义如下:1991 年纽埃大地基准(NGD 91)是以"西南太平洋"为原点,原点大地坐标为 $B=19°04'54.704''$S,$L=169°55'29.383''$W,$H=88.00$m,大地椭球采用 1980 参考椭球,其中 $a=6378137$m,$f=1/298.257222101$。新的纽埃地图网格基于横轴墨卡托投影。Tomb 原点在 NGD 91 坐标系中的大地坐标为网格原点纬度 $B=19°03'13.96''$S,经度 $L=169°55'15.15''$W,比例因子为 1,FE=5000m,FN=15000m。没有提供用旧地籍坐标系与新纽埃地图网格的转换参数。尽管从技术上来说,NGD 91 作为第一个大地测量基准,但当地测量人员在如何将 20 世纪的所有地籍测量与新的坐标系联系起来的问题上左右为难。

1999 年,新奥尔良大学的 Roy Ladner 博士将包括 808 个 1940 年代导线点和 180 个 1980 年代的导线点与 NGD 91 进行坐标转换计算,为纽埃土地测量局提供了一个转换工具,用于 NGD 91 与 20 世纪地籍测量之间的转换。纽埃正以每年约 20cm 的速度向汤加方向移动,其坐标转换应在参数变化之前尽快完成,从 1945 年基准到 NGD 91 的三参数为: $\Delta X = +138\text{m}$, $\Delta Y = -178\text{m}$, $\Delta Z = +92\text{m}$(1991 年计算所得数据)。

4.5 斐济(Fiji)

斐济位于西南太平洋中心,由 332 个岛屿组成,其中 106 个岛屿有人居住,主要有维提岛和瓦努阿岛等。地跨东、西半球,180 度经线贯穿其中。

1983 年,新西兰在 1972 年世界大地测量系统(WGS 72)的基础上,建立了斐济的地方基准,称为斐济大地测量基准 1986(FGD 86)。其参数如下:

椭球:WGS72($a = 6378135\text{m}$, $f = 1/298.26$)

中央子午线比例因子:0.99985

中央子午线经度:178°45′E

带宽:6.0°

假原点纬度:17.00°S

FE:2000000.00m

FN:4000000.00m

最小纬度:22.00°S

最大纬度:13.00°S

投影:横轴墨卡托

从 WGS 84 到斐济大地基准的转换参数,由斐济林业部确定为: $\Delta X = +35.173\text{m}$, $\Delta Y = -136.571\text{m}$, $\Delta Z = +36.964\text{m}$, $m = +1.537\text{ppm}$, $\varepsilon_X = -1.37''$, $\varepsilon_Y = +0.842''$, $\varepsilon_Z = +4.718''$。

2015 年,斐济土地和矿产资源部测绘局长 David Changr 提出"斐济大地基准现代化"的构想。因 FDG 86 是基于 WGS 72 的一个地方参考基准,精度较差,相差 20m 以上,且与国际标准不兼容且已经过时。为保证斐济在国家、地区及全球地理信息系统之间的兼容性应用,建立国际公认的斐济大地测量基准非常必要。拟采用 ITRF 2010 或 WGS 84 更新现有基准,斐济已开始与发达国家和大地测量专家就如何使这一项目进行谈判。

4.6 密克罗尼西亚(Micronesia)

密克罗尼西亚联邦(密克罗尼西亚)位于中部太平洋地区,属加罗林群岛。由 607 个大小岛屿组成,其中 4 个主要大岛为:波纳佩岛、丘克岛、雅浦岛和科斯雷岛。

1951 年,在雅浦岛建立西基准点,原点位于 $B = 9°32'48.15''N ± 0.2''$, $L = 138°10'07.48''E ± 0.1''$。使用修改后的 Clarke 1866 椭球,其中 $a = 6378450.047\mathrm{m}$, $f = 1/294.9786982$。

1965 年,美国陆军地图局采用 International 1924 椭球建立基准,$a = 6378388\mathrm{m}$,$f = 1/297$,原点坐标为:$B = 9°32'48.15''N ± 0.4''$, $L = 138°10'07.48''E ± 0.4''$。随后,美国陆军测绘局公布了一套四张 1:25000 比例尺的地形图。

密克罗尼西亚属加罗林群岛,所有的加罗林群岛都有基于斜方位等距投影的局部网格系统,坐标基准建立时使用了修正后的 Clarke 1866 参考椭球,原点位于各自的天文站。部分岛屿原点坐标见表 4-5。现使用的坐标系使用了 International 1924 椭球。

加罗林群岛部分岛屿原点坐标　　　　　　　　　　　　　表 4-5

序号	岛　　名	B	L	X(m)	Y(m)
1	Yap	9°32'48.15''N	138°10'07.48''E	39987.92	60022.98
2	Palau	7°21'04.3996''N	134°27'01.6015''E	50000.00	150000.00
3	Pohnpei	6°57'54.2725''N	158°12'33.4772''E	80122.82	80747.24
4	Truk Atoll	7°27'22.3600''N	151°50'17.8530''E	60000.00	70000.00

4.7 库克群岛(Cook Islands)

库克群岛位于南太平洋上,介于法属波利尼西亚与斐济之间,属波利尼西亚群岛。由 15 个岛屿和岛礁组成,分布在 200 万 km² 的海面上。

1899 年 10 月,库克群岛开始进行了土地测量。测量局负责测量了大多数岛屿上的所有土地。1930 年,新西兰土地测量系统被引入库克群岛。

大地测量原点 OCB1 位于司法部前面,在拉罗汤加岛周围布设有控制点。

库克群岛目前建有一个 GNSS 基站(ITRF),位于库克群岛国际机场,

2002 年由澳大利亚地球科学公司安装,向该区域其他太平洋岛屿国家提供大地测量服务。通过互联网,每 30 秒上传一次数据,并向澳大利亚地球科学部发送信息。

由于测量人员短缺及缺乏现代测量设备、技能和知识,主要依靠南太平洋地学委员会、澳大利亚地球科学、新西兰土地局等提供技术服务或援助。

4.8 汤加(Tonga)

汤加位于南太平洋西部、国际日期变更线西侧,西距斐济 650km,西南距新西兰 1770km。由汤加塔布、哈派、瓦瓦乌三大群岛和埃瓦、纽阿等小岛组成,共 173 个岛屿,其中以汤加塔布岛为最大,它是汤加群岛的主岛。

汤加的测绘工作大约始于 20 世纪初。直到 1927 年,汤加政府一直雇用 3~4 名来自澳大利亚和新西兰的外籍测量员,由少数受过当地培训的实地测量员协助进行所需的测量工作。

在 1957 年之前完成的大部分勘测工作都是经纬仪导线,各种不同的子午线被用作原点,但并没有建立一个真正的大地坐标基准作为测绘的基础。

汤加地籍测量基准 1957—1961(TCSD 57/61),四个岛群使用过多个原点,均采用 International 参考椭球,其中 $a = 6378388\,\text{m}$,$f = 1/297$。共进行了 10 条控制路线。70 年代壳牌国际石油公司为汤加油气勘探在三个主要岛屿群(汤加塔布、哈派和瓦瓦乌)上建立一个四级基本大地测量网,以便在一个共同基准上获得坐标,因此进行了更广泛的大地测量,并将这些不同岛屿控制点连接在一起。共测量了 27 条基线,三边测量网由 11 个测站组成,其中 3 个是新建立的,8 个是现有的测站。

1961 年汤加地籍测量基准(TCSG 61)定义参数:

投影:UTM 投影

投影带:1

原点纬度:0

中央子午线经度:177°W

原点 FE:500km

原点 FN:10000km

比例因子:0.9996

TCSG 61 假原点位于西经 177°,北坐标值为 7500000m。

汤加的当前使用的是 2005 年汤加大地基准(TGD 2005),其中参考椭球为

GRS 80(a = 6378137m,f = 1/298. 257222101)。其他参数为：

投影：UTM 投影,汤加地图网格(TMG)

投影带：1

原点纬度：0

中央子午线经度：177°W

原点 FE：1500km

原点 FN：5000km

比例因子：0. 9996

汤加王国尚未公布从旧地籍基准到 TGD 2005 的转换参数。

高程基准为 MSL 1990,仅在主岛上,为太平洋海平面监测项目设立,其他岛屿无水准测量网,需要一个现代化的参考框架,以涵盖整个汤加。

国家已将大地测量现代化提上日程,计划更新大地测量网,建立一个新的垂直参考框架,覆盖到全国其他地区。

4.9　瓦努阿图(Vanuatu)

瓦努阿图位于南太平洋西南部,地处澳大利亚布里斯班以东 1900km,斐济以西 800km,新喀里多尼亚(法)以北 230km,所罗门群岛以南 170km。属美拉尼西亚群岛,由约 83 个岛屿(其中 68 个岛屿有人居住)组成。最大的岛屿是桑托岛。

据 2001 年 6 月瓦努阿图大地控制网报告,法国国家地理研究所(IGN)于 20 世纪60 年代建立了瓦努阿图大地控制网。

IGN 大地网分为两个区域,北部区域覆盖埃法特岛(Efate)及以北诸岛,其中不包括瓦努阿图最北部的班克斯和托雷斯群岛。南部区域覆盖埃罗芒阿岛(Erromango)及以南的塔纳岛(Tanna)、阿纳托姆岛(Anatom)和南部附近的小岛。

瓦努阿图 IGN1960 基准原点位于埃法特岛维拉港的 Bellevue,原点坐标为：B = 17°44′17. 40″S, L = 168°20′33. 25″E,参考椭球为 International 1909(马德里 1924),其中 a = 6378388m,f = 1/297。美国国家地理空间情报局(NGA)将瓦努阿图 IGN1960 基准(Bellevue)到 WGS 84 基准面的转换参数列为 Δa = − 251m,Δf = − 0. 14192702,ΔX = − 127m ± 20m,ΔY = + 769m ± 20m,ΔZ = + 472m ± 20m。

这种关系是基于三个观测站的观测结果,假定的基准点是 B = 15°17′16″S,L = 167°58′34″E 的 S. T. 1,其中 FN = 12000m,FE = 18000m。

根据法国国家地理研究所 1949 年 7 月 1 日出版的地图目录记载,投影为高斯投影,椭球为 International 椭球,单位为 m,原点 B_0 = 赤道,原点 L_0 = 167°E,比例因子未知但可能是 1,FN = 2600km,FE = 1000km。

英国海外测量局(DOS)为了地籍测量的需要,从与 IGN 相同的点开始的,将其三角测量范围进一步扩展到了全国,覆盖并加强了该网到其他岛屿的覆盖和加强。但是天文观测和平差是分开进行的。DOS 网平差在全国使用了相同的比例因子 1,尽管每个岛屿都有自己的原点。

20 世纪 90 年代中期,澳大利亚政府协助瓦努阿图政府,通过澳大利亚国防合作提供资金、技术和人力资源,建立了覆盖全国的多普勒网络。这个网络是为了控制这个国家的航空摄影。用于地籍目的,仍然使用 DOS 大地测量平差成果。

20 世纪 80 年代至 20 世纪 90 年代,测量部门制作了基于 DOS 的 1:100 万地图的新版本,以及新的 1:5 万地形图。

NGA 列出了从 DOS 1965 基准(Espiritu Santo Island)到 WGS 84 基准的转换参数:Δa = −251m,Δf = −0.14192702,ΔX = +170m ± 25m,ΔY = +42m ± 25m,ΔZ = +84m ± 25m。这种关系是基于一个观测站的观测结果。

4.10 所罗门群岛(Solomon Islands)

所罗门群岛位于太平洋西南部,属美拉尼西亚群岛。西南距澳大利亚1600km,西距巴布亚新几内亚 485km,东南与瓦努阿图隔海相望,全境有大小岛屿 900 多个。主要岛屿包括瓜达尔卡纳尔岛、新乔治亚岛、马莱塔岛、舒瓦瑟尔岛、圣伊莎贝尔岛、圣克里斯托瓦尔岛、圣克鲁斯群岛等。

所罗门群岛观测的天文站有:

Cruz Astro 1947,B = 9°25′27.61″S,L = 159°59′10.14″E,International 椭球。

CZ-X-6,B = 11°34′13.3920″S,L = 166°52′55.8300″E,International 椭球,该地区是圣克鲁斯群岛、登尼岛(涅多)、乌图瓦岛、瓦尼科罗岛(瓦尼科洛)。

CZ-X-8,B = 9°47′43.8000″S,L = 167°06′24.3000″E,International 椭球,达夫群岛。

所罗门群岛的官方基准为 GUX 1(1960 年),原点位于 B = 9°27′05.272″S,L = 159°58′31.752″E,采用 International 参考椭球,其中 a = 6378388m,f = 1/298。UTM 投影 57 带。

从 GUX 1 基准到 WGS 84 基准的转换参数为:ΔX = +252m ± 25m,ΔY = −209m ± 25m,ΔZ = −751m ± 25m。

4.11 基里巴斯(Kiribati)

基里巴斯位于太平洋中西部,由 33 个岛屿组成,分属吉尔伯特、菲尼克斯和莱恩三大群岛。是世界上唯一地跨赤道、横越国际日期变更线的国家,又是世界上唯一地跨南北纬和东西经的国家。

吉尔伯特群岛群的 1962 Abaiang 基准原点位于政府旗杆处中心的珊瑚岩基座上,也称为 HMS Cook Astro"H",其中 $B = 1°49'25.029''N$,$L = 173°01'25.830''E$。其坐标投影参数为:椭球为 International 1924($a = 6378388m$,$f = 1/297$),横轴墨卡托投影,原点的比例因子 $m_0 = 1.0$,中央子午线经度 $L_0 = 172°55'E$,FN $= 0$,FE $= 20km$。从 1962 Abaiang 基准到 WGS 84 基准的转换参数为:$\Delta X = +254.8m$,$\Delta Y = -322.4m$,$\Delta Z = -270.0m$。1984 年至 1985 年另一个参数是:$\Delta X = +254.3m$,$\Delta Y = -323.4m$,$\Delta Z = -275.6m$。

1959 Abemama 基准,原点 $B = 00°24'19.02''N$,$L = 173°55'36.57''E$,$H = 2.14m$。横轴墨卡托投影($m_0 = 1.0$),中央子午线经度 $L_0 = 173°51'E$,FE $= 20km$,FN $= 100km$。其到 WGS 84 基准的转换参数为:$\Delta X = +289.4m$,$\Delta Y = +656.2m$,$\Delta Z = +303.4m$。

1965 Arorae 基准,原点 $B = 02°38'36.7''S$,$L = 176°49'33.3''E$。横轴墨卡托投影($m_0 = 1.0$),中央子午线经度 $L_0 = 176°49'E$,FE $= 10km$,FN $= 500km$。到 WGS 84 的转换参数为:$\Delta X = +221.4m$,$\Delta Y = -34.4m$,$\Delta Z = -21.6m$。

1970 Beru 基准,原点 $B = 01°19'29.9632''S$,$L = 175°59'16.9134''E$,$H = 1.73m$。横轴墨卡托投影($m_0 = 1.0$),中央子午线经度 $L_0 = 175°59'E$,FE $= 10km$,FN $= 300km$。其到 WGS 84 基准的转换参数为:$\Delta X = +179.9m$,$\Delta Y = -595.3m$,$\Delta Z = +6.96m$。1984 年至 1985 年的解为:$\Delta X = +181.3m$,$\Delta Y = -585.6m$,$\Delta Z = -7.2m$。

1965 Butaritari 基准,原点 $B = 03°15'40.629''N$,$L = 172°41'45.8381''E$,$H = 1.87m$。横轴墨卡托投影($m_0 = 1.0$),中央子午线经度 $L_0 = 172°50'E$,FE $= 20km$,FN $= 0$。其到 WGS 84 基准的转换参数为:$\Delta X = +253.8m$,$\Delta Y = +6.1m$,$\Delta Z = +528.2m$。1984 年至 1985 年的值为:$\Delta X = +254.2m$,$\Delta Y = +3.2m$,$\Delta Z = +544.2m$。

1962 Kuria 基准,原点 $B = 00°13'00.4''N$,$L = 173°23'06.8''E$。横轴墨卡托投影($m_0 = 1.0$),中央子午线经度 $L_0 = 173°30'E$,FE $= 30km$,FN $= 100km$。其到 WGS 84 基准的转换为四参数:$\alpha = 102.84765''$,$\Delta X = +219.1m$,$\Delta Y = -24.9m$,

$\Delta Z = +137.0\text{m}$。1984 年至 1985 年值为 $\alpha = 102.804''$，$\Delta X = +218.6\text{m}$，$\Delta Y = -24.8\text{m}$，$\Delta Z = +140.1\text{m}$。

1972 Little Makin 基准，原点 $B = 03°16'19.90''\text{N}$，$L = 172°40'36.21''\text{E}$。横轴墨卡托投影（$m_0 = 1.0$），中央子午线经度 $L_0 = 172°50'\text{E}$，FE $= 20\text{km}$，FN $= 0$。其到 WGS 84 基准的转换参数为：$\Delta X = +243.4\text{m}$，$\Delta Y = +221.1\text{m}$，$\Delta Z = -104.1\text{m}$。1984 年至 1985年值为：$\Delta X = +239.5\text{m}$，$\Delta Y = +189.9\text{m}$，$\Delta Z = -121.6\text{m}$。

1965 Maiana 基准，基准原点是 Maiana Astro 1965。横轴墨卡托投影（$m_0 = 1.0$），中央子午线经度 $L_0 = 173°02'\text{E}$，FE $= 20\text{km}$，FN $= 0$。其到 WGS 84 基准的转换参数为：$\Delta X = +215.5\text{m}$，$\Delta Y = -27.9\text{m}$，$\Delta Z = -159.7\text{m}$。

1969 Marakei 基准，原点 $B = 01°58'58''\text{S}$，$L = 173°15'22''\text{E}$。横轴墨卡托投影（$m_0 = 1.0$），中央子午线经度 $L_0 = 173°16'\text{E}$，FE $= 10\text{km}$，FN $= 0$。其到 WGS 84 基准的转换参数为：$\Delta X = +188.1\text{m}$，$\Delta Y = -237.6\text{m}$，$\Delta Z = -185.6\text{m}$。1984 年至 1985 年的值为：$\Delta X = +188.7\text{m}$，$\Delta Y = -229.9\text{m}$，$\Delta Z = -189.3\text{m}$。

1965 Nikunau 基准，原点 $B = 01°23'28.9196''\text{S}$，$L = 172°28'46.4327''\text{E}$。横轴墨卡托投影（$m_0 = 1.0$），中央子午线经度 $L_0 = 176°27'\text{E}$，FE $= 10\text{km}$，FN $= 300\text{km}$。其到 WGS 84 基准的转换参数为：$\Delta X = +229.8\text{m}$，$\Delta Y = -38.4\text{m}$，$\Delta Z = -311.7\text{m}$。1984 年至 1985 年的值为：$\Delta X = +230.3\text{m}$，$\Delta Y = -17.7\text{m}$，$\Delta Z = -315.3\text{m}$。

1965 Nonoutii 基准，原点 $B = 00°39'57.7067''\text{S}$，$L = 174°26'52.1428''\text{E}$，$H = 2.62\text{m}$。横轴墨卡托投影（$m_0 = 1.0$），中央子午线经度 $L_0 = 174°20'\text{E}$，FE $= 20\text{km}$，FN $= 200\text{km}$。其到 WGS 84 基准的转换参数为：$\Delta X = +221.9\text{m}$，$\Delta Y = -99.5\text{m}$，$\Delta Z = -926.8\text{m}$。1984 年至 1985 年的值为 $\Delta X = +221.2\text{m}$，$\Delta Y = -96.3\text{m}$，$\Delta Z = -935.1\text{m}$。

1970 Onotoa 基准，横轴墨卡托投影（$m_0 = 1.0$），中央子午线经度 $L_0 = 175°33'\text{E}$，FE $= 10\text{ km}$，FN $= 350\text{km}$。其到 WGS 84 基准的转换参数为：$\Delta X = +244.4\text{m}$，$\Delta Y = +197.9\text{m}$，$\Delta Z = -243.1\text{m}$。1984 年至 1985 年的值为：$\Delta X = +245.2\text{m}$，$\Delta Y = +203.7\text{m}$，$\Delta Z = -248.4\text{m}$。

1959 Tabiteuea 基准，原点 $B = 01°28'05.6''\text{S}$ 和 $L = 175°03'15.0''\text{E}$。横轴墨卡托投影（$m_0 = 1.0$），中央子午线经度 $L_0 = 174°53'\text{E}$，FE $= 30\text{km}$，FN $= 300\text{km}$。其到 WGS 84 基准的转换参数为：$\Delta X = +250.8\text{m}$，$\Delta Y = +235.6\text{m}$，$\Delta Z = -377.2\text{m}$。

1962 Tamana 基准，原点 $B = 02°30'09.0''\text{S}$，$L = 175°58'45.8''\text{E}$。横轴墨卡托投影（$m_0 = 1.0$），中央子午线经度 $L_0 = 175°59'\text{E}$，FE $= 10\text{km}$，FN $= 400\text{km}$。其到

WGS 84 基准的转换参数为：$\Delta X = +202.3\text{m}, \Delta Y = -181.6\text{m}, \Delta Z = +128.2\text{m}$。1984 年至 1985 年的值为：$\Delta X = +206.8\text{m}, \Delta Y = -159.8\text{m}, \Delta Z = +95.7\text{m}$。

1966 Tarawa 基准，原点 $B = 01°21'42.13''\text{N}, L = 172°55'47.27''\text{E}$。横轴墨卡托投影（$m_0 = 1.0$），中央子午线经度 $L_0 = 173°02'\text{E}, \text{FE} = 20\text{km}, \text{FN} = 0$。其到 WGS 84 基准的转换参数为：$\Delta X = +176.0\text{m}, \Delta Y = -421.8\text{m}, \Delta Z = +282.3\text{m}$。1984 年至 1985 年的值为：$\Delta X = +184.0\text{m}, \Delta Y = -356.3\text{m}, \Delta Z = +287.5\text{m}$。

所有这些老的基准均采用了 International 1924 椭球，其中 $a = 6378388\text{m}, f = 1/297$。

菲尼克斯群岛和莱恩群岛的第一次现代测量工作是 1984 年进行的。DOS 制作了 1972 年至 1996 年间所有岛屿的 1:25000 影像地形图。一般有两个版本，一个采用本地 TM 投影，另一个采用 UTM 投影。早期版本的圣诞岛表中只显示了 UTM 投影。除另有说明外，菲尼克斯群岛和莱恩群岛的参考椭球均为 Clarke 1966。

基里巴斯 2013 年测量高程基准点为 KIR1，相对验潮零点（TGZ）为 3.5334m。1992 年进行第一次水准测量，其基准点已没有保存。澳大利亚国家潮汐中心（NTCA）于 1992 年至 2006 年对水准点进行了精密水准测量，2013 年采用 EDM 高程导线测量进行了复测。

CHAPTER 5

|第 5 章|

南 美 洲

南美洲(South America),全称南亚美利加洲,位于西半球的南部。东濒大西洋,西临太平洋,北临加勒比海,北部和北美洲以巴拿马运河为界,南部和南极洲隔德雷克海峡相望。

南美洲东至布朗库角(西经 34°46′,南纬 7°09′),南至弗罗厄德角(西经 71°18′,南纬 53°54′),西至帕里尼亚斯角(西经 81°20′,南纬 4°41′),北至加伊纳斯角(西经 71°40′,北纬 12°28′)。

南美洲是陆地面积第四大的大洲,陆地面积 1785 万 km²,约占世界陆地总面积的 12%。安第斯山脉几乎纵贯整个南美洲西部,拥有美洲最高的山峰阿空加瓜山。安第斯山脉东部就是面积广大的亚马孙河盆地,占地超过 700 万 km²。

从地理区域上划分为南美北部诸国,包括圭亚那、苏里南、委内瑞拉和哥伦比亚,一个地区为法属圭亚那。安第斯山地中段诸国,包括厄瓜多尔、秘鲁、玻利维亚。南美南部诸国,包括智利、阿根廷、乌拉圭、巴拉圭,一个地区为福克兰群岛。南美东部国家巴西,面积约占大陆总面积的一半。

南美洲共有 14 个国家和地区。截至 2020 年 1 月,已同中国签订共建"一带一路"合作文件的南美洲国家共计 8 个。

拉美大地参考框架 SIRGAS(Sistema de Referencia Geocéntrico para las Américas)是涉及南美、中美和北美诸多国家的一项测绘科技合作计划,其主要目的是在美洲共同建立和维持一个洲际范畴的地心三维大地坐标框架。

1993 年,在巴拉圭举行的"南美大地参考系统国际会议"期间,提出创建拉丁美洲大地参考系统 SIRGAS。该会议由国际大地测量协会(IAG)、泛美地理和历史研究所(PAIGH)、美国国防测绘局(DMA)以及美国国家地理空间情报局(NGA)推动和支持。由于 2000 年的 GPS 测量扩展到了北美和中美洲,2001 年 1 月建议在所有美洲国家/地区采用 SIRGAS 作为官方参考系统。

它的定义与 ITRS 一致,且通过拉丁美洲国家在 ITRF 框架下进行区域加密来实现。除了几何参考系统外,SIRGAS 还包括垂直参考系统的定义和实现,以大地高作为垂直分量,以重力位作为物理分量。

目前 SIRGAS 连续运行参考站网(SIRGAS-CON)由分布在拉丁美洲的 400 多个永久运行的 GNSS 站点组成。SIRGAS-CON 的运营由 50 多个国家和组织共同进行,并提供跟踪数据,每周对数据进行处理。

5.1　智利(Chile)

智利共和国(智利)位于南美洲西南部,安第斯山脉西麓。东邻玻利维亚和阿根廷,北界秘鲁,西濒太平洋,南与南极洲隔海相望,是世界上地形最狭长的国家。

1881 年,智利成立了陆军地理服务局,1891 年开始测量并绘制 1:25000 地形图。智利历史上使用了多种椭球,军队使用的是 Bessel 1841 椭球($a = 6377397.155\text{m}, f = 1/299.1528128$)。智利北部地区的经典三角网采用 Clarke 1866 椭球($a = 6378206.4\text{m}, b = 6356583.8\text{m}$)。高斯—克吕格横轴墨卡托投影的中央子午线 $L_0 = 69°38'46.52''\text{W}$,原点比例因子 $m_0 = 1$,原点纬度 $B_0 = 20°37'15.05''\text{S}$,$\text{FE} = 0, \text{FN} = 1420472.60\text{m}$。

根据 1936 年 9 月国际大地测量和地球物理学联合会的一份军事地理研究所(IGM)的报告,三角网横跨南纬 18°S 至 26°S,奇怪的是,它采用通用墨卡托投影。26°S 以南采用的是高斯—克吕格横轴墨卡托投影。参考椭球为 International 1924($a = 6378388\text{m}, f = 1/297$)。IGM 将智利分为 3 个带,$L_1 = 69°\text{W}, \text{FE} = 1500\text{km}; L_2 = 72°\text{W}, \text{FE} = 2500\text{km}; L_3 = 75°\text{W}, \text{FE} = 3500\text{km}$。

目前,智利国家大地控制网(RGN)已纳入南美洲大陆统一的坐标参考系统基准,称为 SIRGAS-CHILE,SIRGAS 2000(历元 2002.0),269 个点在 SIRGAS 框架网中,现已更新至 ITRF 2008(历元 2016.0)。并建有 10 个 CORS 站,纳入

SIRGAS-CON 站点。

5.2 圭亚那(Guyana)

圭亚那合作共和国(圭亚那)位于南美洲北部。西北与委内瑞拉交界,南与巴西毗邻,东与苏里南接壤,东北濒大西洋。

1956 年南美临时基准(PSAD56)原点是委内瑞拉 Anzoátegui 省 La Canoa,$B = 8°34'17.170''N$,$L = 63°51'34.880''W$。

在 1967 年至 1968 年 31 个站组成圭亚那大地测量网,其中 5 个与之前作为 1963 年南美三角测量点相同。

通过 GNSS 测量升级了大地测量基础设施,设置了 6 个 CORS 站,整合到 SIR-GAS 中,确定 PSAD 1956 与 SIRGAS 之间的转换参数。NIMA 提供的有关从圭亚那 PSAD 56 到 WGS 84 基准转换的参数为:$\Delta X = -298m \pm 6m$,$\Delta Y = +159m \pm 14m$,$\Delta Z = -369m \pm 6m$。

圭亚那高程系统为正常高系统,高程起算依据是乔治敦高程基准。乔治敦高程基准位于平均海平面下 17.069m。90 个水准基点沿海布设,位于圭亚那水务管理局 3 个镇。

5.3 玻利维亚(Bolivia)

多民族玻利维亚国(玻利维亚)位于南美洲中部,内陆国。东北与巴西交界,东南毗邻巴拉圭,南邻阿根廷,西南邻智利,西接秘鲁。

1936 年,成立了国家地理研究所(IGM)。1948 年底,确立了 IGM 作为国家制图的法定地位。

玻利维亚的西南部通过经典的三角测量得到了很好的控制,并且该国的东南部采用了一些高精度的电子测距仪进行测量。玻利维亚的北部缺少三角测量控制,但是高程控制确实延伸到北部省份,1:5 万地形图完全覆盖了一半的南部和北部的一小半。

玻利维亚的大规模制图均采用 1956 年南美临时基准(PSAD 56),参考椭球为 Hayford 1909($a = 6378388m$,$f = 1/297$),玻利维亚首选网格坐标是 UTM 投影。

玻利维亚也存在兰勃特保角圆锥投影,它参考了 WGS 72 基准,其中北标准平行线 $B_N = 12°S$,南标准平行线 $B_s = 20°S$,原点纬度 $B_0 = 20°S$,中央子午线$L_0 =$

64°W,FE=500km。参考椭球为 WGS 72($a=6378135m,f=1/298.26$)。

从玻利维亚的 PSAD 56 到 WGS 72 基准面的七参数转换参数为:$\Delta X = +268.20m,\Delta Y = -129.21m,\Delta Z = +408.13m,m = -1.79024 \times 10^{-5},\varepsilon_X = -1.549'',\varepsilon_Y = -0.742'',\varepsilon_Z = -0.416''$。

最新的玻利维亚国家大地控制网 MARGEN,基准为 SIRGAS 95(历元 1995.4),有 125 个点在 SIRGAS 框架网中,有 9 个 SIRGAS-CON 站点。

玻利维亚高程系统为正常高系统,高程起算依据是智利的阿里卡高程基准。

5.4 乌拉圭(Uruguay)

乌拉圭东岸共和国(乌拉圭)位于南美洲的东南部,乌拉圭河与拉普拉塔河的东岸,北邻巴西,西界阿根廷,东南濒大西洋。

1913 年 5 月成立军事地理处(SGM)开始进行三角测量。选择 Clarke 1880 椭球($a=6378249.145m,f=1/293.465$),使用彭纳投影制图(与阿根廷相同)。

1946 年,SGM 决定将参考椭球改为 International 1930($a=6378388m,f=1/297$)。这与 20 世纪 40 年代末地理和历史研究所促使拉丁美洲所有国家最终采用 UTM 投影及 International 椭球进行军事制图有关。

1965 年使用新原点进行平差,形成新的国家大地基准 ROU-USAMS,$B=30°35'53.68''S,L=57°25'01.30''W$,采用高斯—克吕格横轴墨卡托投影,中心子午线 $L_0=55°48'$(62G)W。

1969 年南美基准(SAD 69)原点位于巴西,参考椭球为 International 1967($a=6378160m,f=1/298.25$)。

到 1990 年,乌拉圭大地测量网由 420 个一等点和大约 3000 个二、三、四等点组成。于 1993 年开始卫星定位测量,1995 年参与了拉美地心参考系统(SIRGAS)项目。乌拉圭国家大地控制网 SIRGAS-ROU 98,SIRGAS 95(历元 1995.4),17 个点在 SIRGAS 框架网中。连续运行参考站网 REGNA-ROU 由 23 个 SIRGAS-CON 站点组成。

从 ROU-USAMS 1965 基准到 ROU 1995(WGS 84)的四参数转换值为:$\Delta X = +154m \pm 5m,\Delta Y = +162m \pm 7m,\Delta Z = +46m \pm 5m,m = 2.1365ppm \pm 1.5ppm$。七参数转换值为:$\Delta X = +124m \pm 14m,\Delta Y = +184m \pm 11m,\Delta Z = +45m \pm 12m,m = -2.1365ppm \pm 1.5ppm,\varepsilon_X = -0.4384'' \pm 0.001'',\varepsilon_Y = +0.5446'' \pm 0.001'',\varepsilon_Z = -0.9706'' \pm 0.001''$。

5.5 委内瑞拉(Venezuela)

委内瑞拉玻利瓦尔共和国(委内瑞拉)位于南美洲北部。北濒加勒比海,西与哥伦比亚相邻,南与巴西交界,东与圭亚那接壤。

1911 年,成立于 1904 年的军事地图委员会发起了第一次大地测量,以支持加拉加斯和拉瓜拉之间的铁路建设项目。洛马·金塔纳 1911 基准(LQD 1911)原点 $B = 10°30'24.680''$N,$L = 66°56'02.512''$W,$H = 1077.54$m(基于瓜伊拉的平均海平面)。参考椭球为 Hayford 1909。投影为补偿正割圆锥投影(与兰勃特等角圆锥投影不同,在子午线距离上有 $+18.027$m 的常数误差),中央子午线 $L_0 = 67°30'$W,标准平行纬线 $B_N = 9°$N,$B_S = 4°$N。在石油勘探和开发使用的四大石油坐标系统均使用 LQD 1911 投影,这个投影一直困扰着专家。

与 LQD 1911 相关的其他坐标系统还有委内瑞拉高斯—克吕格横轴墨卡托投影,其中中央子午线 $L_0 = 63°10'48''$W,原点纬度 $B_0 = 9°45'02''$N,原点比例因子 $m_0 = 0.9996$(与 UTM 相同),FE $=$ FN $= 200$km。

兰勃特等角切圆锥投影,中央子午线 $L_0 = 71°36'20.224''$W,原点纬度 $B_0 = 10°38'34.6780''$N,原点比例因子 $m_0 = 1.0$,还有石油公司使用原点纬度 $B_0 = 10°10'00''$,FE 和 FN 均为 200km 或 500km。

1956 年,国家地图局与美国大地测量局(IAGS)合作建立了 PSAD56 基准,使用了 Hayford 1909(International 1924)椭球($a = 6378388$m,$f = 1/297$),新基准采用了 UTM 标准投影。

委内瑞拉 2000 年启用国家大地控制网 SIRGAS-REGVEN,分 A、B、C 三级,使用 GRS 80 椭球,$a = 6378137$m,$f = 1/298.26$,坐标系统采用 UTM 投影。全国有 156 个大地控制点纳入 SIRGAS 95(历元 1995.4)框架网中,现已更新至 ITRF2014(历元 2015.5)。委内瑞拉测绘行业广泛使用名为 REGVEN 的小程序可进行新旧坐标系统之间的转换。

委内瑞拉建有 32 个 CORS 站点,这些站点分别按采样间隔 1s、5s 和 30s 接收和保存 RINEX 数据,用户可在委内瑞拉测绘局(IGVSB)网站注册后使用,同时网站还提供国家控制点成果的免费下载、地形图和影像图购买服务等。

从 LQD 1911 基准到 PSAD 56 的转换参数:$\Delta X = -43.50$m,$\Delta Y = +96.14$m,$\Delta Z = -15.18$m,$m = +16.70 \times 10^{-6}$,$\varepsilon_X = -1.43''$,$\varepsilon_Y = -0.65''$,$\varepsilon_Z = -0.33''$。

从特立尼达和多巴哥的纳帕里马 1972 基准到 PSAD 56 的转换参数:$\Delta X = -27.69$m,$\Delta Y = +40.01$m,$\Delta Z = -17.56$m,$m = +7.85 \times 10^{-6}$,$\varepsilon_X = -11.33''$,

$\varepsilon_Y = +4.34''$，$\varepsilon_Z = +17.83''$。

从 PSAD 56（Canoa）到 REGVEN 的七参数转换值为：$\Delta X = -270.933\text{m}$，$\Delta Y = +115.599\text{m}$，$\Delta Z = -380.226\text{m}$，$m = -5.108 \times 10^{-6}$，$\varepsilon_X = -5.266''$，$\varepsilon_Y = -1.238''$，$\varepsilon_Z = +2.381''$。

委内瑞拉的高程基准为平均海平面系统（Nivel medio del mar），委内瑞拉国家高程系统 Modelo Geoidal Venezuelano 2010（VGM 10）。

5.6　苏里南（Suriname）

苏里南位于南美洲北部。东邻法属圭亚那，南界巴西，西连圭亚那，北濒大西洋。

1947 年，荷兰皇家航空对苏里南进行了 1∶4 万比例尺航空摄影测量。原点基准在帕拉马里博，$B = 5°49'25.40''\text{N}$，$L = 55°09'09.20''\text{W}$。参考椭球为 Bessel 1841，其中 $a = 6377397.155\text{m}$，$f = 1/299.152828$。投影使用苏里南极射赤平投影，其中原点纬度 $B_0 = 4°07'\text{N}$，中央子午线 $L_0 = 55°41'\text{W}$，原点的比例因子 $m_0 = 1.0$，FE $= 300\text{km}$，FN $= 775\text{km}$。

1962 年赞德赖基准，参考椭球为 International 1924，其中 $a = 6377388\text{m}$，$f = 1/297$。采用苏里南高斯—克吕格横轴墨卡托投影，中央子午线 $L_0 = 55°41'\text{W}$，FN $= 0$，FE $= 500\text{km}$。常见的比例因子 $m_0 = 0.99975$，在 1978 年左右的 1∶5 万地形图上也使用 $m_0 = 0.9999$。美国国家图像与测绘局于 2000 年 1 月 3 日的 TR 8350.2 发布了从赞德赖 1962 到 WGS 84 的三参数转换值：$\Delta X = -265\text{m} \pm 5\text{m}$，$\Delta Y = +120\text{m} \pm 5\text{m}$，$\Delta Z = -358\text{m} \pm 8\text{m}$。

5.7　厄瓜多尔（Ecuador）

厄瓜多尔共和国（厄瓜多尔）位于南美洲西北部，东北与哥伦比亚毗连，东南与秘鲁接壤，西临太平洋。赤道横贯国境北部。

1927 年 6 月 30 日，厄瓜多尔成立了国家地形图测量技术委员会，协调各种地理和平面直角坐标系用于官方工程应用。

1928 年厄瓜多尔基准的原点 Quito，其中：$B = 00° 12' 47.313''\text{S}$，$L = 78°30'10.331''\text{W}$，$H = 2.908\text{m}$。采用 International 椭球（也称为 Hayford 1909 和 Madrid 1924），$a = 6378388\text{m}$，$f = 1/297$。

美洲大地测量局协助军事地理服务研究所建立了经典的三角测量网，到

1951 年,厄瓜多尔成为南美洲第一个拥有完全现代化大地测量网的国家。

1956 年原点在 La Canoa 的南美洲临时基准建立,该基准是委内瑞拉、美洲大地测量与其他国家之间的合作建成的。沿安第斯山脉的三角网在 PSAD 56 上重新计算,其中 La Canoa(1951)的原点是: $B = 08°34'17.170''N$, $L = 63°51'34.880''W$, $H = 178.870m$。

厄瓜多尔的大多数制图工作都是由地理军事研究所(IGM)进行的,IGM 建立的初始网格基于高斯—克吕格横轴墨卡托投影。原始比例因子 $m_0 = 1.0$,中央子午线 $L_0 = 79°53'05.8232232''W$, $FE = 624km$, $FN = 10000051m$。

从 PSAD 56 到 WGS 84 的七参数(Molodensky 模型)为: $\Delta X = -263.91m$, $\Delta Y = -25.05m$, $\Delta Z = -285.81m$, $m = -3.61 \times 10^{-6}$, $\varepsilon_X = +3.54''$, $\varepsilon_Y = -3.42''$, $\varepsilon_Z = -36.88''$。

5.8 秘鲁(Peru)

秘鲁共和国(秘鲁)位于南美洲西部,北邻厄瓜多尔、哥伦比亚,东界巴西,南接智利,东南与玻利维亚毗连,西濒太平洋。

秘鲁国家制图局成立于 1859 年,从 1901 年到 1909 年,通过咨询法国陆军军官,从 Viviate 到 Piura 对三角测量锁网进行了测量,目的是在赤道地区完成高精度的子午线弧。

1916 年,第一个以彩色打印的秘鲁 1:20 万地图,基于 Clarke 1880 参考椭球的大地测量网($a = 6378249.145m$, $f = 1/293.465$)。

1921 年 5 月 10 日,通过平板仪和照准仪绘制了秘鲁国家地图,椭球改为 Hayford 1909($a = 6378388m$, $f = 1/297$)。以格林治本初子午线为基础,以 1:20万比例尺编制秘鲁国家地图,投影为多面体。

1957 年,秘鲁地质研究所使用航空摄影和立体摄影测量技术来继续制作国家地图。新的地图绘制规范基于 1956 年南美洲临时基准,标准图纸的比例尺为 1:10 万,在 UTM 网格上进行投影,标线为纬度 30′ 和经度 30′,高程基准定义为平均海平面。

除了用于与军事应用相关制图的标准 UTM 网格外,秘鲁还使用了四个横轴墨卡托网格系统。前三个在 PSAD 56 上。

秘鲁横轴墨卡托投影东区:

中央子午线 $L_0 = 70°30'W$,原点纬度 $B_0 =$ 赤道,假设北向原点纬度 $B_0 = 9°30'S$,原点比例因子 $m_0 = 0.99933$, $FE = 1324000m$, $FN = 1040084.558m$。

秘鲁横轴墨投影卡托投影中心区：

中央子午线 $L_0 = 76°00'W$，原点纬度 $B_0 = $ 赤道，假设北向原点纬度 $B_0 = 9°30'S$，原点比例因子 $m_0 = 0.99933$，FE $= 720000m$，FN $= 1039979.159m$。

秘鲁横轴墨卡托投影西区：

中央子午线 $L_0 = 80°30'W$，原点纬度 $B_0 = $ 赤道，假设北向原点纬度 $B_0 = 6°00'S$，原点比例因子 $m_0 = 0.99933$，FE $= 222000m$，FN $= 1426834.743m$。

秘鲁国际石油公司（IPC）横轴墨卡托（1950 年 10 月 27 日）投影区：

中央子午线 $L_0 = 74°38'03''W$，原点纬度 $B_0 = $ 赤道，假设北向原点纬度 $B_0 = 9°08'08''S$，原点的比例因子 $m_0 = 1$，FE $= 870000m$，FN $= 1080000m$。

从 NWL9D（WGS 72）到秘鲁的 PSAD 56 的七参数转换为：$\Delta X = +282.57m$，$\Delta Y = -185.85m$，$\Delta Z = +401.38m$，$m = -2.69414 \times 105$，$\varepsilon_X = -0.31989''$，$\varepsilon_Y = -0.39589''$，$\varepsilon_Z = +2.29014''$。

从 PSAD 56 到 WGS 84 的三参数转换为：$\Delta X = -279m \pm 6m$，$\Delta Y = +175m \pm 8m$，$\Delta Z = -379m \pm 12m$。

CHAPTER 6

|第 6 章|

北 美 洲

北美洲(North America),全称北亚美利加洲,位于西半球北部,北美洲东濒大西洋,西临太平洋,北临北冰洋,南以巴拿马运河为界与南美洲相分,东北面隔丹麦海峡与欧洲相望,地理位置优越。北美洲总面积 2422.8 万 km²(包括附近岛屿),约占世界陆地总面积的 16.2%,是世界第三大洲。

北美洲是世界经济第二发达的大洲,其中美国经济位居世界首位,在全球经济和政治上有重要影响力。北美洲大部分面积属于发达国家,有着极高的人类发展指数和经济发展水平。通用英语,其次是西班牙语、法语、荷兰语、印第安语等。北美洲大陆东至圣查尔斯角(西经 55°40′,北纬 52°13′),南至马里亚托角(西经 81°05′,北纬 7°12′),西至威尔士王子角(西经 168°05′,北纬 65°37′),北至布西亚半岛的穆奇森角(西经 94°26′,北纬 71°59′)。

北美洲分为东部、中部、西部、阿拉斯加、加拿大北极群岛、格陵兰岛、墨西哥、中美洲和西印度群岛九个地区。以白令海峡与亚洲为界,以巴拿马运河与南美洲为界。

北美洲现有 23 个独立国家和 17 个地区。截至 2020 年 1 月,已同中国签订共建"一带一路"合作文件的北美洲国家共计 11 个。

美国早期测量中,大地控制网分别基于天文方法测定的 1 个或多个点的天文经纬度和方位角建立,孤立的三角网逐步扩大直至相互接边或重叠。1900 年,随着横贯大陆弧的完成,新英格兰大地坐标系代替先前的独立系统,实现了美国本土大地坐标系的统一;之后测量控制网不断扩展,新英格兰大地坐标系又发展、更名为美国标准坐标系、北美大地坐标系;1927 年北美大地控制网重新平差,建立了 1927 年北美大地坐标系,即 NAD 27。NAD 27 是基于 Clarke 1866 椭球,通过大量控制点测量建立的,在控制网重新平差中,北美大地坐标系的原点(MEADES RANCN)坐标保持不变,而定向由分布于控制网中的多个拉普拉斯方位角确定。NAD 27 的定向参考是南极,以格林尼治子午线为经度原点。美国测量英尺作为距离单位。这样大覆盖面的北美大地网采用平展法,使大地网产生较大变形,另外使用了陈旧的观测资料,新观测资料往往强制附合于旧网上,因此 NAD 27 大地网的点位精度并不高。

北美大地基准 NAD 83 是在 1986 年建立的,网平差包括地面、多普勒和甚长基线干涉测量数据,各种数据都有相应的大地坐标系。采用 GRS 80 椭球,且参考椭球与地球质心重合,$a = 6378137\text{m}, f = 1/298.257222101$,定向参考是北极,以格林尼治子午线为经度原点。m 作为距离单位,共有 266436 个点参加平差,分别位于美国、加拿大、墨西哥和中美洲;格陵兰、夏威夷岛和加勒比海群岛的点也通过多普勒测量和甚长基线干涉实施了联测;其中,美国的大地点占总数的 95%。NAD 参考框架与 WGS 84 参考框架中的地面直角坐标系坐标轴方向一致。

伴随 1983 年北美大地控制网的多次平差,1983 年建立了多个北美大地坐标系。

1983 年北美大地坐标系(HARNs):美国国家测绘局与地方政府合作开展了 GPS 测量,形成了"高精度 GPS 网(HPGNs)",之后更名为"高精度参考网(HARNs)";以州为基础利用新的测量数据计算了坐标,产生了 A、B 级 GPS 控制点;高精度参考网作为各州平差传统和 GPS 测量结果的基础,精度优于 1983 年北美大地坐标系(1986)中的一、二、三等点。大地控制点的 1983 年北美大地坐标系(HARN)坐标和 1983 年北美大地坐标系(1986)坐标相差可达 1m。

1983 年北美大地坐标系 CORS 网:1994 年开始,美国国家测绘局组织建设连续运行参考站网(CORS),产生了 1983 年北美大地坐标系。CORS 站位于固定点上,进行 GPS 载波相位和 C/A 码或 P 码伪距观测;美国国家大地测量局采集、处理和分发 CORS 站的观测数据。目前已建有超过 4000 个参考站。

另外还有 1983 年北美大地坐标系(NSRS 2007),美国在太平洋地区建立了

1983 年北美大地坐标系(PACP 00)和 1983 年北美大地坐标系(MARP 00)等。

北美参考框架(NAREF)的主要工作实际是由最初定义的北美参考框架、稳定的北美参考框架以及参考框架转换等三部分组成,其中参考框架转换主要用于维护美国、加拿大和国际上官方采用的参考框架的坐标转换,即 ITRF 和 NAD83 之间的转换关系。北美参考框架将在北美地区对 ITRF 和 IGS 全球网进行加密。其目标是定义一个毫米级的板块固定的北美参考框架,提供一个标准的参考框架,用于在该区域支持开展有关的地球动力学研究。

北美的高程基准为北美 1988 高程基准(NAVD 88),是横跨北美不同高程测量的高程平差结果。这个高程基准取代了国家 1929 大地高程基准。北美 1988 高程基准是由在加拿大魁北克里姆斯基的单个首级高程基准点的正高所约束,并且执行美国—加拿大—墨西哥水准观测的最低限度海损调整。北美 1988 高程基准所公布的正高其实就是代表沿着铅垂线的方向大地水准面到地表的几何距离。正高改正用于保持垂直坐标的重力势和所测得高差的一致性。北美 1988 高程基准是最兼容的高程参考系,可以用来联系 GPS 椭球高和正高。北美 1988 高程基准和已作废的国家 1929 大地高程基准之间正高的差别是明显的,在某些地方超过了 1.5m。因此,这两个高程系不要混淆,这是非常重要的,且并无直接的转换方法。

为解决 NAVD 88 更新代价昂贵、系统误差过大的不足,美国实施了国家高程现代化计划,目标是通过 GNSS 联合传统测量技术、遥感技术和重力数据,取代水准测量,获得更加准确的高程。首次用一种新方法定义垂直基准,包括建立一个高精度的重力大地水准面模型。参照此基准的高程信息将具有准确性、可靠性和一致性。

6.1 哥斯达黎加(Costa Rica)

哥斯达黎加共和国(哥斯达黎加)位于北美洲南部,东临加勒比海,西濒太平洋,北接尼加拉瓜,东南与巴拿马毗连。

1935 年 Ocotepeque 基准在北卡罗来纳州北部建立,基准原点为:$B = 14°26'13.73''N(\pm 0.07'')$,$L = 89°11'39.67''W(\pm 0.045'')$,$H = 806.99m$,参考椭球为 Clarke 1866($a = 6378206.4m$,$f = 1/294.9786982$)。

1944 年成立了哥斯达黎加地理地理研究所。1946 年,连同在危地马拉,洪都拉斯和尼加拉瓜一起观测的四边形锁网,都被整合到了新的 IAGS 观测中。由于与墨西哥的经典三角测量有关,1927 年北美基准(NAD 27)最终引入了哥斯达黎加。1935 年 Ocotepeque 基准引用了相同的椭球。

1935 年 Ocotepeque 基准的哥斯达黎加兰勃特等角投影坐标(1946 年至今)覆盖了两个割线区,即诺特和苏堤(北区和南区)。两个区域都使用相同的中央子午线 $L_0 = 84°20'00''W$,FE $= 500km$,原点比例因子 $m_0 = 0.99995696$。北部地区的原点纬度 $B_N = 10°28'N$,FE $= 271820.522m$。南部地区的原点纬度 $B_S = 9°00'N$,FE $= 327987.436m$。

从 1935 年 Ocotepeque 基准到 WGS 72 基准的三参数为:$\Delta X = -193.798m$,$\Delta Y = -37.807m$,$\Delta Z = +84.843m$。转换精度在 $\pm 3m$。

从 1935 年 Ocotepeque 基准到 NAD 1927 三参数为:$\Delta X = +205.435m$,$\Delta Y = -29.099m$,$\Delta Z = -292.202m$。从 NAD 27 到 WGS 72 的拟合精度在 $\pm 6m$。

哥斯达黎加国立民政总局提供的从 1935 年 Ocotepeque 基准到 WGS 84 基准七参数为:$\Delta X = -66.66m \pm 0.27m$,$\Delta Y = -0.13m \pm 0.27m$,$\Delta Z = +216.80m \pm 0.27m$,$m = -5.7649ppm \pm 0.25657ppm$,$\varepsilon_X = +1.5657'' \pm 1.0782''$,$\varepsilon_Y = +0.5242'' \pm 0.5318''$,$\varepsilon_Z = +6.9718'' \pm 0.8313''$。

6.2 巴拿马(Panama)

巴拿马共和国(巴拿马)位于中美洲地峡。东连哥伦比亚,南濒太平洋,西接哥斯达黎加,北临加勒比海。国土呈 S 形连接北美洲和南美洲,巴拿马运河从北至南沟通大西洋和太平洋,有"世界桥梁"之誉。

巴拿马已知最早的基准是 1911 年的巴拿马—科隆基准,由美国陆军建立,原点位于巴尔博亚山:$B = 9°04'57.637''N$,$L = 79°43'50.313''W$。参考椭球为 Clarke 1866,其中:$a = 6378206.4m$,$b = 6356583.8m$。投影为美国圆锥模型,投影原点 $B_0 = 08°15'N$,中央子午线 $L_0 = 81°W$,原点比例因子 $m_0 = 1.0$,FE $= 914.4km$,FN $= 999.4km$。

大地测量局(IAGS)把北美 NAD 27 用于巴拿马。原点位于美国堪萨斯州米德牧场:$B = 39°13'26.686''N$,$L = 98°32'30.506''W$。参考椭球为 Clarke 1866,采用兰勃特圆锥投影,对于巴拿马来说主要为东西走向,因此只建立了一个投影带。投影原点 $B_0 = 08°25'N$,中央子午线 $L_0 = 80°W$,原点比例因子 $m_0 = 0.99989909$,FE $= 500000m$,FN $= 294865.303m$。

1946 年美国陆军制图局开始在巴拿马进行航空摄影测量,绘制了运河区 1:2 万比例尺的地形图。

目前使用的大地控制网为巴拿马国家地理研究所(IGNTG)2011 年 10 月测

量成果,参考框架为 SIR11P 01 = ITRF 2008,参考椭球为 WGS 84,大地水准面模型采用 EGM 08,UTM 投影,具体参数见表6-1。

巴拿马国家大地坐标系参数　　　　　　　　表 6-1

基准	SIR11P 01 = ITRF 2008
参考历元	2011.6
椭球	WGS 84
长半轴	6378137m
扁率	1/298.257223563
投影方式	UTM
比例因子	0.9996
投影中心纬度	0°
中央子午线	81°W、75°W
带号	17N、18N
FN	0
FE	500000m

巴拿马 CORS 网始建于 2008 年,建立 3 个站点,2009 年建立第 4 个站,2012 年至 2014 年之间,建立了 15 个站,由分布在全国的 19 个站组成了国家 CORS 网,构成了大地参考框架。同时纳入了拉美地心参考系统(SIRGAS)的 CORS 网络。1995 年(SIRGAS 95)建有 58 个站点,2000 年(SIRGAS 2000)建立了 184 个站点。

高程系统采用巴拿马高程系统,以科隆克里斯托瓦尔验潮站的验潮资料算得的平均海面为零的高程系统。国家高程网分一、二等,最初由 IAGS 于 20 世纪五六十年代建立,IGNTG 于 20 世纪七八十年代又进行了布设和测量平差。

6.3 萨尔瓦多(El Salvador)

萨尔瓦多位于中美洲北部,东北部和西北部分别与洪都拉斯和危地马拉接壤,西南濒太平洋,东南邻丰塞卡湾。

1958 年,由美国大地测量局完成了全国大地三角测量工作。

萨尔瓦多平面基准由美国在 1935 年建立,其原点位于洪都拉斯的奥科特佩克,$B = 14°26'20.168''N$,$L = 89°11'33.964''W$,$H = 806.99m$。参考椭球为 Clarke 1866,其中 $a = 6378206.4m$,$f = 1/294.9786982$。投影为兰勃特等角圆锥投影,

中央子午线 $L_0 = 89°00'00''W$，原点纬度 $B_0 = 13°47'00''N$，原点比例因子 $m_0 = 0.999967040$，FE $= 500000m$，FN $= 295809.184m$。

1987 年公布的中美洲基准从 NAD 27 到 WGS 84 转换参数为：$\Delta X = 0m \pm 8m$，$\Delta Y = +125m \pm 3m$，$\Delta Z = +194m \pm 5m$。

在飓风米奇袭击中美洲(1998 年)之后，美国国家大地测量局在该地区建立了一些全球定位系统连续运行参考站(SIRGAS)，在萨尔瓦多也观察了一些站点，建立并发布了高精度 NAD 1983 年数据。

萨尔瓦多通过在本国加密建立了覆盖全国的国家基础大地测量网 SIRGAS-ES 2007(历元 2007.8)，由 34 个站组成。

6.4　多米尼加(Dominican)

多米尼加共和国(多米尼加)位于加勒比海大安的列斯群岛中的伊斯帕尼奥拉岛东部，东隔莫纳海峡与波多黎各相望，西接海地，南临加勒比海，北濒大西洋。

多米尼加的西印度群岛"BWI 网格"基于高斯—克吕格横轴墨卡托投影，其中中央子午线 $L_0 = 62°W$，原点纬度 $B_0 =$ 赤道，原点比例因子 $m_0 = 0.9995$，FE $= 400km$。多米尼加地形图的第一版于 1961 年完成，从 1956 年开始使用航空摄影测量方法制作 1:25000 地形图。

1940 年，圣多明各大学地理研究所成立，1946 年与美洲大地测量局(IAGS)签署了一项联合协议。尽管最初在 Samaná Fort 站，但 IAGS 通过一条经典的三角测量锁网将 1927 年北美基准带入了 Hispaniola，该三角测量锁网最终跨越了整个西印度群岛。Samaná Fort 基准与 1927 年北美基准相同，参考椭球是 Clarke 1866($a = 6378206.4m$，$f = 1/294.9786982$)。

多米尼加的兰勃特等角圆锥投影由以下参数定义：

中央子午线 $L_0 = 71°30'W$，原点纬度 $B_0 = 18°49'N$，原点比例因子 $m_0 = 0.999911020$，FN $= 277063.657m$，FE $= 500km$。

加勒比海地区从 NAD 27 到 WGS 84 基准平移三参数为：$\Delta X = -3m \pm 3m$，$\Delta Y = +142m \pm 9m$，$\Delta Z = +183m \pm 12m$。

1996 年，美国国家大地测量局对多米尼加进行了 GPS 测量。NGS 对外公布的控制点是圣多明各海军学院的现有测量标石，其中：$B = 18°28'02.92622''N$，$L = 69°52'32.11417''W$，$h = -16.537m$，这些坐标基于 1983 年北美基准。

6.5 特立尼达和多巴哥(Trinidad and Tobago)

特立尼达和多巴哥共和国(特立尼达和多巴哥)位于中美洲加勒比海小安的列斯群岛的东南端,西与委内瑞拉隔海相望。全国是由两个主要的大岛特立尼达岛与多巴哥岛,再加上 21 个较小岛屿组成。

特立尼达岛的第一次三角测量早在 1900 年就开始了,1923 年对多巴哥岛进行三角测量。1925 年,确定对特立尼达和多巴哥地图采用卡西尼投影,Clarke 1858 椭球($a = 6378293.6\text{m}, f = 1/294.26$)。

特立尼达和多巴哥的基本三角网于 1963 年至 1965 年进行重新观测和平差,称为纳帕里马 1972 基准。原点在圣费尔南多的纳帕里马山,$B = 10°16'44.8600''\text{N}, L = 61°27'34.6200''\text{W}$,参考椭球为 International 椭球,采用了 UTM 投影。

1996 年,美国国家大地测量局(NGS)对加勒比海地区许多国家进行了 GPS 观测。在特立尼达岛上有两个点,计算了从纳帕里马 1972 到 WGS 84 的三参数:$\Delta X = +0.332\text{m} \pm 1\text{m}, \Delta Y = +369.359\text{m} \pm 1\text{m}, \Delta Z = +172.897\text{m} \pm 1\text{m}$。

2005 年建立了特立尼达和多巴哥现代化大地测量基础设施——CORS 系统,系统由 5 个站组成。

6.6 安提瓜和巴布达(Antigua and Barbuda)

安提瓜和巴布达位于东加勒比海地区,由安提瓜、巴布达和雷东达 3 个岛组成。

美国海军建立的安提瓜岛 1943 年 Astro 基准,基准原点位于安提瓜岛土地的最北端,坐标为 $B = 17°10'35.633''\text{N}, L = 61°47'45.268''\text{W}$。参考椭球为 Clarke 1880($a = 6378249.145\text{m}, f = 1/293.465$)。

英属西印度群岛针对安提瓜和巴布达的"BWI 网格"基于横轴墨卡托投影,中央子午线经度 $L_0 = 62°\text{W}$,原点纬度为赤道,比例因子 $m_0 = 0.9995$,FE $= 400\text{km}$。

从安提瓜岛 1943 年 Astro 基准(Clarke 1880)到 WGS 84 基准的转换参数为:$\Delta a = -112.145\text{m}, \Delta f = -0.54750714 \times 10^{-4}, \Delta X = -270\text{m} \pm 25\text{m}, \Delta Y = +13\text{m} \pm 25\text{m}, \Delta Z = +62\text{m} \pm 25\text{m}$。

安提瓜和巴布达在内的加勒比海地区的 NAD 27(Clarke 1866)到 WGS 84 基准的转换参数为:$\Delta a = -69.4\text{m}, \Delta f = -0.37264639 \times 10^{-4}, \Delta X = -3\text{m} \pm 3\text{m},$

$\Delta Y = +142\text{m} \pm 9\text{m}, \Delta Z = +183\text{m} \pm 12\text{m}$。

NGS 于 1996 年对安提瓜和巴布达进行了高精度 GPS 大地测量,用于确定机场跑道和附属设备的位置。在安提瓜岛上测量了四个点,在巴布达上测量了三个点,由圣约翰州首府测量处的 NGS 提供本地基准位置坐标。

6.7 多米尼克(Dominica)

多米尼克国(多米尼克)位于东加勒比海向风群岛东北部。东临大西洋,西濒加勒比海,南与马提尼克岛隔马提尼克海峡、北同瓜德罗普隔多米尼克海峡相望。

多米尼克岛的基准原点位于 Michel,坐标为 $B = 15°15'25.74''\text{N}, L = 61°23'10.85''\text{W}$。参考椭球为 Clarke 1880($a = 6378249.145\text{m}, f = 1/293.465$)。坐标基准为英属西印度群岛多米尼克"BWI 基准",投影为高斯—克吕格横轴墨卡托投影,中央子午线 $L_0 = 62°\text{W}$,原点纬度 $B_0 =$ 赤道,原点比例因子 $m_0 = 0.9995$,FE = 400km,FN = 0。

6.8 格林纳达(Grenada)

格林纳达位于东加勒比海向风群岛最南端,南距委内瑞拉海岸约 160km,由主岛格林纳达及若干小岛组成。

英国测绘局(DCS)于 1951 年进行了格林纳达首次航空摄影,1953 年对该岛进行了首次大地测量,其起点是圣玛丽亚天文台 GS8 站,$B = 12°02'36.56''\text{N}$,$L = 61°45'12.495''\text{W}$。圣玛丽亚的高度 $H = 48.841\text{m}$,由圣乔治港的殖民地水准基点的水准高程确定,该点水准高程比平均海平面高 0.966m。参考椭球为 Clarke 1880($a = 6378249.145\text{m}, f = 1/293.465$),采用横轴墨卡托投影,中央子午线 $L_0 = 62°\text{W}$,原点纬度在赤道上,原点的比例因子 $m_0 = 0.9995$,FE = 400km,FN = 0。

1996 年,NGS 在 GS 15 测站进行了 GPS 测量。从 1953 年格林纳达基准到 WGS 84 基准的单点基准转换参数为:$\Delta X = +72\text{m}, \Delta Y = +213\text{m}, \Delta Z = +93\text{m}$。

6.9 巴巴多斯(Barbados)

巴巴多斯共和国(巴巴多斯)位于东加勒比海小安的列斯群岛最东端,为珊瑚石灰岩海岛。四周为海洋环绕,西与圣卢西亚、圣文森特和格林纳丁斯、格林纳达隔水相望。

巴巴多斯基准名称为 1938 年 Challenger 基准,圣安那塔的原点坐标为:$B = 13°04'32.53''N$,$L = 59°36'29.34''W$,位于南部海岸和 St. Lawrence 镇以西。

原始地形图最早是由海外测量局(DOS)进行的,巴巴多斯是 DOS 最早进行测量和制图的国家之一,第一批 1:1 万比例尺地图(20 英尺等高线)于 1954 年至 1956 年出版。1986 年重新编译,DOS 地图基于 1938 年 Challenger 基准,参考椭球为 Clarke 1880(RGS),其中:$a = 6378249.145\text{m}$,$f = 1/293.465$。

巴巴多斯最初使用的 DOS 网格系统是英属印度西部的 BWI 横轴墨卡托投影,其中中央子午线 $L_0 = 62°\text{W}$,原点纬度为赤道,原点比例因子 $m_0 = 0.9995$,$\text{FE} = 400\text{km}$,$\text{FN} = 0$。

巴巴多斯国家坐标系(BNG)也是基于横轴墨卡托投影,以 1938 年 Challenger 基准为参考,其中中央子午线 $L_0 = 59°33'35''\text{W}$,原点纬度 $B_0 = 13°10'35''\text{N}$,原始纬度的比例因子 $m_0 = 0.9999986$,$\text{FE} = 30\text{km}$,$\text{FN} = 75\text{km}$。

从 1938 年 Challenger 基准到 WGS 84 基准分布均匀的 4 个点的基准转换三参数为:$\Delta X = +60\text{m}$,$\Delta Y = +264\text{m}$,$\Delta Z = +43\text{m}$,4 个点的精度约为 $\pm 4\text{m}$。

另一组完全相同的转换参数,从 1938 年 Challenger 基准到 WGS 84 基准,这是由 EPSG 参数集发布的,其中:$\Delta X = +32\text{m}$,$\Delta Y = +301\text{m}$,而 $\Delta Z = +419\text{m}$,精度据称约为 $\pm 2.5\text{m}$。

1968 年,西印度群岛巴巴多斯岛上的传统大地测量基础设施得到了全面重建,当时通过测量角度和距离提供高等级水平控制。2007 年使用 13 台 GPS 仪器在已选定的测站上测量 377 条基线,保留了控制网的完整性。

6.10　古巴(Cuba)

古巴共和国(古巴)位于加勒比海西北部墨西哥湾入口。由古巴岛、青年岛等 1600 多个岛屿组成,是西印度群岛中最大的岛国。

古巴的第一幅已知地图是由 Juan de la Cosa 于 1500 年制作的。在 17 世纪,Gerhardus Mercator 编写了一张改良的古巴地图。19 世纪中期,西班牙军队绘制了该岛的地形图,称为维瓦斯地图。

IAGS 于 1947 年在古巴成立了办事处。国家制图研究所(ICN)被指定为与美洲大地测量局合作进行制图计划的国家机构。在最初的八到十年的合作中,包括建立覆盖整个国家的大地测量网,以及在选定的位置安装 10 个潮汐仪。1956 年开始进行航空摄影,并与美洲大地测量局合作在 1960 年完成了 100% 覆盖古巴比例尺为 1 : 5 万的地形图。

1912 年,华盛顿水文局对整个古巴海岸轮廓线上的 23 个测站进行了大地测量。20 年后,在助航计划的框架内,美国海军水文局开展了海洋学工作以及古巴海岸和礁石的三等和四等三角测量以获取大量的大地坐标。1950 年在美国佛罗里达礁岛群和古巴之间进行了测量,使 IAGS 可以将 1927 年北美基准(NAD 27)扩展到古巴。NAD 27 的原点是在堪萨斯州的 Meades Ranch 站,$B = 39°13'26.686''N$,$L = 98°32'30.506''W$,参考椭球为 Clarke 1866($a = 6378206.4m$,$b = 6356583.8m$)。

在 1951 年和 1953 年之间应用高精度测距三角形边长测量法重新执行航空摄影测量任务。选定的站点联测到基本三角测量网。通过参数方法并进行平差,所有站点平移到 NAD 27 基准下,相对精度为 1/113000。到 1958 年,基本网由 87 个站点组成,另外其他类型的网点有 181 个。

1970 年至 1973 年进行了天文大地网的现代化。新的网络覆盖了整个古巴,并拥有 237 个一等三角测量点,15 个线性基点和 28 个拉普拉斯测站。加密测量任务完成后,分别建立了 490 个二等三角测量点和 1903 个三等三角形测量点。

在 1981 年至 1985 年之间,四等基本平面网在农村地区得到发展,通过三角测量和导线测量方法建立了 3500 个三角点。从 1985 年到 1990 年,城市地区进行了四等和一级的加密,加密点共计 28806 个。

1989 年,建立了哈瓦那城市平面网,以支持首都地铁(由 26 个控制点组成)的大地测量工作,这是该国采用传统方法建立的最精确的大地测量网。

在 1989 年 12 月至 1990 年 3 月之间,进行了一次全国性的多普勒测量。与苏联大地测量局紧密合作实现了以下目标:通过控制网联合平差结果提高了天文大地测量初始数据的精度。确定了古巴大地测量系统(Clarke 1866 椭球)和 1972 年世界大地测量系统(WGS 72)之间的转换参数。古巴盆地地区大地测量点或大地测量网的大地测量,为地形图的不同工作提供支持。多普勒网络由 14 个测站组成,其中 6 个位于关键地区。

1998 年,古巴与国际民用航空组织(ICAO)达成协议,在航空制图中同意采用 WGS 84 椭球,由古巴大地测量局的专家开展全国 GPS 测量,该 GPS 网由 20 个站点组成,其中大多数与一等三角测量网点相同。测站平差后坐标的相对误差为 0.01 ~ 0.02m。同时还计算了 WGS 84 基准与国家大地测量系统之间的转换参数。新的大地测量站位置改进了国家大地测量网主要参数的质量。

1998 年进行了 GPS 测量,2001 年在哈瓦那附近进行了一些 GPS 加密。从 NAD 27 到 WGS 84 的坐标框架七参数转换值为:$\Delta X = +2.478m$,$\Delta Y = +149.752m$,$\Delta Z =$

+197. 726m, $\varepsilon_X = -0.526356''$, $\varepsilon_Y = -0.497970''$, $\varepsilon_Z = +0.500831''$, $m = +0.6852386$ppm。

6.11 牙买加(Jamaica)

牙买加位于加勒比海西北部,是一个岛国,东隔牙买加海峡与海地相望,北距古巴约 145km,为加勒比海第三大岛。

牙买加国家大地测量基准经历了三次变化,即 1938 年的三角网、JAD 69 和 JAD 2001,全国覆盖有 1∶25 万、1∶5 万和 1∶12500 比例尺的地形图。

1938 年成立土地和测量部,开始布设完成三角测量,一等点 38 个(1944 年建立 6 个,共 44 个),二等点 20 个。原点位于罗亚尔港 $B = 17°55'55.8''$N, $L = 76°50'37.26''$W。参考椭球为 Clarke 1880($a = 6378249.136$m, $f = 1/293.46631$),兰勃特圆锥正形投影,$m_0 = 1.0$,使用英尺作为测量单位。直到 1980 年,均使用牙买加英尺基准,中央子午线 $L_0 = 77°$W,原点 $B_0 = 18°$N,FE = 550000 英尺,FN = 400000 英尺(注:1 英尺≈0.3m)。

1969 年,增加电子测距及天文测量,对牙买加的主要三角网进行重新平差,建立了 JAD 69 基准,参考椭球调整为 Clarke 1866($a = 6378206.4$m, $f = 1/294.9786982$),而不再使用 Clarke 1880,原因是美国大地测量局已将 NAD 1927 基准面扩展到了加勒比海地区。使用了公制计量单位,重新定义了牙买加米基准,FE = 250km,FN = 150km。

美国国家图像与测绘局(NIMA)给出了加勒比海北部从 NAD 27 到 WGS 84 的转换参数平均值:$\Delta a = -69.4$m, $\Delta f = -0.37264639 \times 10^{-4}$, $\Delta X = -3$m ± 3m, $\Delta Y = +142$m ± 9m, $\Delta Z = +183$m ± 12m。

目前使用 JAD 2001 基准,是与 WGS 84 定义一致的全球地心三维大地基准,WGS 84 椭球参数为 $a = 6378137$m, $f = 1/298.257223563$,坐标系原点 $B_0 = 18°$N,中央子午线 $L_0 = 77°$W。

地图投影为兰勃特投影(单标准纬线,$B_0 = 18°$N),假原点坐标:N = 650000m,E = 750000m。

海图投影采用 UTM 投影,假原点坐标:N = 1991327.9727m,E = 288239.7295m。

全国建有 13 个 GNSS 站组成牙买加国家 VRS 网,其精度在静态时小于 3cm,在动态时小于 5cm。但由于 VRS 运营的商业模式尚未实施,存在 VRS 用户少,维护成本高,没有精确的大地水准面模型,需要进行传统的高程测量等问题。

Part 2

"一带一路"国际工程测量项目实施对策

本篇的实施对策紧扣国际工程测量实际,针对国际工程测量项目特点,详细介绍测量前的资料、人员、设备、费用预算等各项准备工作,控制测量基准设计、测量精度设计、坐标转换、无控制点起算的测量方法、测量监理、测量项目典型案例等全过程实施对策,给出投影变形、坐标转换等算例 14 个,整理了中国测量技术标准为主、外方测量技术标准为主、中外结合及国际项目招标文件中测量技术要求 4 个真实的测量项目典型案例作为借鉴参考。

　　对于参与国外项目较少的企业和工程师,国内企业固有的思维定式切记不能搬到国外去,参加项目的人员也一定要根据项目特点去思考问题、解决问题。从项目管理、成本控制到制定技术标准、测量实施,都要结合当地国情、项目特点,甘为"走出去"的"小学生",全方位做好周全的预案,脚踏实地、因地制宜地去开展工作,千万不要凭国内经验"以我为尊、异想天开",否则就会闹"国际笑话",就会走弯路,甚至失败。

CHAPTER 7

第 7 章

国际工程测量前准备工作

常言说:"万事开头难",对于一个处在异国他乡的项目,一定要重视前期的策划,没有完备的策划和准备工作,后续就需要加倍的投入才能弥补。

测量前准备工作是项目商务合同确定或任务下达后,进场作业前进行的各项准备工作,必要时应进行现场考察和踏勘。通过考察和踏勘了解项目所在国的国情,包括社会环境、风俗、治安、法律、物价等各方面的内容,预防项目发生财务和法律风险。主要有两方面的工作:一要做好商务考察。对外部条件进行沟通协调,了解清楚设备报关、企业和人员资质相关手续,提前准备材料和办理相关手续,联系项目所在国家政府配合部门、大使馆、经济商务参赞处(经参处)以及各相关合作方,对需要收集的资料、委托相关方进行的工作提前联系并洽谈合同。二要做好后勤保障考察。"兵马未动,粮草先行",项目开工前,对资金、设备、雇工以及衣食住行都要安排妥当,达到人员一下飞机就可立即投入项目生产的程度。磨刀不误砍柴工,前期做足工作,定会事半功倍。

测量前准备工作主要有工程项目及测绘资料收集,人员、仪器设备的准备,项目成本费用的预算,测绘技术设计书的编制,项目管理及安全措施的制订等。

7.1 资料收集及考察

7.1.1 资料收集

资料收集是测量前准备工作中首先需要进行的一个环节,出国之前可通过网络、文献资料、工程相关方进行资料的收集,有条件时可组织进行现场踏勘考察和资料收集工作。通过一些国际组织或目的国相关网站(参阅附录1)可了解其 IGS 或大地基准(参阅附录2)、椭球参数、地形图、影像图情况。通过图书馆可查阅相关文献资料,如美国德克萨斯州立大学图书馆藏有世界上较多国家的小比例尺地形图,可下载使用。也可通过下载或收集卫星影像制作正射影像图,用于对测区的了解或用于预可研方案设计。

在出国考察前,应提前拟定中英文资料收集详细清单,以便考察交流时使用。主要收集的资料有:

(1)项目所在国家政治、经济、气候、地形、交通、治安等概况,有关于工程测绘的法律法规和技术标准。可在外交部、商务部驻外大使馆或经参处官网收集项目所在国家《对外投资合作国别(地区)指南》。

(2)项目所在国家工程测量采用的坐标系统和高程系统情况。包括坐标系统名称、投影方式和投影带、椭球及参数(包括椭球名称、长半径 a、扁率 f、尺度比 m_0)、高程基准面;测区平面和高程控制点情况收集手续及所需要的材料,控制点成果精度等级、坐标和高程成果、点之记、测量年代和单价等以及测绘主管部门、收集资料的部门及途径、手续、价格。

(3)既有铁路、公路、电力、管道、水利、矿山等工程的勘测方法和测量过程情况,竣工或运营测量资料情况。

(4)项目所在国家1:2000、1:1万、1:5万等各类比例尺地形图或航片,其范围、比例尺、年代和单价,收集资料的部门及途径、手续、价格。

(5)项目所在国家测量公司、航飞及航测公司情况,有否进行航飞的能力,是否可提供或租用飞机,有无数码航摄或机载雷达设备,费用如何,办理航飞的手续和时间,如果使用国内航摄设备需要办理什么手续,时间如何,需要什么材料等。

(6)所承担工程既有的地形图、控制测量资料,测区总平面图、工程设计布置图或线路平、纵断面图,工程概况,如铁路基本概况、设计行车速度及轨道类型等铁路设计标准,合同书或任务书、相关技术要求等。

7.1.2 现场考察

根据需要可安排进行现场踏勘考察,考察前按规定办理签证,做好考察行程计划安排,主要为工程接洽、商务谈判、资料收集、编写技术设计、生产组织设计、成本预算等工作提供依据,考察完成后应撰写考察报告。

现场考察主要考察以下情况并收集相关资料:

(1)与我国驻项目所在国的大使馆或经参处取得联系,属政府间工程或列入其工作关注范围内工程时,应定期向大使馆或经参处进行工作进展情况汇报。

(2)与相关方进行商务谈判,签署相关文件或商定工作计划。

(3)与相关方进行交流有关技术要求,进行相关资料收集。

(4)对工程所在地进行现场踏勘考察,主要了解如下情况:

①交通、通信情况:公路、铁路、乡村便道的分布及通行情况,电话、网络覆盖情况。

②水系分布情况:江河、湖泊、池塘、水渠的分布,桥梁、码头及水路交通情况。

③植被情况:森林、草原、农作物的分布及面积。

④已知控制点的等级、坐标、高程系统,点位的数量及分布,点位标志的保存状况等。

⑤居民点、厂矿、军事区、机场、车站等分布情况,测区内城镇、乡村居民点的分布,食宿及供电情况,并初步选择外业驻地。

⑥了解当地风俗民情:民族的分布,习俗及地方方言,习惯及社会治安情况。

(5)了解签证、工作许可、劳工法律、注册测绘师或注册工程师制度,外业测量、租车、雇工、分包、财务资金往来等方面法律法规及收费标准。

(6)与项目所在国家政府部门或机构的合作备忘录、协议、合同,需要地方政府、相关机构配合工作的行文。

(7)如果进行航测,还应与航空管制及批准部门、程序等进行联系。

7.2 人员、仪器设备准备和通关手续

7.2.1 护照与签证

1)护照

护照(Passport)是一个国家的公民出入本国国境和到国外旅行或居留时,由

本国发给的一种证明该公民国籍和身份的合法证件。中华人民共和国护照是中华人民共和国公民出入国境和在国外证明国籍和身份的证件。中华人民共和国护照分为外交护照、公务护照、普通护照和特区护照。外交护照、公务护照和公务普通护照统称为"因公护照",普通护照俗称"因私护照"。

公务普通护照由外交部、中华人民共和国驻外使、领馆或者外交部委托的其他驻外机构以及外交部委托的省、自治区、直辖市和设区的市人民政府外事部门颁发给中国各级政府部门副县、处级以下公务员和国有企事业单位因公出国人员等。

普通护照由国家移民管理局委托的县级以上地方人民政府公安机关出入境管理机构审批办理。适用于中国公民因前往外国定居、探亲、学习、就业、旅行、从事商务活动等非公务原因出国,可凭身份证提出申请。登记备案的国家工作人员、现役军人还需征得所在单位同意后方可提出申请。

现行中国因公出国管理制度主要包括以下内容:

(1)出国任务审批制度。

赴国(境)外执行公务的因公出国人员须由派遣部门向上级拥有外事审批权的部门申请因公出国任务批件,审批部门根据派遣部门提交的申请材料进行审批,主要审查出国任务是否有明确的公务目的和实质内容,人员组成是否合理。

(2)出国人员审查制度。

因公出国人员的审查一律由授权的部门归口负责,主要审查该出国团成员有无犯罪记录、工作表现和个人品质。

(3)因公护照颁发制度。

派遣部门持因公出国任务批件、出国人员审查批件以及其他相关材料,向发照机关申领护照。发照机关根据规定对派遣部门提交的上述材料审核无误后,颁发相应的护照。如发现不符合中央、国务院有关规定精神或有弄虚作假、骗取护照的情况,发照机关有权拒绝发照。对护照申办单位提交申请材料齐全、符合颁发条件的,发照机关在3个工作日内颁发护照。

申请护照时,应提供资料:

①出国(境)及赴港澳任务批件原件。

②因公团组信息表。

③因公护照申请表。

派员参加其他单位组织的出访团组的单位应提供资料:

①出国任务通知书复印件。

②出国任务确认件原件。

③因公团组信息表。

④因公护照申请表。

(4)因公护照的集中保管制度。

因公护照实行统一管理、分级保管、层层负责的原则。因公出国人员须在其回国后交回其所持护照,由本单位或上级主管部门登记、管理,保证因公护照只能用于出国执行公务目的。

2)签证

签证(Visa)是一国政府机关依照本国法律规定为申请入出或通过本国的外国人颁发的一种许可证明。根据国际法原则,任何一个主权国家,有权自主决定是否允许外国人入出其国家,有权依照本国法律颁发签证、拒发签证或者对已经签发的签证宣布吊销。签证通常是附载于申请人所持的护照或其他国际旅行证件上。在特殊情况下,凭有效护照或其他国际旅行证件可做在另纸上。随着科技的进步,有些国家已经开始签发电子签证和生物签证,大大增强了签证的防伪功能。签证在一国查控出入境人员、保护国土安全、防止非法移民和犯罪分子等方面发挥了重要作用。

世界各国的签证一般分为入境签证和过境签证两个类别,有的国家还有出境签证。

中国与外国互免签证协定可在外交部中国领事服务网查询。

除出入境签证外,如果在当地测量或工作,还需要根据不同国家的移民局或工程师协会等机构办理工作签证、工作许可、资质许可等。

3)因公出国(境)人员护照管理、境外遗失护照后的办理程序

(1)2008年中共中央办公厅、国务院办公厅在加强对出国(境)证件管理规定中强调,"严禁持普通(因私)护照出国执行公务""因私出国(境)不得使用因公证件""因公出国(境)证件应在回国(境)7天内交回统一保管或注销,逾期不交或不执行证件管理规定的单位和个人,暂停其出国(境)执行公务。"

(2)持证人要妥善保管好、正确使用自己的护照,如果发生丢失、私自涂改、转借他人情况或拒不上缴,除按外交部等部门有关处罚条例处理外,还将受到取消再次出国资格、行政处分、经济处罚等有关处理。

(3)出国(境)人员出国(境)前领到护照后,首先要把护照号码、发照日期、护照种类记下来,将其复印后与原件分开妥善存放。并随身携带2张以上护照照片。

(4)护照等证件要贴身携带,不要存放在住处,不要随意给不了解背景的人

查看,即便是警务人员,也要看对方是否有证件,谨防受骗。

(5)一旦发生护照丢失、被盗或被抢的事件,应立即向当地警察局报案,由其出具证明材料;并向项目部汇报,将证明材料和两张照片交给项目部,以便向大使馆办理旅行证。项目部要及时向国内单位相关外事部门汇报。注意,警察局的证明材料要保留复印件带回国内,以便回国后办理有关事宜。

4)外事纪律

根据项目工作量情况配备人员,尽量选择技术全面、有一定外语基础和有出国工作经验的人员参加。对因公出(国)境人员注意外事纪律要求,根据《中纪委、中组部、外交部、公安部关于加强因公出国(境)团组境外纪律的通知》(外外管函〔2007〕2号),明确提出以下十一条出国团组人员必须遵守的纪律:

(1)不得擅自延长在外停留时间;未经批准不得变更出访路线,或以任何理由绕道旅行;不得参加与访问任务无关的活动和会议。

(2)因私外出须严格执行请示汇报制度,不得随意单独活动。

(3)严禁出入赌博场所,不得使用任何形式的资金参与赌博活动,不准以任何借口自行或接受接待单位安排前往赌博场所,严禁进行网络赌博。

(4)严禁出入色情场所和观看色情表演,不得参加涉及低级趣味的娱乐游览项目。

(5)不得借出访之由谋取私利。

(6)不得违反国家规定收送礼品。

(7)不得使用公款大吃大喝,聚众酗酒;不得使用公款购买高档消费品、礼品或参加高消费娱乐活动。

(8)增强安全保密意识,未经批准,不得携带涉密载体(包括纸质文件和电磁介质等);妥善保管内部材料,未经批准,不得对外提供内部文件和资料;不在非保密场所谈论涉密事项;不得泄露国家秘密和商业秘密。

(9)增强应急应变意识,注意防范反华敌对势力的干扰、破坏,避免与可疑人员接触,拒收任何可疑信函和物品。

(10)增强防盗、防抢、防诈骗的自我保护意识,遇到重大事项应及时与我国驻外机构取得联系。

(11)增强证照管理意识,切实遵守证照管理的有关规定。在境外期间,由本人或指定专人妥善保管证照,并在回国(境)后7天内交由发证机关指定的部门统一保管或注销。

7.2.2　测绘法律

1）测绘法律

国外发达国家测绘法律体系建立较早,内容包括基础测绘、地图编制、地理信息、航测遥感、测绘成果知识产权、测绘成果质量、测量标志、不动产测绘、海洋测绘、人员资质等。有综合的测绘法或测量法,也有专项的法规、政策,需要到当地国提前进行收集,在从事国际工程测量时,尤其要注意有关测绘保密、从业资格等强制性法律规定,项目测绘作业及技术方案需要符合当地国相关的法律法规。下面对一些国家的测绘法律法规简要介绍如下。

（1）新加坡测绘法律法规

新加坡是一个强调法治、重视法治建设的国家,其法律规范渗透到各个方面,事事有章可循,把各类关系一律置于法律的制约之中。《新加坡土地测量师法》是新加坡的一套完善、具体、可操作性强的测绘管理法律法规。新加坡测绘局、土地测量师注册局和测量师学会及社团组织均根据《新加坡土地测量师法》运作,相互间既独立又有联系,既是一个独立的运作体系,又形成一个相互配合、相辅相成的测绘管理体系。

《新加坡土地测量师法》有10章,主要内容有土地测量师的职责范围与合法权益、测量师注册、执业执照、监管机制、测绘业务范围和法律制裁等。为了使法律法规完整、配套和可操作,根据此法又制定了若干附属条例,如《土地测量师注册局章程》《土地测量师条例》《土地测量师管理条例》《土地测量收费规定》《土地测量师行为道德规范》和《土地测量师调查委员会章程》等。这些行政条例针对性很强,对违法犯罪行为的定罪及处罚非常重,在新加坡几乎人人都认为任何企图逃避法律和钻法律空子的行为都是不可能的。

新加坡测绘局是国家主管测绘业务的职能部门,除了负责控制测量、地形测量、地籍测量、航空摄影测量和制图等测量任务,并向社会和个人提供测绘信息与资料外,还负责全国其他测绘业务的审批工作。例如,无论是政府其他部门或是私人企业需要进行的测量项目,均要事先向测绘局提交实施计划与方案,经测绘局审批通过后方可实施。新加坡所有测绘业务的计划、实施、成果质量及其应用均在测绘局的监督管理下进行。

测绘局的主要职能有:为政府指定的项目所用地提供依据、核定边界和布设界桩;土地使用权转让档案的管理;测绘与编辑地图、地形图和平面图。

测绘局下属有5个处室,分别是控制测量处、测量审核处、技术服务处、制图与档案管理处及行政处:

①控制测量处主要负责全国平面控制与高程控制网的布设,计算参考椭球,建立全球定位系统,通过测距仪与钢尺检验,研制测量和信息管理的各种计算机软件,设计并提供各类界桩等。为了加快测量速度,弥补人手不足的"缺陷",也有相当部分的内外业工作是以签定合同的方式委托私人测量公司完成。

②测量审核处主要负责承接国家下达的地形测量和地籍测量任务,根据该处掌握的私人测量公司的实力情况和信誉委托办理,并负责测量成果的审核工作等。

③制图与档案管理处主要负责新加坡市区图、街道图、道路交通图等专题图的出版发行,地籍图和地形图绘制,地图版权和信息资料管理。

④技术服务处主要负责测量区域的划分(新加坡共分为 64 个测量分区),进行地形和地籍测量,恢复界桩,提供测量基础资料,出售各类地图等。

⑤行政处负责日常事务,相当于办公室的职能。

新加坡土地测量师注册局是根据《新加坡土地测量师法》成立的,其主要功能有:土地测量师及其测量工作人员的注册;注册土地测量师执业许可证的年审;注册私人测量公司执业执照的年审;组织调查委员会调查与处理对注册测量师和测量公司的投诉问题;根据《新加坡土地测量师法》制定与修改有关的规章制度。例如,《土地测量师注册局章程》《土地测量师条例》《土地测量师管理条例》《土地测量收费规定》《土地测量师行为道德规范》和《土地测量师调查委员会章程》等。

与中国不同的是,在新加坡除了极少部分注册测量师是政府公务员或被政府聘用以外,绝大部分的测量师自己开业或受聘于私人测量公司。根据《新加坡土地测量师法》规定,只有在新加坡土地测量师注册局注册的测量师才能在新加坡开展测绘业务,所有的测绘业务必须在注册测量师的指导下才能进行,其测绘成果才有效。

而行政管理以外的部分技术性、事务性和行业管理工作则转移给了行业学会——新加坡测量师学会。新加坡测量师学会在行业管理中所起的作用远大于国内的同类学会。

新加坡测量师学会作为一个专业技术社团,其职能首先是组织学术交流与技术合作,追踪测绘高新技术发展,及时传播测绘先进技术,促进测绘技术的普及,提高测绘科学技术水平和测绘工作者的素质。其次,利用测量师学会作为行业监督自律组织,加强全行业的协调,促进测绘事业的发展外,同时还肩负着政府与测量师、测量公司间的联系与沟通,负责行政管理以外的技术性事务性工作。

新加坡测量师学会虽然是非官方的专业技术社团,但由于其负责行政管理以外的技术性、事务性工作(例如,开办有政府认可的专业技术培训、继续教育课程),为全国唯一的测量技术权威社团组织。所以一个人是不是测量师学会会员,是注册局审核注册资格的主要依据,或者是说先决条件。

(2)老挝测绘法律法规

老挝为确保测量、航空摄影测量与制图法的全面、逐条实施,发布了实施指南。

第一部分:内政部指示

Ⅰ.目的

①确保从事测量、航空摄影测量与制图工作的个人、法律法规部门、政府部门和私立机构能认可并了解2014年9月18日发布的测量、航空摄影测量与制图法,并对该法令规定的内容、准则、原则、方法和措施有一个全面而统一的认识。

②确保能以统一的标准公平公正地实施该法令,且能根据实际情况灵活地执行该法令,满足该法令规定的各项要求和目标,提供测量数据、航摄像片和航摄影像图等,为国民经济建设、国防建设、公共安全与管理及自然资源与环境保护等提供服务。

Ⅱ.关于该法令部分条款的附加说明

为了使该法令的部分条款规定更明确和清晰,本指南对其作以下说明。

第二部分:测量、航空摄影测量与制图工作

Ⅰ.内政部的测量、航空摄影测量与制图任务

该法令第6、7、8和16条规定的有关内政部的测量、航空摄影测量与制图任务应由国家地理局和测绘中心负责并按以下方式完成:

①国家地理局提供基础测量(从1等到4等)数据,向各相关部委、机构、政府部门和私立机构提供面积大于 $20km^2$ 范围的航空摄影测量与地形图服务。国家地理局可以要求测绘中心辅助其完成这些工作。

②测绘中心向个人、司法机构及国内外机构提供技术级的测量服务、航空摄影测量服务和专题制图服务等。

③国家地理局和测绘中心根据职责和任务制定年度工作计划,并提交内政部签批。所述工作计划应包括政府部门和私立机构应开展的所有工作。

④国家地理局和测绘中心可以向内政部提出建议,要求内政部根据所提交的申请或者根据内政部或政府部门的工作分配签批年度计划以外的工作任务和项目。

Ⅱ. 数据库

国家地理局负责根据以下要求构建、维护和开发老挝测量、航空摄影测量与制图法令第 9 条规定的国家地理数据库:

①负责构建和维护国家地理局和测绘中心制作、编辑和开发的所有地理数据。

②建立并维护相关网站和国家 Geo-portal,以便提供相关的服务和分发数据。

③按法令第 11 条的规定,整理和维护提供给国家地理局的文档资料及数据,并将重要数据在网站上发布,供相关部委进行数据补充和数据编辑时使用。

④提供给国家地理局的所有重要数据应按点、线和面的格式及其他信息格式分类上传到国家地理局的 Geo-portal 上。

⑤与地理信息系统(GIS)委员会和技术工作组合作,解决数据共享和数据交换问题,并就地理系统、元数据所采用的地名及数据共享标准等问题达成一致。

⑥根据元数据技术工作组编制的相关标准、准则和规程开发元数据,并提交 GIS 委员会签批。

⑦按照法令第 29 条的要求,依据 GIS 委员会制定和签批的相关标准、准则和规程开展数据提供服务工作。

⑧对作为基础参考资料使用的国家地理数据库中的所有数据进行质量控制。

Ⅲ. 数据服务

数据使用服务:

①根据法令第 10 条的规定,申请人应向内政部国家地理局递交申请书,提出服务、数据和产品的使用申请,内政部国家地理局根据相关规定和准则酌情考虑后正式批准使用申请。

②国家地理局为申请人提供专用的申请表格和合同模板。其中,合同模板包括相关的条款,根据法令第 13 条的规定,内政部国家地理局拥有其产品的版权。

数据服务规定:

内政部国家地理局负责提供其生产的数据、产品的服务。国家地理局同时还根据法令第 30 条和第 31 条的规定,收取数据使用费和服务费。内政部国家地理局的职责如下。

①制作申请表格,包括产品与制图数据的使用条款等内容。根据法令第 13

条的规定,国家地理局代表内政部拥有测量、航空摄影测量和地图制图领域的数据与产品的版权。

②制定分发与服务计划。

③开发服务系统。

④组织开展国家地理信息的销售、推广、分发和提供工作。

⑤定期提供国家地理信息的月和年度销售报告以及推广、分发和提供方面的报告。

内政部测绘中心的职责如下。

①开展测绘工作,为建设项目提供数据。负责市场销售工作,根据与内政部国家地理局签署的合同,售卖国家地理局生产的各类产品和数据。

②检验、修理测量仪器并签发仪器的技术检验合格证书。

③发布地图及其他产品。

Ⅳ.数据与文件上交

①各相关部委、与部委同级的其他机构、地方管理部门、公司、国际机构、个人及国内外相关的司法机构均应按照法令第9条和第11条的规定,在项目结束的30天内向内政部国家地理局提交数据及其文件。

②向国家地理局提交的文件应为全套文件,包括项目范围图和项目的详细数据。

Ⅴ.数据交易

根据法令第12条的规定,内政部国家地理局应在30天内对提交的影像数据、产品、地图和测量仪器的交易申请书进行研究并提交上级部门批准。

Ⅵ.技术许可

①在从事测量、摄影测量和制图工作前,个人、司法部门和国内外机构应获得国家地理局的技术许可证,即进行测量技术注册登记。

②在测量前,应由国家地理局对测绘仪器(包括全站仪、水准仪、GPS 等)进行全面的技术检查和登记管理,即进行测量仪器登记。

Ⅶ.版权

测量、航空摄影测量和制图数据及产品的版权归国家地理局或内政部测绘中心所有。使用这些数据和产品的个人应遵守国家地理局和测绘中心发布的相关规定和准则。

第三部分:测量、摄影测量和制图工作的原则与任务

国家大地基准点及技术规程

根据法令第15条的规定,内政部国家地理局负责研究确立国家大地基准,

制定相关技术规程并提出采用国家大地基准及这些技术规程的建议。国家地理局或测绘中心制修订的所有技术规程都予以公开出版、发行,并正式发布。

第四部分:测量、航空摄影测量和制图工作开展应遵循的原则

注册登记

根据法令第四部分第 10、11、15、16、17、18、21 和 22 条的规定,任何测量、航空摄影测量和制图工作都应按照以下几条原则进行:

①商业性质的测量、航空摄影测量和制图工作应获取内政部国家地理局的技术许可,持有营业许可证的个人、司法机关和国内外机构均可提出许可申请。外国申请者还必须征得外交投资管理委员会的同意。获得技术许可的个人有权从事测量、航空摄影测量和制图工作。

②获得内政部国家地理局技术许可的个人、司法机关和国内外机构,开展的测量、航空摄影测量和制图工作应视为由内政部国家地理局维护的注册登记系统中的合法注册业务。

③已注册的业务单位、个人、司法机关和政府部门等,在从事非商业性质的测量、航空摄影测量和制图工作时,应获取内政部国家地理局的授权。

第五部分:管理与检查

管理机构

①内政部国家地理局和测绘中心是指定的内政部下属的负责测量、航空摄影测量和制图工作的管理、监督和检查机构。

②国家地理局负责测量、航空摄影测量和制图产品的生产监督、技术指导、大地测量精度检查(区划界线和国界等)及产品质量认证等工作。

第六部分:费用与服务费

应根据 2012 年新编的老挝有关费用与服务费的主席令收取测量、航空摄影测量和制图数据、产品及仪器的使用费及服务费,特殊情况应按政府的相关政策执行。

第七部分:个人突出成就奖与违规纪律处分

Ⅰ.禁令

未经国家地理局或测绘中心允许,任何个人、司法机关或国内外机构不得为了个人利益伪造、复制、印刷国家地理局或测绘中心的产品进行销售或非法使用。

Ⅱ.内政部指南的实施

①指南正式通过后,指定国家地理局于 2014 年 9 月 18 日发布和抄送 330/GOL 号测量、航空摄影测量和制图法令,于 2015 年 5 月发布和抄送测量、航空摄

影测量与制图法令实施指南。

②个人、司法机关、国内外机构应严格执行指南的各项规定。

③指南中没有涉及的条款，应遵守 2014 年 9 月 18 日发布的 330/GOL 号测量、航空摄影测量和制图法令的具体规定。

④在实施指南过程中遇到困难时，应及时告知内政部国家地理局或测绘中心，以便找到适宜的解决方案。

（3）巴基斯坦测绘法律法规

任何国家或国际的公共或私人组织，私人公司或个人，均不得进行任何地理空间数据收集，生产或分析工作以及测绘活动，除非已为此目的向巴基斯坦测量局注册。工作人员的资格和从事此类工作的资格也应按规定由巴基斯坦测绘局核查批准。

与外国公司联合进行测绘和地理空间数据生产。除非事先获得联邦政府的书面批准，遵守一定的渠道，否则任何个人、私人公司或政府组织不得与任何外国公司或非政府组织合作开展与巴基斯坦境内的地理空间数据的测量、制图、收集和生产相关的工作。

任何人均不得损坏、破坏或移除、占用任何测量标记，也不得占用用于永久测量标记的土地。如果测量标记是在私有财产上建立的，则应由联邦政府根据适用法律给予赔偿。

（4）孟加拉测绘法律法规

孟加拉测绘局维护一个中央服务器，用于存储和维护 GIS，制图和摄影测量数据。作为国家制图组织的孟加拉测绘局在孟加拉开展以下活动：在全国范围内建立和维护大地测量控制网以及国家平面和高程基准面；指定地形和大地测量的标准和精度要求；准备、复制和分发国家地形底图、专题图、航空照片、测量结果、大地测量和地图数据；山区国际边界的划分。孟加拉测绘局根据 1972 年地图和航片的分类，保管和发行规则发布和分发地图和数据。

孟加拉测绘机构框架：

①行为与规则：孟加拉测绘局根据《1972 年地图和航片的分类，保管和发行》发布和分发地图和数据。

②国家政策：正在实施一些项目，以准备整个国家的中型和大型数字地形图及其数字数据库，这对该国的发展工作非常有利。孟加拉还建立了现代化的数字制图中心，并进一步计划在孟加拉建立一个国际标准的测绘所，以供官员/主管/技术人员进行测绘。

③地籍和土地登记：地籍测量和土地登记是由国土部土地记录与测绘局

（DLR&S）负责。孟加拉测绘局根据其要求提供大地测量控制点。

④注册和认证：孟加拉测绘局向私营测绘公司颁发能力证书，以便进行测量和制图活动。

孟加拉测绘局过去一直使用印度测绘局的大地参考系进行制图和测量工作，直到建立了自己的参考基准为止。自1992年以来，孟加拉测绘局一直使用其自己的大地基准面，并建立了包括测高和正高在内的国家基准场，以进行测绘工作。

（5）俄罗斯测绘法律法规

俄罗斯的国家测绘工作主要由俄罗斯国家测绘局负责组织和领导。它是介于国家部门和行业部门之间的国家政权的政府机关，已有400多年的历史。从1982年开始为平差国家天文大地网采集数据。这项工作由国家测绘局的14个单位和军事测绘局的4个单位参加。

俄罗斯国家测绘局是国家监督机关的组成部分，不允许从事非法测量生产和传播地图产品，以及使用卫星接收机自主测定坐标等。

俄罗斯联邦政府地理信息方面的政策和法律也是比较完善。近年来，俄罗斯联邦政府根据国情制定了一系列地理信息安全方面的政策与法律，针对性很强，在解决地理信息安全问题方面取得了明显成效。在这些法律法规中，最重要、最基础的是1995年2月颁布的《联邦信息、信息化和信息保护法》，明确界定了信息资源开放和保密的范畴，提出了保护信息的法律责任，成为包括地理信息等信息安全保护的基本法。同年11月，经叶利钦总统批准，俄罗斯联邦政府颁布了《俄罗斯联邦测绘法》，对地理信息资源的获取、处理、分发、使用的各个环节进行了规范，特别强化了对测绘活动的监管以及惩处规定，成为俄罗斯联邦加强地理信息安全工作的根本指南。

1996年2月，俄罗斯联邦政府第120号决议通过了《俄罗斯关于批准确立将测量点坐标数据和俄罗斯联邦领土地理信息转交至他国或国际组织的程序细则》，将地理信息转交给其他国家或者国家组织进行了明确规定，特别是对列入国家机密和列入受限发布的信息，要求实行严格的行政审批程序。2002年8月，俄罗斯联邦测绘局发布《俄罗斯关于批准提供和使用联邦测绘数据资源程序的指令》，明确了提供、使用、登记以及使用监督测绘资料和数据资源的一系列程序，特别是对机密和受限信息提供、使用和监督进行了详细规定。

2007年5月颁布了《俄罗斯关于获取、使用和提供地理空间信息的规定》，该规定明确了由俄罗斯联邦国防部、俄罗斯联邦交通部、俄罗斯联邦经济贸易发展部、联邦技术出口监管局和联邦航天局保证共同行使权力，在规定范围内对获取、使用和提供地理空间信息进行监管,以防信息自由散布可能给俄罗斯联邦带来安全性隐患。

俄罗斯联邦法令《关于大地测量、制图、地理信息数据以及对俄罗斯联邦某些立法行为修正案的联邦法律有关规定》(后简称《测绘地理信息法》)是由俄罗斯杜马通过,并由俄罗斯联邦委员会批准、俄罗斯联邦总统普京签署的联邦法律,于 2017 年 1 月 1 日开始施行,法律包括 6 章。《测绘地理信息法》是规范俄罗斯联邦大地测量、制图活动以及地理信息收集、储存、处理、呈现和分发的联邦法律,主要对俄罗斯联邦境内以及领海、内海、专属经济区范围内的坐标系统、国家高程系统和重力系统、军事测绘和制图工作、国家空间数据储备、地理信息数据门户、地理信息安全等方面的行为进行了规范,并对机构职责进行了划定。俄罗斯的测绘地理信息主管机构是俄罗斯联邦登记、地籍和制图局,负责开展大地测量和测绘活动、开展空间数据基础设施建设、管理国家测绘基准体系、审批大地测量和制图活动、提供公共服务和管理国家地理信息资产。

(6)奥地利测绘法律法规

由联邦计量与测量局实施的野外测量中所有工作的法律基础为《测量法》,主要任务如下。

①控制测量:建立与维护国家(水平)控制网;以平面控制网和地球形状研究为目的的天文大地测量;建立和维护高精度(精密水准测量)高程控制点;研究地球重力场和地球物理的测量。

②联邦计量与测量局负责下列控制网的建立、维护与管理:平面控制网(一~五等);高程控制网(一、二等);重力控制网(一~三等)。

③地方土地登记局负责六等控制点(加密点)的测量与维护。

(7)波兰测绘法律法规

①波兰测绘管理。

第一级是国家政府测绘管理和国家军事测绘管理。国家政府行政管理中,由区域规划建设部土地管理与测绘局主管全国测绘工作,政府有关经济建设部门也设有测绘管理处。

第二级是全国 16 个省均设有测绘管理处,其管理人员数量取决于当地经济发展对测绘管理的需求程度。其主要职责是协调监督辖区内的测绘活动,安排省政府的测绘任务等。

第三级是全国各区(一般由 2 或 3 个乡组成)设立专职测绘管理员,一般为 1 或 2 人,视区的大小而定。

②波兰测绘资料和测绘产品质量的管理。

波兰国家测绘中心和各地方测绘资料中心,是国家和地方的测绘资料和测绘产品质量的管理机构。

波兰测绘资料实行国家统一管理制度,任何部门和单位的测绘成果成图资料都应无条件、无偿地交给国家测绘资料管理机构。以便有利于充分发挥这些资料的社会效益和经济效益。用户需要这些资料时,只需付资料保管费和复印工本费。

波兰测绘产品质量管理与测绘资料管理是结合在一起的,即产品验收由资料管理机构的人员办理测绘产品质量管理体现在三个层次上,第一个层次是企业的质量检查员对作业员的成果成图进行检查验收。按测绘法规的规定,经质量检查验收后的产品,作业员对其质量不负任何责任,若发现质量问题要追究质量检查员责任,严重的要受刑事处罚直至坐牢。第二个层次是用户(包括国家定货)对产品检查验收。国家定货的产品由各级资料中心负责验收。第三个层次是国家各级行政管理部门负责对产品质量的监督管理,制定相应的法规和技术标准。

③波兰的测绘法规。

波兰 1956 年颁布了《测绘服务法》,并相继颁布一些单行测绘法规。随着经济体制和政府机构的改革,各测绘管理部门和测绘生产单位都要求对《测绘服务法》进行修改以适应新形势的需要。20 世纪 70 年代原波兰国家测绘总局牵头组织起草新的《测绘法(草案)》,新《测绘法》与《测绘服务法》的主要区别包括测绘管理体制、集体和个体测绘活动的管理规定等方面。波兰《测绘法》与其相配套的 15 种单行法规大体包括测绘市场管理、测绘资料管理、测绘产品质量管理、集体和个体测绘管理、地籍管理等规定。波兰《测绘法》由人民议会批准发布,15 种单行法规由部长会议批准发布。

④波兰地图保密原则。

除军事地图无条件保密外,民用地图的保密内容主要包括两条,一是地图内容,二是地图投影。波兰地图保密主要在于地图内容,而不在于地图比例尺,1∶2.5 万、1∶5 万比例尺地形图可以到报刊亭购买。

7.2.3　人员资质

我国于 2007 年建立注册测绘师制度,注册测绘师(Registered Surveyor)是指经考试取得"中华人民共和国注册测绘师资格证书",并依法注册后,从事测绘活动的专业技术人员。2009 年第一批注册测绘师通过考核认定,2011 年首次开始全国考试,2015 年开始注册。考试设《测绘综合能力》《测绘管理与法律法规》《测绘案例分析》3 个科目,每年举行一次,需三科同时合格方能获得资格。

执业范围:测绘项目技术设计;测绘项目技术咨询和技术评估;测绘项目技术管理、指导与监督;测绘成果质量检验、审查、鉴定;国务院有关部门规定的其他测绘业务。

国外发达国家注册测绘师制度建立较早,且制度较为完善。各国对注册测绘师的执业内容和资质认定各有不同。

英国皇家特许测量师学会(RICS)已经有 140 余年的历史,是被全球广泛、一致认可的专业性学会,其专业领域涵盖了包括测量在内的土地、物业、建造、项目管理及环境等 17 个专业领域。申请基本条件:本科或以上学历;至少九年的业内实践工作经验。

美国在 20 世纪 20 年代开始实行注册测量师制度,由工程师和测量师考试委员会进行考试,报考条件宽松,高中生即可。需要两次考试,第一次考测绘基础知识,合格后获见习测量师资格,从事测量工作 2~4 年后,参加第二次考试,第二次考试主要为法律法规及实际操作,合格后才能获注册测量师资格。

德国各州规定有所不同,较多的州规定有注册测绘师,不超过 60 岁,具有测绘不动产地籍专业高级技术管理公务员或同等资格的自由职业测量师并具有必要的个人能力及职业经验,可申请享有“注册测绘师”的称号。

日本测量法规定,从事基础测量或公共测量的技术人员,必须为依法登记的测量师或助理测量师。测量师条件:有关专业大学本科毕业,并从事测量工作一年以上;有关专业大学专科毕业,从事测量工作三年以上;助理测量经专门培训学完高等教育有关专业和技能或经国土地理院考试合格者。测量单位必须设置一名以上测量师。

加拿大、新加坡均设有土地测量师,通过考试、注册、颁发执照。

澳大利亚的注册测量师包括注册土地测量师和注册矿山测量师,未注册人员不得从事土地和矿山测量。

中国香港测量师学会会员分六个专业,其中建筑测量、土地测量为测量专业,会员分名誉会员、专业会员、技术会员、培训会员。

在东南亚及非洲一些不太发达的国家,大部分国家要求工程师许可制度,如东盟工程师协会,南非、博次瓦纳、乌干达等国也设有注册测量师。如纳米比亚实施土地测量师注册制度,分为专业土地测量师、技术测量师和测量技术员,由测量师理事会(SURCON)管理。任何人在纳米比亚从事测量活动之前,必须由SURCON 注册为专业土地测量师。纳米比亚只有少数专业的土地测量师,其中许多人受雇于私人机构。注册为专业土地测量师的要求如下：

(1)拥有大学测量专业,本科以上学历。

(2)通过测量法笔试。

(3)270 个工作日外业测量实践工作经验。

(4)通过实践测试。

7.2.4 关于暂时进出口及免税政策

测绘仪器设备、工具的准备需要满足工程测量内容的种类和数量,并在检定合格有效期内,对测绘仪器设备进行常规检查均合格。准备一定的计算机及其测量数据处理软件,办公用品及记录簿、桩橛、标心钉、测旗等消耗材料,以及三脚架、标尺或价格便宜的普通测绘仪器,根据境外国及价格情况可在当地采购。

对于测绘仪器设备,列出详细中英文清单,以便办理通关手续。一般仪器优先选择随身随机携带,手续齐全一般不征收关税。如有较大设备及辅助工具需要进行航运或海运,应根据所在国情况需要考虑关税问题。

根据《伊斯坦布尔公约》,暂时进出口制度是某些货物(包括运输工具),为特定目的进出口并有条件免纳进口关税,暂免提交进出口许可证的义务,在特定的期限内除因使用而产生正常的损耗外按原状复运出或复进口的货物的法律规定。

如我国规定的暂时进口货物如下,可参考我国的规定核实境外所在地有关规定,按规定提前办理有关免税手续。

(1)在展览会、交易会、会议以及类似活动中展示或者使用的货物。

(2)文化、体育交流活动中使用的表演、比赛用品。

(3)进行新闻报道或者摄制电影、电视节目使用的仪器、设备以及用品。

(4)开展科研、教学、医疗活动使用的仪器、设备和用品。

(5)在本款第 1 项至第 4 项所列活动中使用的交通工具以及特种车辆。

(6)货样。

(7)慈善活动使用的仪器、设备以及用品。

(8)供安装、调试、检测、修理设备时使用的仪器以及工具。

(9)盛装货物的包装材料。

(10)旅游用自驾交通工具及其用品。

(11)工程施工中使用的设备、仪器以及用品。

(12)测试用产品、设备、车辆。

(13)海关总署规定的其他暂时进出境货物。

暂时进出境货物应当在进出境之日起6个月内复运出境或者复运进境。

因特殊情况需要延长期限的,持证人、收发货人应当向主管地海关办理延期手续,延期最多不超过3次,每次延长期限不超过6个月。延长期届满应当复运出境、复运进境或者办理进出口手续。

国家重点工程、国家科研项目使用的暂时进出境货物以及参加展期在24个月以上展览会的展览品,在前款所规定的延长期届满后仍需要延期的,由主管地直属海关批准。

通关程序较为复杂的,建议委托报关代理公司进行。通关主要流程如下:

(1)进(出)口前的备案。

(2)进(出)口时凭担保报关。

(3)使用期内接受海关核查。

(4)复出(进)口时报关。

(5)核销结关。

7.2.5　卫生防疫

1)体检和预防接种

出国前应前往国际旅行卫生保健中心进行体检,取得"国际旅行健康检查证明书"和"疫苗接种或预防措施国际证书",因为许多国家需根据"国际旅行健康检查证明书"来申办签证。

因为很多疾病体检时并无特异性体征,体检项目也不可能面面俱到,体检前询问病史便成为发现潜在疾病的一个很重要的手段。体检前需要配合如实申报以下病史:吸毒(毒物瘾)、精神障碍、结核病、晕厥史、麻风病、性病、癫痫病史、夜游症、外伤史、手术史、输血史、先天性和遗传性疾病等;女性还需报告有无怀孕、功能性子宫出血、慢性盆腔炎病史以及其他妇科疾病。

预防接种是预防传染病的重要措施,出国人员出国前应当接种疫苗,增强机体对传染病的免疫力。

国际旅行卫生保健中心根据世界卫生组织的规定和建议,结合目的国的要求来确定接种项目。接种项目一般包括黄热病疫苗、吸附破伤风类毒素疫苗、吸附精制白喉、破伤风二联类毒素疫苗、乙型肝炎疫苗、狂犬病疫苗、流行性乙型脑炎疫苗、流行性脑脊髓炎疫苗、伤寒副伤寒疫苗、甲乙肝疫苗、霍乱疫苗等。

还要注意特殊流行病和预防,如新冠肺炎、禽流感、疟疾、登革热、埃博拉病毒等,及时关注新闻、海关、防疫、外事部门的相关信息。

黄热病是一种发生在非洲和南美洲的地方性流行病。到非洲、南美洲疫区的出国人员,应当在出国前十天接受黄热病疫苗接种。全球各国对黄热病接种的入境的具体要求,可参考世界卫生组织在《旅行与卫生》中发布的国家列表清单。可以通过国际旅行卫生保健中心了解情况。

霍乱疫苗接种证书有时也在某些国家的检查范围之内。曾有霍乱流行的国家,供接种疫苗参考如下。

非洲:安哥拉、贝宁、布基纳法索、布隆迪、喀麦隆、佛得角、中非共和国、乍得、科摩罗、刚果、科特迪瓦、刚果(金)、吉布提、加纳、几内亚、几内亚比绍、肯尼亚、利比里亚、马拉维、马达加斯加、马里、毛里塔尼亚、莫桑比克、尼日尔、尼日利亚、卢旺达、圣多美和普林西比、塞内加尔、塞拉利昂、索马里、斯威士兰、多哥、乌干达、坦桑尼亚、赞比亚、津巴布韦。

美洲:玻利维亚、巴西、哥伦比亚、哥斯达黎加、厄瓜多尔、萨尔瓦多、法属圭亚那、危地马拉、圭亚那、洪都拉斯、墨西哥、尼加拉瓜、巴拿马、秘鲁、苏里南、委内瑞拉。

亚洲:阿富汗、不丹、文莱、柬埔寨、印度、伊朗、伊拉克、老挝、马来西亚、蒙古、缅甸、尼泊尔、菲律宾、斯里兰卡、越南。

2)旅行保健药盒

国际旅行药盒里的药品各种各样,下面简单介绍几类常用药品及其作用。

(1)双氢青蒿素哌喹:可用于治疗疟疾。

(2)诺氟沙星:可用于治疗肠道感染。

(3)雷尼替丁:可用于治疗消化道溃疡。

(4)阿莫西林:可用于治疗各种感染。

(5)仁丹、清凉油:可有助于缓解中暑或头痛症状。

(6)苯海拉明:可治疗过敏症。

(7)氨咖黄敏胶囊:可缓解感冒症状。

(8)苯海拉明:预防晕车。

(9)硝酸甘油:缓解冠心病心绞痛。

(10)布洛芬:止痛。

(11)创可贴、碘药水棒:用于小伤口的处理。

测量时需要野外作业,还要注意野外大型动物和蛇、蜘蛛、蜱虫叮咬吸血等伤害和传播疾病,这些往往无法通过接种疫苗来解决,除保健药盒外,要根据个人身体情况及目的国情况准备些有针对性的药物,如心脑血管方面的急救药、蛇药、青蒿素等。昆虫叮咬吸血可致黄热病、疟疾、乙型脑炎、登革热、出血热、鼠疫、斑疹伤寒、恙虫病、嗜睡病等疾病。这些病很多是致命的,出国前一定要多了解当地有关疾病方面的知识,提前做足功课,出国后一旦出现无故困倦、发热、腹泻和皮肤问题等身体不适,千万要及时就医,不可马虎。

7.2.6　违禁品

除了乘坐民航关于禁止随身携带及禁止托运的枪支弹药、管制刀具、易燃易爆、有毒有害、放射性、腐蚀性、传染性等有关危险品外,这里着重提醒的是国际上许多国家禁止进出口的违禁品,否则可能会带来牢狱之灾。如我国禁止进、出口(境)物品如下。

（1）禁止进境的物品

①各种武器、弹药、仿真武器及爆炸物品。

②仿造的货币及仿造的有价证券等。

③对中国政治经济文化道德有害的印刷品、胶卷、照片、唱片、影片、录音带、激光视盘、计算机存储介质及其他物品。

④各种烈性毒药。

⑤鸦片、吗啡、海洛因、大麻及其他能使人成瘾的麻醉品、精神药物。

⑥带有危险性病菌、害虫及其他有害生物的动物、植物及其他产品。

⑦有碍人畜健康的来自疫区的及其他能传播疾病的食品、药品或其他物品。

（2）禁止出境的所有物品

①列入禁止进境范围的所有物品。

②内容涉及国家秘密的手稿、印刷品、胶卷、照片、唱片、影片、录音带、激光视盘、计算机存储介质及其他物品。

③珍贵文物及其他禁止出境的文物。

④濒临的和珍贵的动物、植物(均含标本)及其种子和繁殖材料。

各个国家海关具体要求不同,前往时一定多收集相关信息,特别注意不要携带被保护动植物制品、被禁出境的文物、涉密资料等。一定要遵守国际、中国及目的国的法律法规,如象牙、犀牛角、虎骨等被很多国家列为违禁品,一旦查获,面临判刑,切勿冒险。

7.3　测量费用预算

测量费用预算根据国别、项目性质、企业自身人员设备成本,政治、经济、安全等各类风险因素综合进行。

对于国际招投标项目,需要熟悉当地国计费依据或与当地公司组成联合体进行投标,充分发挥双方优势,如发挥当地公司在商务、法律及相关方沟通方面优势,发挥中方企业在技术、生产组织方面的优势,参考类似工程市场价,结合企业自身情况进行预算报价。可采用费用总包、成本 + 利润、测量人员劳务等进行报价,对于费用总包项目应慎重考虑其风险费用,对于不确定性大的项目,尽可能采用成本 + 利润、测量人员劳务等进行报价。

对于中国援外项目,包括物资项目、成套项目、技术援助项目、人力资源开发合作项目,各类项目费用预算原则不同,且 2018 年商务部调整职责机构不再保留援外司,对外援助工作职责划入国家国际发展合作署,有关援外政策及费用预算可能陆续会有新的变化。

商务部 2008 年颁发了《对外援助成套项目管理办法(试行)》(商务部 2008 年第 18 号令),《商务部关于印发《对外援助成套项目施工管理规定》等八个规范性文件的通知》(商援发〔2008〕533 号):《对外援助成套项目考察管理规定》《对外援助成套项目勘察设计管理规定》《对外援助成套项目设计监理管理规定》《对外援助成套项目施工管理规定》《对外援助成套项目施工监理管理规定》《对外援助成套项目施工质量验收管理规定》《对外援助成套项目招标管理规定》《对外援助成套项目概算编制管理规定》。

商务部之后还修订颁发了《援外成套项目投资控制指导原则》(商援外司函〔2012〕1269 号)和《对外援助成套项目工程勘察管理规定》(商援发〔2012〕390 号),并于 2015 年修订了《对外援助成套项目管理办法》(商务部 2015 年第 3 号令)等。

国家国际发展合作署组建后,正在重新制定援外综合性部门规章。

测量项目一般附属在成套项目中,根据测量项目所在项目及勘察设计、施工、监理不同阶段,依据对外援助有关规定进行。

依据《对外援助成套项目工程勘察管理规定》(商援发〔2012〕390 号),成套项目工程勘察测量费用计取公式为:工程勘察费 = (基本勘察费 + 基本测量费) × 国别调整系数 + 机具使用费 + 人员出国团组费 + 后期技术服务费。各分项计取规则如下。

(1)基本测量费按照国务院测绘主管部门制定的测绘工程产品收费标准上浮 20% 计取。

(2)基本勘察费按照国务院有关行政主管部门制定的基本勘察收费标准分级上浮计取。其中,投资计划限额 3000 万以下的上浮 20%;3000 万以上、1 亿元以下的项目上浮 18%;1 亿元以上、5 亿元以下的项目上浮 15%;5 亿以上的项目上浮 12%。

(3)国别调整系数依国别艰苦程度不同分类确定。其中,一类地区为 1.00;二类地区为 1.03;三类地区为 1.07;四类地区为 1.12;五类地区为 1.20。国别分类标准参照《援外出国人员生活待遇管理办法》有关规定执行。

(4)机具使用费是指承担工程勘察任务的企业在受援国现场使用大、中型机具所发生的费用,具体应按照国务院有关行政主管部门规定的相应定额和标准计取。承担工程勘察任务的企业自备小型设备和器材,不单独计费。

(5)人员出国团组费用根据出国工作时间的不同分别按照《援外出国人员生活待遇管理办法》和《临时出国人员费用开支标准和管理办法》计取。

(6)后期技术服务费根据所派人员的技术等级和外出工作时间参照国务院有关行政主管部门建设项目前期工作咨询费的相关规定计取。派遣勘察代表的项目,勘察代表费比照设计代表费计取。

(7)对于考察、施工、监理等阶段的测量工作或派遣测量技术人员,可参照设计或监理技术人员有关规定进行计费。

7.4 风险评估

国际局势复杂多变,国家间的政治、经济博弈日益加剧,境外工程风险因素也越来越多。

(1)政治、政策风险

传统政治风险主要指因战争、政局动荡、恐怖活动、政府不稳定、社会政策突变性高等因素;而非传统政治风险主要指由于双方观念上、认知上的分歧或矛盾导致战略上、政治上的互不信任及其引发的一系列后果。政策变化风险是指当地政策发生变化而引起风险。

(2)法律变更风险

所在国的法律完善程度及我方对于当地法律的熟悉程度决定了风险大小,一些国家法制不健全,使我方不能用法律手段来保护自己。一些国家法律虽完善,但法治观念淡薄,以执法人员的好恶作为判断标准。一些发达国家法律法规健全完善,但法律体系非常复杂。一些特定案件国内法高于国际法,使我方不能司法豁免,实施境外工程时如缺乏相关经验将受到当地法律的困扰,对项目造成影响。

(3)文化差异风险

文化差异风险是指不同国家与地区间存在着复杂的文化差异,不同国家与地区之间人们消费方式、欲望需求、价值取向不同。复杂的多元文化使得不同国家与地区之间的人们难以有效沟通,即使聘用翻译也难以解决价值观的冲突、宗教信仰的冲突、生活习俗的差异等。

(4)自然环境等突发事件风险

自然环境风险是指不良的自然条件和灾难性的自然现象可能对项目造成影响和损失。不良的自然条件如强风、强雨、强雪、冰雹、高温、低温等,其发生具有一定的规律性,如果工程建设者具有当地施工经验,往往可以预测和预防;灾难性的自然现象如地震、海啸、山崩、洪水、火山爆发等,虽具有一定的统计概率,但难以预测。另外,对当地瘟疫等传染性疾病、中方人员感染等突发事件风险也要有一定的应急措施或方案。

(5)经济不稳风险

经济不稳风险主要指通货膨胀、市场波动、外汇管制、汇率风险等引起建筑市场出现不稳定。通货膨胀和市场波动导致材料设备价格上涨,对工程造成损失。外汇管制是所在国为了减少外汇的流失,对外汇进出国境加以限制,造成项目完工后项目资金难以转移。汇率风险是因海外项目常采用多种货币结算,汇率变化往往造成各方损失,近年美元、欧元、人民币等汇率浮动增大,一些工期长、合同额度大的工程尤其重视汇率风险带来的影响。

(6)技术标准差异风险

技术标准差异风险主要包括以下几种情况:一是建设者不熟悉当地的技术规范,一些工程所在地有不同于我国的强制性规范标准,建设者常对当地技术规范缺乏了解;二是当地提供的基础资料不详细,很多欠发达国家实施工程需要承包商补充,这些工作将加长投标周期,加大投标成本。

(7)来自委托方的风险

近年来我国很多企业在外承包工程,但企业在风险预控、项目管理及业务范围等方面仍与国际大企业有很大差距,多以低劳动力成本的优势参与竞争。在承揽其委托的测量工作时,要充分考虑委托企业的风险。

7.5 技术设计及境外安全措施的制定

出国前根据已有资料和相关测量规范,编写测量技术设计书。在国际工程测量中,技术方案设计首先要确定项目测量技术标准的选用,根据项目特点,在合同或合作谈判时就要明确参照或使用欧洲标准、美国标准、当地标准还是中国标准,其次要了解当地国勘测设计阶段的划分以及不同阶段勘测的深度、工作内容,这对后续项目的推进至关重要。然后,根据参照的技术标准以及测绘工作内容进行项目具体技术方案的设计,技术设计中应阐明工程概况;测量的目的、任务与要求;测区自然地理条件;以往所完成测量工作成果的评价;平面和高程控制基准设计;控制网测量等级及技术指标的确定;地形图测绘技术方案;施工控制及放样测量方法等。一个好的技术设计方案,不仅应在精度上满足工程建设所提出的要求,而且应技术上可行,投资最少。

安全工作是各项工作的基础,外事、法律及安全生产事关重大,尤其对于治安条件不太好、相互了解还不深入的国家,到了国外更能体会到"安全第一"实质性的内涵,对于参加人员及其家属来说,安全是最唯一的期盼,"高兴而去,平安而归"是企业领导和职工共同的目标。所以在国外项目中一定要扎实抓好安全生产工作,做到全员参与、全天候管理、全过程控制,真正做到安全第一、万无一失。安全工作在"以人为本、安全第一、预防为主"的安全方针的指导下,根据当地国项目特点,主要从以下几个方面做好安全措施的制定。

(1)安全基础管理工作

制定《职业健康安全控制方案》,明确各级岗位的安全职责,并在国内进行全员外事教育及安全培训,组织项目人员参加医疗急救培训。到现场后,项目部应进行危险源的辨识,进行职工和当地临时工、驾驶员的安全培训,制定外事、防疫、防火及意外安全应急预案,有针对性地指导和加强各测量队安全生产工作。

(2)安全保卫

人身、财产安全保卫工作是项目安全工作的重点。在治安较差的国家,项目部应同当地警察局进行协商,由其提供外业测量和在外驻地的安全保卫工作,保证外业期间由持枪警察跟班组进行安全保卫工作。

(3)卫生防疫

配备劳保和药品:出国前为测量人员配备工作服、工作鞋、蚊帐、手套、遮阳帽、遮阳镜等劳动保护用品,配备防蚊虫叮咬、防暑降温药品、蛇药及其他常用药品,对去非洲、东南亚等地区的还要配备抗疟药品、试纸等。

当地配医疗条件较差,交通又不方便时,可配备随队医生1名进行医疗服务,随队医生在出国前、到当地出工前均组织人员进行有关医疗急救及防蛇、防蚊虫等常识培训。

(4)交通安全

外业期间租用车辆较多,应特别注意行车交通安全。项目部要做好租用车辆和驾驶员的管理,每天进行"三勤、三检",确定安全员,每人均系安全带,严禁驾驶员超速行驶。定期检查车辆,对存在安全隐患的车辆及时进行维修或退租,更换车况良好的车辆。

(5)外业测量安全生产

项目部应动员全体员工人人参与安全,人人相互提醒安全,在困难的测量环境中保证安全生产。在无人区测量时应确认路况安全后通行。在控制点埋设需要利用私人产权的土地时,应和产权人协商沟通好,必要时进行合理的赔偿,以避免控制点被破坏或产生用地纠纷。

项目部驻地尽量选择环境舒适、安全、卫生及工作方便的宾馆或中资企业驻地,选择有独立卫生间、可以洗热水澡的房间等。对中资企业驻地,安装热水器、建立公共浴室。有条件的在工地建立中餐食堂,可从国内派出厨师或在当地雇用中餐厨师开火做饭,保证大家的日常饮食。

(6)国内外联动保障机制

对出国时间较长的项目,成立国内服务保障组织机构,建立国内外联动保障机制,完善国际旅行手续办理、设备报关等工作流程。建立出国人员家庭联系档案,解决出国职工家庭等后顾之忧,服务出国职工。

在国外时间长了,对祖国和亲人思念的心情是最为突出的,加上工作强度大,环境陌生,活动范围受到一定的限制,所以在国外务工期间职工的思想情绪容易出现波动、烦躁。"在家千日好,出门处处难",如果遇到困难,人的思想压力就会加大,所以在外期间,单位要做好职工的思想工作,要经常组织一些文体活动,聊聊天、谈谈心。在国内也要解决好职工的后顾之忧,组织上应多关注职工、关心职工,上级领导打个电话或进行慰问,都是对现场职工最大的安慰,一个电话、一句问候、一个握手,都可以平稳职工情绪,激发干劲。同时个人要妥善处理好工作、家庭生活等关系,学会自我调节情绪,保持身心健康。

CHAPTER 8

第 8 章

控制测量基准设计

控制测量基准包括平面坐标系统和高程基准。对控制测量基准进行设计,首先要理解椭球、坐标系、投影的概念和关系,大地水准面和高程的概念和关系,然后根据当地国和工程实际情况的需要,设计适合的坐标系统和高程基准。

8.1 椭球与坐标投影

8.1.1 椭球

在控制测量中,用来代表地球的椭球叫做地球椭球,通常简称"椭球",它是地球的数学模型。而具有一定几何参数、定位及定向的用以代表某一地区大地水准面的地球椭球叫做参考椭球。地面上一切观测元素都应归算到参考椭球面上,并在这个面上进行计算。参考椭球面是大地测量计算的基准面,同时又是研究地球形状和地图投影的参考面。

地球椭球是经过适当选择的旋转椭球。旋转椭球是椭圆绕其短轴旋转而成

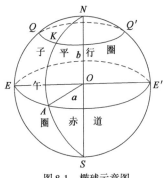

图 8-1　椭球示意图

的几何形体。如图 8-1 所示,其中,O 是椭球中心,NS 为旋转轴,a 为长半轴,b 为短半轴。

包含旋转轴的平面与椭球面相截所得的椭圆,叫子午圈(或经圈、子午椭圆),如 $NKAS$。垂直于旋转轴的平面与椭球面相截所得的圆,叫纬圈,也叫平行圈,如 QKQ'。通过椭球中心的平行圈,叫赤道,如 EAE'。赤道是最大的平行圈,而南极点、北极点是最小的平行圈。

旋转椭球的形状和大小是由子午椭圆的 5 个基本几何参数(或称元素)来决定的,分别为:

①椭球的长半轴 a。

②椭球的短半轴 b。

③椭球的扁率 $f = \dfrac{a - b}{a}$。

④椭球的第一偏心率 $e = \dfrac{\sqrt{a^2 - b^2}}{a}$。

⑤椭球的第二偏心率 $e' = \dfrac{\sqrt{a^2 - b^2}}{b}$。

其中 a、b 称为长度元素;扁率 f 反映了椭球的扁平程度;偏心率 e 和 e' 是子午椭圆的焦点离开中心的距离与椭圆半径之比,它们也反映椭球的扁平程度,偏心率愈大,椭球愈扁。

传统大地测量利用天文大地测量和重力测量资料推求地球椭球的几何参数。19 世纪以来,已经求出许多地球椭球参数,比较著名的有贝塞尔椭球(Bessel 1841)、克拉克椭球(Clarke 1866)、海福特椭球(Hayford 1909)和克拉索夫斯基椭球(Krassovsky 1940)等。20 世纪 60 年代以来,随着空间大地测量学的兴起和发展,为研究地球形状和引力场开辟了新途径。国际大地测量和地球物理联合会(IUGG)已推荐了更精密的椭球参数,比如第 16 届 IUGG 大会(1975 年)推荐的 1975 年国际椭球参数(IAG 1975)等。

我国建立的 1954 年北京坐标系应用的是克拉索夫斯基椭球;1980 年西安坐标系应用的是 1975 年国际椭球;国家 2000 大地坐标系应用的是 CGCS 椭球;而美国全球定位系统(GPS)应用的是 WGS 84 椭球参数。常用的椭球参数见表 8-1。

世界上常用的参考椭球参数值

表 8-1

序号	椭 球 名 称	长半轴 a(m)	扁率 $1/f$
1	Airy 1830	6377563.396	299.32496460000
2	Airy Modified 1849	6377340.189	299.32496460000
3	Australian National Spheroid	6378160.000	298.25000000000
4	Average Terrestrial System 1977	6378135.000	298.25700000000
5	Bessel 1841	6377397.155	299.15281280000
6	Bessel Modified	6377492.018	299.15281280000
7	Bessel Namibia	6377483.865	299.15281280000
8	Bessel Namibia(GLM)	6377397.155	299.15281280000
9	CGCS 2000	6378137.000	298.25722210100
10	Clarke 1866	6378206.400	294.97869820000
11	Clarke 1880(Arc)	6378249.145	293.46630770000
12	Clarke 1880(RGS)	6378249.145	293.46500000000
13	Clarke 1880(SGA 1922)	6378249.200	293.46598000000
14	Danish 1876	6377019.270	300.00000000000
15	Everest 1830(1937 Adjustment)	6377276.345	300.80170000000
16	Everest 1830(1962 Definition)	6377301.243	300.80172550000
17	Everest 1830(1967 Definition)	6377298.556	300.80170000000
18	Everest 1830(1975 Definition)	6377299.151	300.80172550000
19	Everest 1830(RSO 1969)	6377295.664	300.80170000000
20	Everest 1830 Modified	6377304.063	300.80170000000
21	Fisher 1960(Mercury)	6378166.000	298.30000000000
22	Fisher 1960(South Asia)	6378155.000	298.30000000000
23	Fisher 1968	6378150.000	298.30000000000
24	GEM 10C	6378137.000	298.25722356300
25	GRS 1967	6378160.000	298.24716742700
26	GRS 1967 Modified	6378160.000	298.25000000000
27	GRS 1980	6378137.000	298.25722210088
28	GSK - 2011	6378136.500	298.25641510000
29	Hayford 1909	6378388.000	297.00000000000
30	Helmert 1906	6378200.000	298.30000000000

续上表

序号	椭球名称	长半轴 $a(m)$	扁率 $1/f$
31	Hough 1960	6378270.000	297.00000000000
32	IAG 1975	6378140.000	298.25700000000
33	Indonesian National Spheroid	6378160.000	298.24700000000
34	International 1924	6378388.000	297.00000000000
35	Krassovsky 1940	6378245.000	298.30000000000
36	NWL 9D	6378145.000	298.25000000000
37	OSU86F	6378136.200	298.25722356300
38	OSU91A	6378136.300	298.25722356300
39	Plessis 1817	6376523.000	308.64000000000
40	PZ – 90	6378136.000	298.25783930300
41	South American 1969	6378160.000	298.25000000000
42	Struve 1860	6378298.300	294.73000000000
43	War Office	6378300.000	296.00000000000
44	WGS 72	6378135.000	298.26000000000
45	WGS 84	6378137.000	298.25722356300
46	Zach 1812	6376045.000	310.00000000000

在常用的测量软件如 Trimble 软件工具 Coordinate System Manager、Leica 的 LGO 坐标系统、ArcGIS、ArcInfo、Global Mapper 等软件坐标系统工具中,以及由国际油气生产者协会(OGP)/欧洲石油勘探组织(EPSG)建立的 EPSG 大地测量参数数据集(简称 EPSG 数据集)中,均有各种椭球参数,可参考使用。

8.1.2 坐标系

为了表示地面上某一点的位置,必须建立相应的坐标系,以便可以唯一地确定其空间位置,并且这些位置坐标之间可以按给出的相应公式直接进行精确的相互换算,因为它们的椭球大小及其相对地球表面的相对位置都是确定不变的。工程测量中经常用到的几种常用坐标系介绍如下。

1)大地坐标系

大地坐标系是大地测量中以参考椭球面为基准面建立起来的坐标系。地面点的位置用大地经度、大地纬度和大地高度表示。大地坐标系的确立包括选择一个椭球、对椭球进行定位和确定大地起算数据。一个参考椭球确定了地球椭球的形状、大小和定位、定向,则标志着大地坐标系已经建立。大地坐标系为右手系。如图 8-2 所示,P 点的子午面 NPS 与起始子午面 NGS 所构成的二面角 L,叫做 P 点的大地经度,由起始子午面起算,向东为正,叫东经($0° \sim 180°$),向西为负,叫西经($0° \sim 180°$)。P 点的法线 P_n 与赤道面的夹角 B,叫做 P 点的大地纬度。由赤道面起算,向北为正,叫北纬($0° \sim 90°$);向南为负,叫南纬($0° \sim 90°$)。从地面点 P 沿椭球法线到椭球面的距离叫大地高。

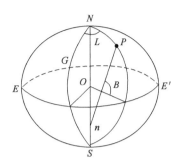

图 8-2　大地坐标系

大地坐标系是用大地经度 L、大地纬度 B 和大地高 H 表示地面点位的。大地坐标坐标系中,P 点的位置用 L、B 表示。如果点不在椭球面上,表示点的位置除 L、B 外,还要附加另一参数——大地高 H,它同正常高 H_r 及正高 H_g 有如式(8-1)关系如下:

$$\begin{cases} H = H_r + \zeta & （高程异常） \\ H = H_g + N & （大地水准面差距） \end{cases} \qquad (8\text{-}1)$$

大地坐标系是大地测量的基本坐标系,具有如下的优点:

(1)它是整个椭球上统一的坐标系,是全世界公用的最方便的坐标系统。经纬线是地形图的基本线,所以在测图及制图中应用这种坐标系。

(2)它与同一点的天文坐标(天文经纬度)比较,可以确定该点的垂线偏差的大小。

因此,大地坐标系对于大地测量计算、地球形状研究和地图编制等都很有用。

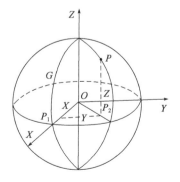

图 8-3　空间直角坐标系

2)空间直角坐标系

如图 8-3 所示,以椭球中心 O 为原点,起始子午面与赤道面交线为 X 轴,在赤道面上与 X 轴正交的方向为 Y 轴,椭球的旋转轴为 Z 轴,构成右手坐标系 $O\text{-}XYZ$,在该坐标系中,P 点的位置用 (X, Y, Z) 表示。

3)平面直角坐标系

在实际测量工作中,若用以角度为计量单位的球面坐标来表示地面点的位置是不方便的,通常是采用平面直角坐标。对于一个国家或较大地区,应将参考椭球面上各点的大地经纬度按照一定的数学法则,投影为平面上相应点的平面直角坐标。投影的方法在下节进行介绍。

测量工作中所用的平面直角坐标系与数学上的笛卡尔直角坐标系实质相同而形式不同,测量上的平面直角坐标系以纵轴为 x 轴,一般表示南北方向,以横轴为 y 轴,一般表示东西方向,象限为顺时针编号,直线的方向都是从纵轴北端按顺时针方向度量的,测区内任一地面点用坐标 (x,y) 来表示,如图 8-4 所示。

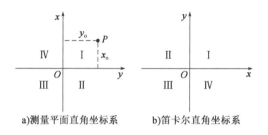

a)测量平面直角坐标系　　　　b)笛卡尔直角坐标系

图 8-4　平面直角坐标系

当测区的范围较小,如厂房、水利枢纽、矿区等几千米或十几千米范围内,可忽略地球曲率对该区的影响而将其当作平面看待,建立独立平面直角坐标系。一般选定子午线方向为纵轴,即 x 轴,原点设在测区的西南角,以避免坐标出现负值。测区内任一地面点用坐标 (x,y) 来表示,因它们与当地国家或城市统一坐标系没有必然联系而称为独立平面直角坐标系。独立的平面直角坐标系可通过与国家坐标系联测而得到换算关系,以便纳入统一坐标,用于规划、报批。

8.1.3　投影

投影就是将椭球面各元素(包括坐标、方向和长度)按一定的数学法则投影到平面上。可用下面两个方程式(8-2)(坐标投影公式)表示:

$$\begin{cases} x = F_1(L,B) \\ y = F_2(L,B) \end{cases} \tag{8-2}$$

式中:L、B——椭球面上某点的大地坐标;

　x、y——该点投影后的平面直角坐标。

由于椭球面是一个凸起的、不可展平的曲面。将这个曲面上的元素(距离、角度、图形)投影到平面上,就会和原来的距离、角度、图形呈现差异,这一差异称为投影变形。

由于地球椭球面是不可展曲面,无论采用何种投影方式都会产生变形,投影变形的形式有长度、方向、角度和面积变形。

按变形性质,相应的投影方式分类为:

(1)等角投影(又称为正形投影)——投影前后的角度相等,但长度和面积有变形。

(2)等距投影——投影前后的长度相等,但角度和面积有变形;

(3)等积投影——投影前后的面积相等,但角度和长度有变形。

按经纬网投影形状分类(图8-5):

(1)方位投影

取一平面与椭球极点相切,将极点附近区域投影在该平面上。纬线投影后为以极点为圆心的同心圆,而经线则为它的向径,且经线交角不变。

(2)圆锥投影

取一圆锥面与椭球某条纬线相切,将纬圈附近的区域投影于圆锥面上,再将圆锥面沿某条经线剪开成平面。在这种投影中,纬线投影成同心圆,经线是这些圆的半径,且经线交角与经差成比例。

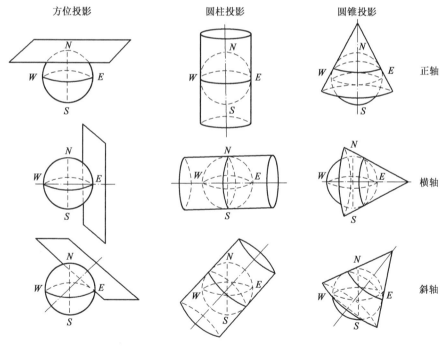

图8-5 投影分类示意图

(3)圆柱(或椭圆柱)投影

取圆柱(或椭圆柱)与椭球赤道相切,将赤道附近区域投影到圆柱面(或椭圆柱面)上,然后将圆柱或椭圆柱展开成平面。在这类投影中,纬线投影为一组平行线,且对称于赤道;经线是与纬线垂直的另一组平行线。

按投影面和原面的相对位置关系来进行分类(图8-5):

(1)正轴投影:即圆锥轴或圆柱轴与地球自转轴相重合时的投影,此时称正轴圆锥投影或正轴圆柱投影。

(2)斜轴投影:即投影面与原面相切于除极点和赤道以外的某一位置所得的投影。

(3)横轴投影:投影面的轴线与地球自转轴相垂直,且与某一条经线相切所得的投影,如横轴椭圆柱投影等。

除此之外,为调整变形分布,投影面还可以与地球椭球相割于两条标准线,这就是所谓割圆锥、割圆柱投影等。

下面介绍常用的一些典型投影。

1)横轴墨卡托投影(TM投影,高斯—克吕格投影)

高斯—克吕格投影,简称"高斯投影",是一种等角横切椭圆柱投影,也即横轴墨卡托投影(Transverse Mercator Projection,简称"TM投影")。如图8-6a)所示,假想有一个椭圆柱面横套在地球椭球外面,并与某一条子午线(此子午线称为中央子午线或轴子午线)相切,椭圆柱的中心轴通过椭球中心,然后用一定投影方法,将中央子午线两侧各一定经差范围内的地区投影到椭圆柱面上,再将此柱面展开即成为投影面,如图8-6b)所示,此投影为高斯投影。高斯投影是正形投影的一种。我国大地测量中,采用的就是这种横轴椭圆柱面等角投影,即高斯投影。

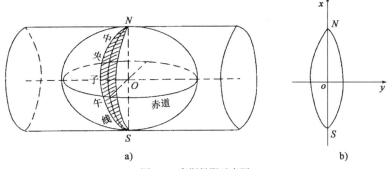

图8-6 高斯投影示意图

(1)分带投影

如图8-7所示,高斯投影6°带:全球共分为60个投影带,东半球自0°子午线起每隔经差6°自西向东分带,东半球从东经0°~6°为第一带,中央经线为3°,依次编号1,2,3,…带号用 n 表示,西半球投影带从180°回算到0°,编号为31～60,中央子午线的经度用 L_0 表示。6°带投影代号 n 和中央经线经度 L_0 的计算公式为:东半球 $L_0 = 6n - 3$;西半球 $L_0 = 360 - (6n - 3)$。

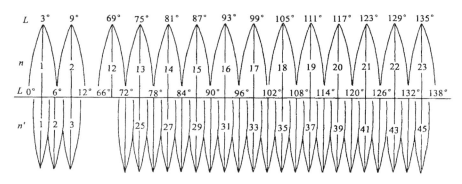

图8-7 分带投影示意图

高斯投影 3°带:从东经 1°30′起,每 3°为一带,东经 1°30′ – 4°30′,…,178°30′ – 西经 178°30′,…,1°30′ – 东经 1°30′,全球划分为 120 个投影带,它的中央子午线一部分同6°带中央子午线重合,一部分同6°带的分界子午线重合。如用 n' 表示3°带的带号,L 表示3°带中央子午线经度,在东半球,它们的关系表示为 $L = 3n'$,中央经线为 3°、6°…180°。在西半球有 $L = 360 - 3n'$,中央经线为西经 177°、…、3°、0°。

(2)高斯平面直角坐标系

如图 8-8 所示,在投影面上,中央子午线(中央经线)和赤道的投影都是直线,并且以中央子午线和赤道的交点 O 作为坐标原点,以中央子午线的投影为纵坐标 x 轴,以赤道的投影为横坐标 y 轴。

由于初始坐标原点位于投影中心,在直角坐标系中除了第Ⅰ象限外,其他区域的点投影后就会出现坐标负值,为了避免这种情况,在东坐标或北坐标人为地加上一个使坐标不出现负值的加常数,这样就会出现一个原点伪坐标。

对于高斯投影坐标系,需定义参数包括:

①初始原点纬度 B_0:0。

②初始原点经度(中央子午线) L_0:东经为 +,西经为 –。

③初始原点(在中央子午线上)的投影长度

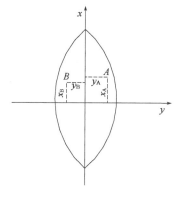

图8-8 高斯平面直角坐标系

比为 $m_0:1$。

④东坐标加常数 FE:500000m。

⑤北坐标加常数 FN:0(北半球),10000000m(南半球)。

例如,如图 8-9 所示,在北半球,北坐标都是正的,6°带的东坐标最大值(在赤道上)约为 330km,为了避免出现负值,FE 一般为 500000m。而在南半球,FE 也为 500000m,FN 为 10000000m。

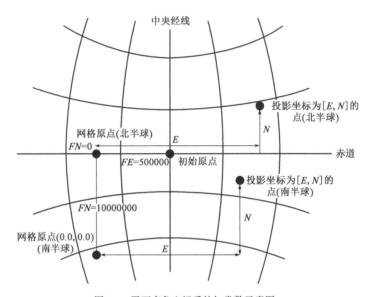

图 8-9 平面直角坐标系的加常数示意图

此外还应在坐标前面再冠以带号,这种坐标称为国家统一坐标。

【算例1】 有一点的东坐标 y = 19123456.789m,该点位在 19 带内,其相对于中央子午线而言的东坐标则是:首先去掉带号,再减去 500000m,最后得 y = -376543.211m。

(3)高斯平面投影的特点及投影变形

高斯投影在中央子午线无变形,没有角度变形、图形保持相似,离中央子午线越远变形越大。高斯投影正反算及换带计算(包括其他投影正反算及换带)常用测绘软件均有,在此不再介绍有关公式,如有需要详细公式的可在《大地测量学》等教材里查阅,这里只介绍投影变形相关计算,在工程测量的坐标系设计中会经常用到。高斯投影变形长度比按近似公式(8-3)计算。

$$m = 1 + \frac{y^2}{2R^2} \tag{8-3}$$

式中:m——投影长度比;

　　R——椭球平均曲率半径;

　　y——东坐标,也即距中央子午线的距离。

由投影尺度比可知,每千米投影变形值可按 $m = \dfrac{y^2}{2R^2} \times 10^6 (\text{mm/km})$ 计算。

【算例2】　计算测区某处投影变形值,假设测区某处东坐标为 50km,取 $R = 6371$km,则其每千米最大投影变形为:

$$(1 + 50 \times 50/2/6371/3371) \times 1000000 = 30.8 (\text{mm/km})$$

2)通用横轴墨卡托投影(UTM 投影)

通用横轴墨卡托投影(Universal Transverse Mercator Projection,简称"UTM 投影")由美国军事测绘局 1938 年提出,1945 年开始采用。是一种"等角横轴割圆柱投影",它的投影条件与高斯投影相比是取"中央经线投影长度比不等于 1 而是等于 0.9996",如图 8-10 所示,投影后两条割线上没有变形,它的平面直角坐标系与高斯投影相同,且和高斯投影坐标有一个简单的比例关系,因而有的文献上也称它为 $m_0 = 0.9996$ 的高斯投影。椭圆柱割地球于南纬 80°、北纬 84° 两条等高圈,投影后两条相割的经线上没有变形,离中央经线左右约 180km 处有两条不失真的标准经线,而中央经线上长度比 0.9996。

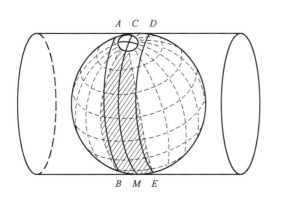

图 8-10　通用横轴墨卡托投影

(1)UTM 分带及平面直角坐标系

如图 8-11 所示,UTM 投影采用 6° 分带,将全球划分为 60 个投影带,带号 1,2,3,…,60 连续编号,每带经差为 6°,由于 UTM 是由美国制定,因此起始分带并不在本初子午线,而是在 180°,这样使所有美国本土都处于 0 ~ 30 带内。从东经 180°(或西经 180°)开始,从经度 180°W 和 174°W 之间为起始带(1 带),连续向东编号。1 带的中央经线为 –177(+183),而 0°经线为 30 带和 31 带的分界,这两带的中央经线分别是 –3 和 +3°。在南纬 80°至北纬 84°范围内使用。纬度采用 8°分带,从 80°S 到 84°N 共 20 个纬度带(X 带多 4°),分别用 C 到 X 的字母来表示。为了避免和数字混淆,I 和 O 没有采用。

UTM 投影带带号用 Z 来表示,其与中央子午线经度的关系为:

东半球:$Z = (183 + L)/6$;西半球:$Z = (183 - L)/6$。

UTM 平面直角坐标系与高斯投影相同,其投影后平面坐标的加常数同 TM 投影。在北半球,FE 为 500000 m,FN 为 0m;而在南半球,FE 也为 500000m,FN 为 10000000m。

(2)UTM 投影条件

①中央经线和赤道投影后为相互垂直的直线,且为投影的对称轴。

②投影具有等角性质。

③中央经线上的投影长度比 $m_0 = 0.9996$。

(3)UTM 与高斯投影的异同

UTM 投影的直角坐标与高斯投影坐标只有一个常系数 0.9996 的差异,一般可认为是系数为 0.9996 的高斯投影,其平面直角坐标可用以下简易公式(8-4)进行换算:

$$\begin{cases} x_{\text{UTM}} = 0.9996\, x_{\text{高斯}} \\ y_{\text{UTM}} = 0.9996\, y_{\text{高斯}} \end{cases} \tag{8-4}$$

式中:x_{UTM}、y_{UTM}——UTM 投影平面坐标系中的坐标;

$x_{\text{高斯}}$、$y_{\text{高斯}}$——高斯投影平面坐标系中的坐标。

根据长度比公式可推导计算得到下式:

$$m = m_0 + m_0 \frac{m_0^2 y^2}{2R^2} \tag{8-5}$$

式中:m_0——中央子午线上的投影长度比。

由投影尺度比可知,每千米投影变形值为 $(m - 1) \times 10^6 (\text{mm/km})$。

UTM 投影的坐标中,因 $m_0 = 0.9996$,则 UTM 的投影变形按式(8-6)进行计算。对于其他横轴墨卡托投影,可按式(8-5)计算:

$$m = 0.9996 + 0.4994 \frac{y^2}{R^2} \tag{8-6}$$

UTM 投影坐标系中央子午线的投影长度比为 0.9996,则其每千米最大投影

变形为:$(0.9996 - 1) \times 1000000 = -400(\text{mm/km})$

【算例3】 计算 UTM 投影坐标系中测区某处投影变形值,假设测区某处东坐标为 50km,取 $R = 6371\text{km}$,则其每千米最大投影变形为:

$(0.9996 + 0.4994 \times 50 \times 50/6371/3371 - 1) \times 1000000 = 369(\text{mm/km})$

根据以上公式,对 UTM 投影与高斯投影分别计算距离中央子午线 0 ~ 200km 范围内的每千米投影变形值,对比结果见图 8-11。

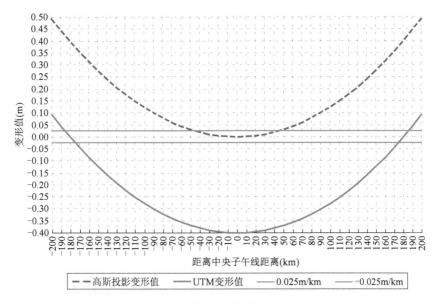

图 8-11 UTM 投影与高斯投影变形对比图

从图中可以看出 UTM 投影与高斯投影变形有不同的特点,具体有:

(1)UTM 投影与高斯投影变形相比,两投影的变形值均呈对称型,高斯投影变形均为正值,且离中央子午线越远变形越大;而 UTM 投影在中央子午线处负变形值最大,离中央子午线越远变形越小,直到东西各约 180.3km 的两条割线上,投影变形值为 0,距离这两条割线越远变形越大,在两条割线以内长度变形为负值,在两条割线之外长度变形为正值。

(2)UTM 投影在中央子午线处投影变形值约为 -40cm/km,实测边长归算到参考椭球面上的变形值也为负,两者变形同号,通过改变投影面高程来抵偿投影变形便不能实现。

(3)如果变形量不超过 25mm/km,UTM 投影只有距中中央子午线[174.5km,185.9km]和[-185.9km,-174.5km]满足,带宽分别只有 11.4km,而高斯投影带宽约为 90km;如果变形量不超过 10mm/km,UTM 投影只有距中中央子午线

$[178.0\text{km},182.5\text{km}]$ 和 $[-182.5\text{km},-178.0\text{km}]$ 满足,带宽分别只有 4.5km,而高斯投影带宽约为 56km。

根据以上对比分析,UTM 投影与高斯投影有比较明显的区别,对于使用 UTM 投影建立的国家坐标系统,显然难以满足一般的工程测量的不超过 25mm/km 的投影变形要求。

除 UTM 投影外,还有一些国家采用了类似 UTM 投影方式,即 m_0 不为 0.9996 也不为 1 的 TM 投影,其投影原理及特点与 UTM 投影基本相同,这些依经线分带的一族横轴等角投影统称为高斯投影族,在高斯投影族中,其参数组合有无穷多种投影方法。对于除高斯投影和 UTM 投影以外的其他高斯投影族(或其他横轴墨卡托投影)坐标系,需定义参数包括:

①初始原点纬度 B_0。

②初始原点经度(中央子午线)L_0。

③初始原点(在中央子午线上)的投影长度比 m_0。

④东坐标加常数 FE。

⑤北坐标加常数 FN。

选用的其他横轴墨卡托投影的各国家或地区的投影长度比见表 8-2。

其他横轴墨卡托投影　　　　　　　　　　　　表 8-2

序号	国家或地区	m_0
1	加拿大 Canada 克罗地亚 Croatia 日本 Japan 印度尼西亚 Indonesia 塞尔维亚 Serbia 斯洛文尼亚 Slovenia	0.9999
2	菲律宾 Philippines（PTM）	0.99995
3	斐济 Fiji	0.9998548
4	爱尔兰 Ireland	1.000035（IMG1975）0.99982（ITM）
5	以色列 Israel（ITM）	1.0000067
6	立陶宛 Lithuania	0.9998
7	新南威尔士州（澳大利亚州名）New South Wales	0.99994
8	波兰 Polska	0.999923
9	卡塔尔 Qatar	0.99999
10	斯里兰卡 Sri Lanka	0.99992384
11	英国 UK（OSTN02）	0.9996012717

3）斜轴墨卡托投影

TM 投影方法一般适用于东西方向分带的地图，并通过限制带宽来降低投影变形。有时由于国家版图的形状、工程的走向，可采用中心线与国家版图或工程走向相一致的单投影带投影，不选择标准的所谓中央子午线，而是选择用一条特殊方位的直线横穿投影区，来代替中央子午线，并且按照 TM 投影的规则来建立一套投影，这就是斜轴墨卡托投影。这种单独的斜投影带适合横向跨度较大、纵向比较狭窄、并且区域延伸方向与子午线相割的地域，它可以用于在某个方向延伸而在另外一个方向幅度较小的版图，比如东/西马来西亚、文莱等狭长的领土，也可用于带状工程，如铁路工程。斜轴墨卡托投影通常选取过某一点（通常是成图区中心）的特定方位线，或两个选定点之间的测地线（椭球上两点间的最短路径）作为初始线。

斜轴墨卡托投影也是一种等角切圆柱投影，是由于圆柱面与地球相割或相切从而划分为割圆柱或切圆柱投影。斜轴墨卡托投影的建立步骤：首先斜轴墨卡托投影需要通过一个圆球体作为中间过渡，确定比较合适的区域性椭球，再将区域性椭球面的大地坐标按照一定的方法投影转换到一个球面上，再将球面上的大地坐标通过建立极坐标并选择新极点之后投影转换到平面上。其变形性质基本和高斯投影相似，也是随着所切大圆的距离增加使得变形逐渐增加。同时它也是一种保角投影，与高斯投影不同的是它需要将地球的极点改变，以新极点为天顶，根据投影线路的走向与斜轴圆球的关系，将投影圆柱横套或整套在斜轴圆球的外面，并且与斜轴圆球的中央子午线相切。

如图 8-12 所示，穿过投影区的初始线方位角为 α_c，初始线经过投影中心（φ_c，λ_c），该线与过渡球的交点位于过渡球赤道，交点坐标（u，v）是坐标系的原点，u 轴方向沿初始线，v 轴与之垂直（u 轴顺时针旋转 90°）。投影公式计算时，首先计算（u，v）坐标系（根据初始线定义）中的坐标，然后通过正交变换将坐标校正到常规意义上的投影东和投影北，所以该方法又称"正形斜校正投影"。在定义投影网格的斜方位角时，该投影要求方位角的定义必须使初始原点处（投影初始线与过渡球赤道的交点）的网格北与真北能保持一致。为了保证投影区网格坐标均为正值，引入了伪坐标，就是将投影中心的坐标定义为（E_c，N_c），或在初始原点处定义东伪偏移（FE）和北伪偏移（FN）。

斜轴墨卡托投影有两种定义，不同之处就在于定义假值的原点不同。如果假值定义在自然原点，就成为洪特尼（Hotine）斜轴墨卡托投影，如果假值定义在投影中心就构成斜轴墨卡托投影。洪特尼斜轴墨卡托投影也称为斜轴圆柱正形投影,它是沿斜轴旋转墨卡托投影所得的投影。此投影专用于为斜向延伸的区域绘制等角地图,这些区域既不朝南北方向也不朝东西方向。

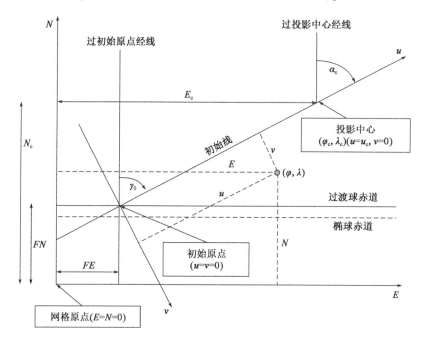

图 8-12　斜轴墨卡托投影

改良斜轴正射投影(RSO)似于洪特尼(Hotine)斜轴墨卡托投影(HOM)。这种投影在马来半岛和文莱得到应用,其变形程度会随着距中央子午线距离的增加而快速增大。多年来,文莱一直使用婆罗洲纠正斜轴正形(RSO)投影的直角坐标系为全国地籍和地形服务,文莱新坐标系统 RSO 投影参数见表 8-3。另外丹麦(西兰岛投影参数见图 8-13)、马来西亚、沙特等一些国家大地坐标系也使用斜轴墨卡托投影。

斜轴墨卡托投影的定义参数如下:

①投影中心纬度(初始线上的原点)φ_c。

②投影中心经度 λ_c。

③初始线方位角(在投影中心上)α_c。

④初始线上的投影长度比 k_c。

⑤网格斜方位角 γ_c。

⑥东伪偏移(投影初始原点东偏 FE)或投影中心东偏 E_c。

⑦北伪偏移(投影初始原点北偏 FN)或投影中心北偏 N_c。

文莱新坐标系统 RSO 投影参数　　　　　　　　　表 8-3

参　数	取　值
椭球	GRS 80
长半轴 a	6378137.000m
扁率 f	1/298.2572221
投影中心纬度 φ_c	4°00′00″N
投影中心经度 λ_c	115°00′00″E
网格斜方位角 γ_c	arcsin(0.8)
初始线方位角 α_c	53°18′56.91582″
初始线上的投影长度比 k_c	0.99984
东伪偏移 FE	0
北伪偏移 FN	0

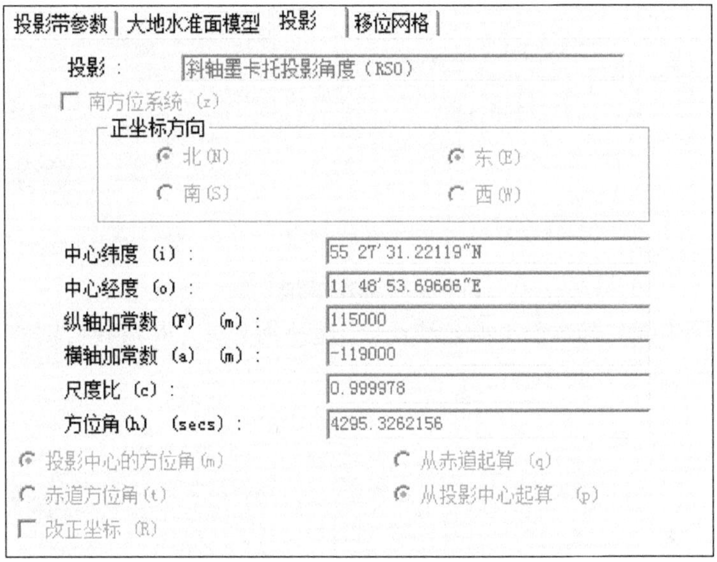

图 8-13　丹麦西兰岛投影参数

由于斜轴墨卡托投影是按照 TM 投影的规则来建立的投影,其投影变形计算原理与 TM 投影一致。

4)兰勃特投影(Lambert)

兰勃特投影是由德国数学家兰勃特拟定的,故称为兰勃特投影。兰勃特投影是一种无角度变形的正形正轴圆锥投影,将正圆锥套在地球椭球上,使圆锥面相切或相割于椭球面,根据正形投影的投影条件,将椭球投影到圆锥面上,纬线沿着母线展开成为同心圆,经线沿着母线展开成为指向两极的辐射直线。根据圆锥面与椭球面相切或相割的关系,分为兰勃特切圆锥投影和兰勃特割圆锥投影。

如图 8-14 所示,设想用一个圆锥套在地球椭球面上,使圆锥轴与椭球自转轴相一致,使圆锥面与椭球面一条纬线(纬度 B_0)相切,按照正形投影的一般条件和兰勃特投影的特殊条件,将椭球面上的纬线(又称平行圈)投影到圆锥面上成为同心圆,经线投影圆锥面上成为从圆心发出的辐射直线,然后沿圆锥面某条母线(一般为中央经线 L_0)将圆锥面切开而展成平面,从而实现了兰勃特切圆锥投影。

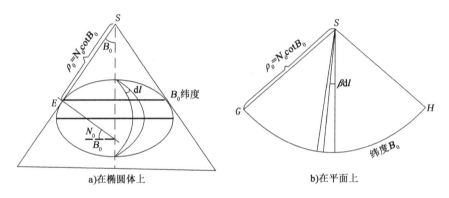

图 8-14　兰勃特切圆锥投影

如果圆锥面与椭球面上两条纬线(纬度分别为 B_1、B_2)相割,则称为兰勃特割圆锥投影,如图 8-15 所示。

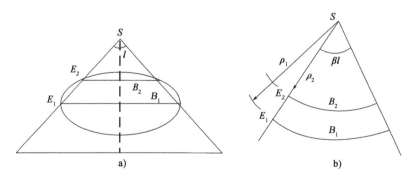

图 8-15　兰勃特割圆锥投影

　　圆锥面与椭球面相切的纬线(纬度B_0)称为标准纬线。将中央子午线的投影作为该投影平面直角坐标系的x轴;将中央子午线与标准纬线相交的投影点作为坐标原点o,过原点o作与标准纬线投影相切的直线,亦即从原点o作x轴的垂线,作为该投影直角坐标系y轴(指向东为正),从而构成兰勃特切圆锥投影平面直角坐标系(图8-16)。

　　在该坐标系中任意点P的坐标(x,y)与极坐标有如式(8-7)关系。

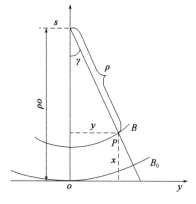

$$\begin{cases} x = \rho_0 - \rho\cos\gamma \\ y = \rho\sin\gamma \\ \rho = Ke^{-\beta q} \\ \gamma = \beta l \end{cases} \quad (8\text{-}7)$$

图8-16　兰勃特切圆锥投影平面直角坐标系

式中:ρ_0——标准纬线处的极距;

　　　K——比例常数;

　　　β——圆锥常数;

　　　q——纬度B处的等量纬度;

　　　e——自然对数底;

　　　l——经差。

　　对于纬向延伸不大而经向延伸较大的领土,其地图投影不适宜采用多分带的横轴墨卡托投影,此时兰勃特等角圆锥投影往往为更佳的选择;如果纬向延伸也较大,那么兰勃特等角圆锥投影就需要采用两个或多个分带,以免投影带边缘的投影变形过大而造成误差。

　　单标准纬线圆锥投影的标准纬线是圆锥与椭球面的交线,地图主比例尺沿该线保持不变。该投影坐标系的初始原点是标准纬线与中央经线的交点,其纬线的间隔是变化的,距标准纬线越远纬线间隔越大,由此保持投影的等角特征;而其经线则均为直线,从椭球短半轴延长线上的点向外辐射。

　　尽管单标准纬线兰勃特投影通常将标准纬线上的比例因子设置为1,但有时也采用略小于1的比例因子,早期的法国就经常这么做,此时在标准纬线南、北就出现两条比例因子为1的纬线,这样投影就演变成为严格意义上的双标准纬线兰勃特等角圆锥投影。可见从单标准纬线及其比例因子可以导出双标准纬线兰勃特等角圆锥投影,但实际中很少这么做,因为由此得到的双标准纬线通常不是整度或整分、整秒。常见的做法是人为选取两条特定的标准纬线,并设定该双标准纬线上的比例因子为1,美国的州平面坐标系就是一例。

单标准纬线兰勃特等角圆锥投影(1SP)的定义参数如下:

①初始原点纬度(标准纬线)。

②初始原点经度(中央经线)。

③初始原点投影长度比(在标准纬线上)。

④东伪偏移。

⑤北伪偏移。

双标准纬线兰勃特等角圆锥投影(2SP)的定义参数如下:

①伪原点纬度。

②伪原点经度(中央经线)。

③第一标准纬线纬度。

④第二标准纬线纬度。

⑤伪原点东偏。

⑥伪原点北偏。

如法国(CC50投影带参数见图8-17)、比利时、爱沙尼亚、冰岛、波多黎各、哥斯达黎加、摩洛哥采用的就是兰勃特投影。

图8-17 法国大地坐标系CC50投影带参数

兰勃特切圆锥投影长度比的公式如下:

$$m = \frac{\beta\rho}{N\cos B} \qquad (8\text{-}8)$$

式中：m——切圆锥投影长度比；

　　　B——待求边平均纬度，B_0 为标准纬度；

　　　β——由兰勃特投影条件决定的常系数，$\beta = \sin B_0$；

　　　N——待求边对应的卯酉圈的曲率半径，$N = a / \sqrt{1 - e^2 \cos^2 B}$；

　　　ρ——待求边所在纬线的极距，$\rho = \rho_0 e^{\beta(q_0 - q)}$，$q = \dfrac{1}{2} \ln \dfrac{1 + \sin B}{1 - \sin B} - \dfrac{e}{2} \ln \dfrac{1 + e \sin B}{1 - e \sin B}$；

　　　ρ_0——标准纬线的极距，$\rho_0 = K e^{-\beta \Delta q}$，$K = N_0 \cot B_0 e^{q_0 \sin B_0}$。

为方便计算，用直角坐标计算长度比 m 的近似公式如下：

$$m = 1 + \frac{V_0^2}{2 N_0^2} x^2$$
$$= 1 + \frac{x^2}{2 R_0^2} \tag{8-9}$$

式中：$V_0 = \sqrt{1 + e'^2 \cos^2 B_0}$，$e'$ 为第二偏心率，$e' = \dfrac{\sqrt{a^2 - b^2}}{b}$；

　　　$N_0 = a / \sqrt{1 - e^2 \cos^2 B_0}$，$e$ 为第一偏心率，$e = \dfrac{\sqrt{a^2 - b^2}}{a}$；

　　　R_0——平均曲率半径，$R_0 = \dfrac{N_0}{V_0} = \dfrac{a}{\sqrt{1 - e^2 \cos^2 B_0} \sqrt{1 + e'^2 \cos^2 B_0}}$。

兰勃特割圆锥投影长度比的公式如下：

$$m = \frac{\beta \rho}{N \cos B} \tag{8-10}$$

式中：m——割圆锥投影长度比；

　　　B——待求边平均纬度，B_1、B_2 为标准纬度；

　　　β——由兰勃特投影条件决定的常系数，$\beta = \dfrac{1}{q_2 - q_1} \ln \left(\dfrac{N_1 \cos B_1}{N_2 \cos B_2} \right)$；

　　　N——待求边对应的卯酉圈的曲率半径，$N = a / \sqrt{1 - e^2 \cos^2 B}$；

　　　ρ——待求边所在纬线的极距，$\rho = \rho_0 e^{\beta(q_0 - q)}$，$q = \dfrac{1}{2} \ln \dfrac{1 + \sin B}{1 - \sin B} - \dfrac{e}{2} \ln \dfrac{1 + e \sin B}{1 - e \sin B}$；

　　　ρ_0——标准纬线的极距，$\rho_0 = K e^{-\beta \Delta q}$，$K = \dfrac{N_1 \cos B_1}{\beta e^{-\beta q_1}} = \dfrac{N_2 \cos B_2}{\beta e^{-\beta q_2}}$。

在兰勃特割圆锥投影中，在南、北两条标准纬线上，长度比 $m_1 = m_2 = 1$，说明长度没有变形。很显然，当点位于区域 $B_1 < B < B_2$ 时，长度比 m 必小于 1，当在中间平行圈 B_0 处，长度比 m 达最小；当点位于区域 $B < B_1$ 及 $B > B_2$ 时，长度比 m

必大于1。为限制长度变形,同样也必须限制投影的南北宽度,即采用按纬度分带投影。

【算例4】 某兰勃特切圆锥投影参数见表8-4,通过式(8-8)、式(8-9)分别计算34°15′－34°55′每隔5′的投影投影长度比及每千米投影变形值,计算结果一致,见表8-5,从结果来看,用直角坐标 x 及平均曲率半径计算的近似公式较为方便。

某兰勃特切圆锥投影参数 表8-4

投影方式	兰勃特切圆锥投影
原点子午线经度	114°30′
标准纬度	34°35′
比例系数	1
椭球参数(1975 国际椭球)	$a = 6378140\text{m}$ $f = 298.257$ $e^2 = 0.006\ 694\ 384\ 999\ 588$ $e'^2 = 0.006\ 739\ 501819\ 473$

投影变形计算对比表 表8-5

纬　　度	式(8-8)计算的 m	式(8-8)计算的投影变形(mm/km)	x 坐标(m)	式(8-9)计算的 m	式(8-9)计算的投影变形(mm/km)	备　注
34°15′	1.00001682	16.82	－36976.87	1.00001681	16.81	$R_0 = 6378108$
34°20′	1.00000947	9.47	－27732.77	1.00000945	9.45	—
34°25′	1.00000421	4.21	－18488.61	1.00000420	4.20	—
34°30′	1.00000105	1.05	－9244.35	1.00000105	1.05	—
34°35′	1.00000000	0.00	0	1.00000000	0.00	标准纬度
34°40′	1.00000105	1.05	9244.49	1.00000105	1.05	—
34°45′	1.00000421	4.21	18489.12	1.00000420	4.20	—
34°50′	1.00000949	9.49	27733.92	1.00000945	9.45	—
34°55′	1.00001687	16.87	36978.9	1.00001681	16.81	—

从投影长度比计算公式可知,长度比 m 与经度无关。在标准纬线 B_0 处,此时 $x = 0$,长度比为1,没有变形。当离开标准纬线,无论是向南还是向北,$|\Delta B|$ 增加,$|\Delta x|$ 数值增大,因而长度比迅速增大,长度变形也迅速增大。因此,为限制长度变形,必须限制南北域的投影宽度,为此必须按纬度分带投影。为了

限制长度变形,可按纬圈进行分带投影。即取不同的圆锥与各投影带的标准纬线相切或相割,分别进行投影,然后再将各投影带拼接成整体。

兰勃特投影适宜南北狭窄、东西延伸的国家和地区,以及东西向线性、带状工程,其南北向带宽满足 10mm/km 投影变形时约为 55km,25mm/km 时带宽约90km。这些国家根据本国实际情况,采用相应的分带方法和统一的坐标系统。但与高斯投影相比较,这种投影子午线收敛角有时过大,精密的方向改化和距离改化公式也较高斯投影复杂,故在国际工程测量还是建议采用高斯投影。

5)球面投影

球面投影(Stereographic)可以看作地球面在其切平面上的投影,投影范围自切点至过切点直径的另一端。在各种球面投影中极地球面投影最广为人知,它经常用于极地区域的地图制图,填补 UTM 投影在高纬度地区的空缺。圆球面上的球面投影同样应用较广,美国地质调查局常用其制作行星地图或小比例尺的陆域油气分布图。椭球面上的横轴或斜轴球面投影常用于面积不大但能以某点为中心的领域,例如荷兰,此时投影平面即为椭球面上过该中心点的切平面,切点视作投影坐标系的原点,过切点的子午线定义为中央经线。为了减小投影区域边缘的比例失真,通常在原点处引入一个小于 1 的比例因子,如南北极极射赤平投影长度比为 0.994,使得在原点一定距离处有一条比例因子为 1 的同心圈。

从地理坐标到投影坐标的转换根据计算点到中心点(原点)的距离和方位进行计算,圆球面上的计算公式相对简单,对于椭球面则首先需要导出切点(原点)处的保角球参数,然后再用保角球上的等角纬度和经度替代球面公式中原点和计算点的大地经纬度。

8.2　平面基准的设计

8.2.1　坐标系统的选用

在工程建设中,勘测设计、施工或管理都需要进行测量,现场测量首先需要在测区域内布设平面和高程控制网。工程控制网是工程项目的空间位置参考框架,平面控制网的基准——坐标系选用需要考虑的问题主要包括以下方面。

1)所在国的大地坐标系

首先要收集所在国有关大地坐标系参数及测区的大地控制点。掌握所在国大地坐标系的情况,包括坐标系名称、投影方式、投影带、椭球名称及参数、测量年代等。这是基础的基准,也是工程控制网起算的基准。国家大地坐标系往往并不适用于工程测量,而需要设计建立满足工程建设需要的工程独立坐标系。对于直接将国家大地坐标系用于工程的,注意验算工程范围内的投影变形情况,在工程放样时采取加密控制点、控制放样边长,或者进行放样边长投影变形反改化等措施,消除或减小大地坐标系投影变形过大对工程建设带来的影响。

2)既有图纸资料

掌握既有基本比例尺地形图、影像图、工程图纸资料、既有控制网、相关既有工程等所用的坐标系情况,以便衔接利用。

3)技术标准及法规

了解工程项目合同、协议、备忘录等相关条款对控制网或图纸资料相关坐标系的要求条款,或所在国技术标准、法规对图纸资料相关坐标系的要求。是否明确要求使用所在国或某一坐标系。如有的国家大地控制网不健全或没有相关的技术标准,也可能会借用欧标、美标,或使用承包商所在国的技术标准。

4)工程控制网的用途

工程控制网为勘察设计、成图、施工或运营管理、变形监测等不同目的和用途而建,对于勘察设计和成图,需要考虑与所在国大地坐标系和相关工程衔接,以及工程报批法律要求。对于施工或运营管理,需要考虑与上阶段控制网的衔接,对于变形监测控制网,如果工程独立及区域较小,也可只考虑建立独立控制网。但不管在工程哪个阶段使用,都会面临一个工程中比较现实的问题,那就是坐标系的投影变形问题。在我国工程测量规范中,所使用的坐标系统应满足测区内投影变形不大于 25mm/km 的要求。而在高速铁路工程测量规范中,新建 250~350km/h 高速铁路平面坐标系应采用工程独立坐标系统,在对应的线路轨面设计高程面上坐标系统的投影长度变形值不宜大于 10mm/km(不大于 200km/h 的铁路为 25mm/km)。对坐标系投影变形设定限值,其目的就是便于施工放样工作的顺利进行。要求由控制点坐标直接反算的边长与实地量得的边长,在长度上应该相等,即由投影变形而带来的长度变形以不大于施工放样的精度要求为准。一般来说,投影长度变形应小于施工放样允许误差的 1/2,即施工放样测量精度如为 1/20000 时,投影长度变形相对误差就应为 1/40000,也就是说,每公里的长度改正数不应该大于 25mm。

综上所述,一个工程项目建立控制网后,坐标基准应根据起算基准确定,但坐标系根据用途可能会选用多个,如为了报批使用法定的坐标系,但法定坐标系有可能不能满足工程中投影变形的需要,那么就会设计使用工程独立坐标系用于工程建设,为了和既有资料衔接,可能还要联测和换算一套与既有资料相同的坐标系坐标成果。

【算例5】 利用美国天宝公司(Trimble)开发的坐标系统管理器(Coordinate System Manager)选用或建立坐标系。启动坐标系统管理器后,在当前已有坐标系如有需要国家的坐标系统时,可以查看核对后选用。如需要新建,先查看椭球或新建一个椭球;然后建立一个坐标基准转换,有已知参数的输入参数,如无参数,可选择莫洛金斯基(Molodensky),并将参数均输为0;在坐标系统里新建一个坐标系,增加新的坐标系统,见图8-18;选择适合的投影方式,后进行投影参数设置界面,见图8-19,输入相应的参数,确定后可再选择大地水准面模型,即完成坐标系统的建立。

图 8-18 增加新的坐标系统

8.2.2 工程独立坐标系设计

1)投影长度变形的影响因素

投影长度变形的影响因素有两个,一是实测边长归算到参考椭球面上的变形影响,二是将参考椭球面上的边长归算到投影面上的产生的长度变形。

实测边长归算到参考椭球面上的变形影响其值为 ΔS_1 按下式计算:

$$\Delta S_1 = -\frac{SH_\mathrm{m}}{R} \tag{8-11}$$

式中:H_m——归算边高出参考椭球面的平均高程;

S——归算边的长度;

R——归算边方向参考椭球法截弧的曲率半径。

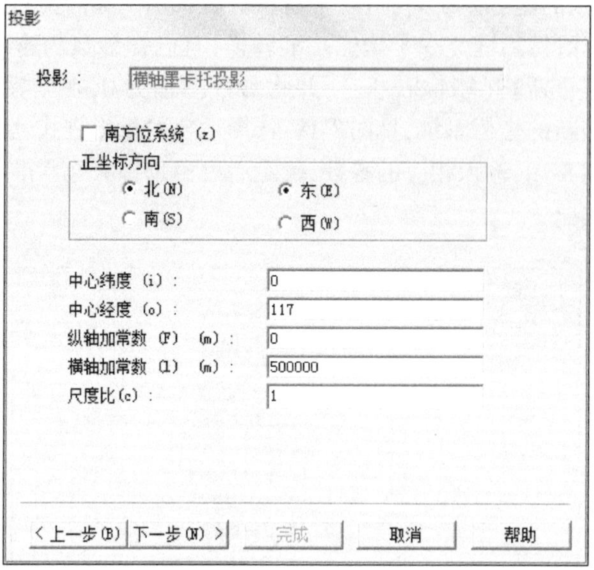

图 8-19　投影参数设置

归算边长的相对变形按下式计算:

$$\frac{\Delta S_1}{S} = -\frac{H_\mathrm{m}}{R}\qquad(8\text{-}12)$$

ΔS_1 为负值,表明将地面实量长度归算到参考椭球面上,总是缩短的;$|\Delta S_1|$ 值与 H_m 成正比,随 H_m 增大而增大。

参考椭球面上的边长归算到投影面上的产生的长度变形,不同的投影方式引起的长度变形计算不同,各类投影方式引起的长度变形计算见前文投影一节。

一个测区内长度投影变形由坐标系投影长度变形和地面点高出参考面的高程引起的长度变形二者之和来综合计算。在进行坐标系选用时,先在所在国起算基准坐标系下计算测区的最大长度投影变形值,根据工程项目技术标准,确定是否需要建立工程独立坐标系。

2)投影变形的处理方法

(1)首先验算所在国起算基准下投影变形的大小。选择能代表测区的四至坐标和高程、测区内一定间距的点坐标和高程、测区施工面最高、最低高程位置等,如线路工程,可按间隔 1~2km 选取设计平纵断面坐标高程点以计算。

(2)根据计算的投影变形大小,确定是否需要进行坐标系的设计。通过选择合适的投影方式和带宽设计坐标系。

(3)以高斯投影为例,投影变形处理方法有:

①通过改变 H_m 从而选择合适的高程参考面,将抵偿分带投影变形,这种方法通常称为抵偿投影面的高斯正形投影。

②通过改变 y_m,从而对中央子午线作适当移动,来抵偿由高程面的边长归算到参考椭球面上的投影变形,这就是通常所说的任意带高斯正形投影。

③通过既改变 H_m(选择高程参考面),又改变 y_m(移动中央子午线),来共同抵偿两项归算改正变形,这就是所谓的具有高程抵偿面的任意带高斯正形投影。

3)高斯投影工程独立坐标系的设计

在国际工程中,如果需要建立工程独立坐标系,推荐优先选择所在国大地坐标系椭球参数、高斯投影,并与所在国所用坐标系建立换算关系。工程独立坐标系的设计主要有以下几种方式。

(1)3°带高斯正形投影平面直角坐标系

当测区平均高程在 100m 左右,且 y_m 值不大于 40km 时,其投影变形值 Δs_1 及 Δs_2 均小于 2.5cm,可以满足大比例尺测图和工程放样的精度要求。在偏离中央子午线不远和地面平均高程不大的地区,不需考虑投影变形问题,直接采用 3°带高斯正形投影平面直角坐标系作为工程测量的坐标系。

(2)抵偿投影面的3°带高斯正形投影平面直角坐标系

在这种坐标系中,依然采用 3°带高斯投影,但投影的高程面不是参考椭球面而是依据补偿高斯投影长度变形而选择的高程参考面。在这个高程参考面上,长度变形为 0。

令 $s\left(\dfrac{y_m^2}{2R_m^2} + \dfrac{H_m}{R}\right) = \Delta s_2 + \Delta s_1 = \Delta s = 0$,当 y_m 一定时,可求得:

$$\Delta H = \frac{y_m^2}{2R} \tag{8-13}$$

则投影面高为:

$$H_投 = H_m + \Delta H \tag{8-14}$$

【算例 6】 某测区海拔 $H_m = 2000$m,最边缘中央子午线 100km,当 $s = 1000$m 时,则有:

$$\Delta s_1 = -\frac{H_m}{R_m} \cdot s = -0.313(\text{m})$$

213

$$\Delta s_2 = \frac{1}{2}\left(\frac{y_{\mathrm{m}}^2}{2R_{\mathrm{m}}^2}\right)s = 0.123(\mathrm{m})$$

$$\Delta s_1 + \Delta s_2 = -0.19(\mathrm{m})$$

超过允许值(10~25mm)。这时为不改变中央子午线位置,而选择一个合适的高程参考面,经计算得高差:$\Delta H \approx 780\mathrm{m}$,将地面实测距离归算得到:2000 - 780 = 1220(m)。

投影到设计的参考高程面通常通过椭球膨胀法来实现,即在不改变扁率的前提下,改变椭球的长半轴,使改变后的椭球面与平均高程面重合,然后在改变参数后的椭球基础上进行投影。

(3)任意带高斯正形投影平面直角坐标系

在这种坐标系中,仍把地面观测结果归算到参考椭球面上,但投影带的中央子午线不按3°带的划分方法,在低海拔区,选择测区中央经度或任意经度为中央子午线,构成1°带或1.5°带,划分为较窄的投影带。在海拔较高地区,尤其测区海拔东西向整体由高到低或由低到高成规律性变化时,依据补偿高程面归算长度变形而选择的某一条子午线作为中央子午线,实现带中抵偿,即保持 H_{m} 不变,于是求得:

$$y_{\mathrm{m}} = \sqrt{2R_{\mathrm{m}}H_{\mathrm{m}}} \tag{8-15}$$

【算例7】 某测区相对参考椭球面的高程 $H_{\mathrm{m}} = 500\mathrm{m}$,为抵偿地面观测值向参考椭球面上归算的改正值,依上式算得:

$$y_{\mathrm{m}} = \sqrt{2 \times 6370 \times 0.5} = 80(\mathrm{km})$$

即选择与该测区相距80km处的子午线。此时在 $y_{\mathrm{m}} = 80\mathrm{km}$ 处,两项改正项得到完全补偿。

(4)具有高程抵偿面的任意带高斯正形投影平面直角坐标系

在这种坐标系中,往往是指投影的中央子午线选在测区的中央,地面观测值归算到测区平均高程面上,按高斯正形投影计算平面直角坐标。由此可见,这是综合第二、三两种坐标系长处的一种任意高斯直角坐标系。显然,这种坐标系更能有效地实现两种长度变形改正的补偿,也是经常使用的方法。

(5)假定平面直角坐标系

当测区控制面积小于100km²时,可不进行方向和距离改正,直接把局部地球表面作为平面建立独立的平面直角坐标系。这时,起算点坐标及起算方位角,最好能与所在国大地网联测,如果联测有困难,可联测 IGS 站建立基准,这种假定平面直角坐标系只限于某种工程建筑施工或小型矿山、水利等独立工点建设之用。

①桥梁、隧道、大坝等控制测量中坐标系。

为保证桥梁、隧道、大坝等工程的施工精度及贯通误差,一般采取实地联测、独立控制方式建立施工控制网,与线路控制坐标系统不相一致。建立坐标系既要保证投影变形的精度,还要便于施工放样和控制横向贯通误差,具体建立方法为:

a. 当主体工程为直线时,一般以轴线为 X 轴,X 轴顺时针转 90°形成 Y 轴,构成工程坐标系。

b. 当主体工程为曲线时,一般选择其中一条切线为 X 轴,X 轴顺时针转 90°形成 Y 轴,构成工程坐标系。

c. 当主体工程为直线与曲线组合时,一般选择中间直线段为 X 轴,X 轴顺时针转 90°形成 Y 轴,构成施工工程坐标系。

一般在 X、Y 方向上均有加常数,X 方向加常数为坐标原点在工程中的里程(或相对里程),X 坐标值可直观地表示工程长度里程,对施工放样及施工均十分方便;Y 方向加常数以不使控制网中各点 Y 坐标为负值为准,一般为一整数,在放样和施工中,Y 坐标值可直观地显示轴线位置及偏移量。坐标系的投影基准面一般选择为工程平均高程面。如果工程的高差较大,建立如上的平面坐标系后高程投影变形的影响也是比较显著的,根据工程实际情况,可采用现场反改化的方式消除对施工放样和贯通的影响。

②站场枢纽、厂矿建筑等测量中的坐标系。

一般以建筑中轴线为准建立平面控制基准线,测设基线的目的也就是建立坐标系和控制网。基线一般设在对测绘、设计和施工均有利的位置,基线可根据工程总平面布置的形状,布设成直线形、折线形和综合形。

③变形监测中的坐标系。

在变形监测中,通过合理建立平面坐标系,不仅可大大方便计算,而且可以优化测量方法,如对高路堑边坡进行地表的变形监测,监测内容可分两部分进行,一部分为垂直位移监测,另一部分为平面位移监测。垂直位移监测使用高精度水准测量来进行,即可准确测量出其沉降情况。如图 8-20 所示,某高路堑边坡分布在线路一侧,其平面和垂直位移均向下垂直线路中线方向进行,根据其变形特点,将平面位移变形监测传统的测角、测距简化为以距离测量为主来进行,在线路中线上布设观测基点,对应里程处设置观测断面,为方便计算和直观表示边坡体观测点的坐标及向铁路中线的位移情况,建立平面独立坐标系,坐标系的纵轴(Y 轴)选近似平行于线路中心的方向,横轴(X 轴)选垂直于线路的方向建立平面直角坐标系,坐标原点 O 可定义为 X,X 为对应线路里程值,Y 可定义为 0。如从 X 值可以看出是对应线路某个里程位置的观测点,从 Y 值可直接看出其距中线的距离及变化情况,用正负表示可区别位于线路的左右侧。外业观测可选用高精度全站仪来进行距离测量,应用此方法也克服了短距离测角误差对平面位移监测的影响,从而保证变形监测的精度。

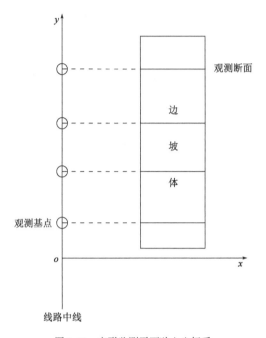

图 8-20　变形监测平面独立坐标系

8.3　高程基准的设计

高程基准是由特定验潮站平均海面确定的测量高程起算面以及依据该面所决定的水准原点高程。在工程控制测量中,应根据选用的高程基准进行设计,明确项目所采用的高程系统。

8.3.1　高程系统

高程系统指的是与确定高程有关的参考面及以之为基础的高程定义。在GNSS 测量中得到的是大地高,而在工程应用中普遍采用的是正常高系统。

1)大地高

大地高系统是以参考椭球面为基准面的高程系统。某点的大地高(Geodetic Height)是该点沿通过该点的参考椭球面法线至参考椭球面的距离。大地高也称为椭球高(Ellipsoidal Height),用符号 H 表示。

大地高是一个纯几何量,不具有物理意义。它是大地坐标的一个分量,与基于参考椭球的大地坐标系有着密切的关系。显然,大地高与大地基准有关,同一个点在不同的大地基准下,具有不同的大地高。大地高可以通过公式将空间直角坐标(x,y,z)转换为大地坐标(B,L,H)得出。

2)正高

正高系统是以地球不规则的大地水准面为基准面的高程系统。如图 8-21 所示,某点的正高是指从该点出发,沿该点与基准面间各个重力等位面的法线所量测出的距离。需要指出的是,重力中的内在变化将引起垂线平滑而连续的弯曲,因而在一段垂直距离上,与重力正交的物理等位面并不平行(即垂线并不完全与椭球的法线平行)。正高用符号 H_g 表示。

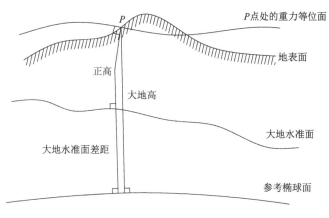

图 8-21 大地高和正高

重力位 W 为常数的面被称为重力等位面(Equipotential Surface)。由于给定一个重力位 W,就可以确定出一个重力等位面,因而地球的重力等位面有无穷多个。在某一点处,其重力值 g 与两相邻大地水准面 W 和 $W+dW$ 间的距离 dh 之间具有的关系如下:

$$dW = gdh \qquad (8-16)$$

由于重力等位面上点的重力值不一定相等,从上式可以看出,两平行等位面不一定平行。

在地球众多的重力等位面中,有一个特殊的面被称为大地水准面,它是重力位为 W_0 的地球重力等位面。一般认为大地水准面与平均海水面(Mean Sea Level,MSL)一致。由于大地水准面具有明确的物理定义,因而在某些高程系统中被当作自然参考面。

大地水准面与地球内部质量分布有密切关系。但由于该质量分布复杂多变,因而大地水准面虽具有明确的物理定义,却仍非常复杂,其形状大致为一个旋转椭球,但在局部地区会有起伏。大地水准面差距或大地水准面起伏为沿参考椭球的法线,从参考椭球面量至大地水准面的距离,用符号 N 表示。

作为大地高基准的参考椭球面与大地水准面之间的几何关系见图8-22,其数学表达形式如下:

$$H = H_g + N \tag{8-17}$$

式中:N——大地水准面差距或大地水准面高;

H——大地高;

H_g——正高。

在上面正高的定义中采用了一些几何概念,但实际上正高是一种物理高程系统。正高的测定通常是通过水准测量来进行的。

3)正常高

虽然正高系统具有明确的物理定义,但是由于难以直接测定沿垂线从地面点至大地水准面之间的平均重力值,所以实际上很难确定地面点的正高。为了解决这一问题,莫洛金斯基提出了正常高的概念,即用平均正常重力值来替代平均重力值,从而得到正常高。

似大地水准面是由各地面点沿正常重力线向下量取正常高后所得到的点构成的曲面。与大地水准面不同,似大地水准面不是一个等位面,它没有确切的物理意义。但与大地水准面较为接近,并且在辽阔的海洋上与大地水准面一致。沿正常重力线方向,由似大地水准面上的点量测到参考椭球面的距离被称为高程异常,用符号 ζ 表示。

作为大地高基准的参考椭球面与似大地水准面之间的几何关系见图8-22,其数学表达形式如下:

$$H = h + \zeta \tag{8-18}$$

式中:ζ——高程异常;

H——大地高;

h——正常高。

8.3.2　高程基准面

高程基准面就是地面点高程的统一起算面,由于大地水准面所形成的体形——大地体是与整个地球最为接近的体形,因此通常采用大地水准面作为高程基准面。

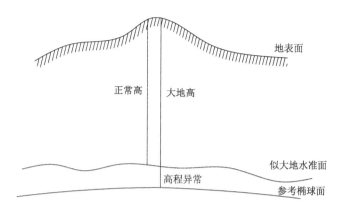

图 8-22　大地高和正常高

理论上,大地水准面是假想海洋处于完全静止的平衡状态时,海水面延伸到大陆地面以下所形成的闭合曲面,它也是一个地球重力等位面。在实际中,世界各国或地区均选择某个平均海水面来代替大地水准面,以此作为高程基准面。由于海洋受着潮汐、风力的影响,永远不会处于完全静止的平衡状态,总是存在着不断的升降运动,但是可以在海洋近岸的一点处竖立水位标尺,成年累月地观测海水面的水位升降,根据长期观测的结果可以求出该点处海洋水面的平均位置,人们假定大地水准面就是通过这点处实测的平均海水面。

长期观测海水面水位升降的工作称为验潮,进行这项工作的场所称为验潮站。

根据各地的验潮结果表明,不同地点平均海水面之间还存在着差异,因此,对于一个国家来说,只能根据一个验潮站所求得的平均海水面作为全国高程的统一起算面——高程基准面。

高程基准是国家或地区表示地形高程的起算依据,一般由一个水准基面和一个永久性水准原点组成。水准基面是高程为 0 的起算面,一般是过高程零点的大地水准面或似大地水准面。但水准原点一般不是高程零点,而是实际水准测量高程的起算点。水准原点的高程通常是将验潮站的平均海面作为"0"基准起算通过精密水准测量获得,而精密水准测量是通过几何水准高差和沿水准路线的重力位差进行高程传递。由于水受到地球引力作用往低处流,因而将海面作为高程零起算面符合人们对自然现象的直观认识,传统上就是以海平面为依据定义高程基准。具体实施时要利用沿海单个或多个验潮站多年的潮位观测资料,通过一定原理和方法求取平均海面作为高程基准的零点。

如我国目前正在使用的国家高程基准是 1988 年 1 月 1 日开始启用的,国家高程基准面是根据青岛验潮站 1952—1979 年的验潮资料计算确定,根据这个高程基准面作为全国高程的统一起算面,称为"1985 国家高程基准"。

为了长期、牢固地表示出高程基准面的位置,作为传递高程的起算点,必须建立稳固的水准原点,用精密水准测量方法将它与验潮站的水准标尺进行联测,以高程基准面为 0 推求水准原点的高程,以此高程作为全国各地推算高程的依据。在"1985 国家高程基准"系统中,我国水准原点的高程为 72.260m,水准原点网建于青岛附近。

北美垂直基准是以加拿大魁北克里穆斯基的局部平均海面作为北美高程零点,欧洲统一高程基准是以荷兰阿姆斯特丹的单个验潮站的平均海面为高程零点,韩国是以韩国半岛东北边仁川湾验潮站观测的平均海面作为韩国高程零点。而澳大利亚 1971 年高程基准是以澳大利亚沿岸 30 个验潮站的平均海面作为澳大利亚的高程零点,也就是 30 个验潮站的高程都为 0。

由于全球各地平均海面的大地高不同,因此不同国家或地区间的高程基准面也不相同,这影响和制约了全球空间信息的共享与交换,例如,长距离水调工程、油气输送管网工程、跨境跨国高速公路、铁路等线路工程建设中,需要统一的高程信息,否则无法确保工程项目的联合施工作业与对接。欧洲多年来一直在建设欧洲统一水准网和欧洲垂直参考网,目的就是试图统一欧洲高程基准,南美洲也在全球统一高程系统框架内开展南美洲垂直参考系统的定义与实现。统一全球高程参考系统已经成为全球大地测量观测系统一体化的基础任务之一。

8.3.3　大地水准面模型

大地水准面是具有等重力位的曲面,大地水准面模型是用一定数据形式表示大地水准面的数据集或数学模型。实际上,大地水准面和地球重力场模型是地球重力场在几何空间和物理空间中的两种表示方式,通过重力测量可以确定大地水准面。地球重力场模型是用一定数据形式表示地球重力场参数的数据集,在地学中所指的地球重力场模型是指一组球谐系数或引力位系数,是对真实地球重力场的最佳拟合逼近。利用地球重力场模型确定大地水准面,所以有时也将重力场模型称为大地水准面模型,如地球重力场模型 EGM 96,也称其为大地水准面模型 EGM 96。

Kaula 于 1966 年首次利用卫星轨道的线性摄动理论建立了 8 阶地球重力场模型,CHAMP 卫星发射前,反演地球重力场模型的数据源主要以卫星测高、地面重力数据为主,代表性的地球重力场模型有美国哥达德宇航中心研制的 GEM 系列模型;美国史密松天文台发表的地球重力场模型(简称为 SE 模型);美国哥达德宇航中心、马里兰大学天文系以及德克萨斯大学空间研究中心等科研机构共同研制的 JGM 系列模型;美国俄亥俄州立大学研制的 OSU 系列模型;美国哥达德宇航中心、美国影像制图局等科研机构联合研制的 360 阶 EGM 96 模型,该模型使用了大量的卫星测高、地面重力等数据,是 CHAMP 卫星发射前精度较高的地球重力场模型。除美国外,还有 GRM 系列地球重力场模型,它是由法国空间大地测量研究组和联邦德国特别研究组联合计算的。德国汉诺威大学也在进行地球重力场模型的计算,其模型简称为 GPM。

随着 CHAMP、GRACE 和 GOCE 等重力卫星探测计划的成功实施,地球重力场模型在精度和分辨率等方面均获得了大幅度提高。美国国家地理空间情报局 (NGA)经过多年的研究和总结,在以往构建地球重力场模型的经验和理论基础上,采用最先进的建模技术与算法,研制了 EGM 2008 模型,该模型阶次完全至 2160,相当于模型空间分辨率为 5 弧分(空间分辨率约 9 km)。该模型采用了 GRACE 卫星跟踪数据、卫星测高数据和地面 $5' \times 5'$ 重力异常数据等,EGM 2008 模型无论在精度还是在分辨率方面均取得了巨大进步,全球大地水准面精度约 20cm。德国地学研究中心 GFZ 等科研机构综合 GRACE 卫星数据、LAGEOS 卫星数据、GOCE 卫星数据、$2' \times 2'$ 的 DTU 海洋重力异常数据以及 EGM 2008 重力场模型等数据源研制了阶次高达 2190 的 EIGEN-6C4 重力场模型。各项检核结果表明,EIGEN-6C4 重力场模型的精度要优于同阶次的 EGM 2008 重力场模型。

在 ICGEM 网站已发布了 170 余个地球重力场模型,全球主要高精度地球重力场模型见表 8-6。

全球主要高精度地球重力场模型一览表　　　　　　　　　　表 8-6

序号	模型名称	发布年份	最高阶数	数据源
1	XGM2019e_2159	2019	2190	A,G,S(GOCO06s),T
2	GECO	2015	2190	EGM 2008,S(Goce)
3	EIGEN-6C4	2014	2190	A,G,S(Goce),S(Grace),S(Lageos)
4	EGM 2008	2008	2190	A,G,S(Grace)
5	SGG-UGM-1	2018	2159	EGM 2008,S(Goce)
6	EIGEN-6C3stat	2014	1949	A,G,S(Goce),S(Grace),S(Lageos)
7	EIGEN-6C2	2012	1949	A,G,S(Goce),S(Grace),S(Lageos)

序号	模型名称	发布年份	最高阶数	数据源
8	EIGEN-6C	2011	1420	A,G,S(Goce),S(Grace),S(Lageos)
9	GOCO05c	2016	720	(See model),A,G,S
10	XGM 2016	2017	719	A,G,S(GOCO05s)
11	GAO 2012	2012	360	A,G,S(Goce),S(Grace)
12	GGM05C	2015	360	A,G,S(Goce),S(Grace)
13	GIF 48	2011	360	A,G,S(Grace)
14	GGM03C	2009	360	A,G,S(Grace)
15	EIGEN-5C	2008	360	A,G,S(Grace),S(Lageos)
16	EIGEN-GL04C	2006	360	A,G,S(Grace),S(Lageos)
17	eigen-cg03c	2005	360	A,G,S(Champ),S(Grace)
18	EIGEN-CG01C	2004	360	A,G,S(Champ),S(Grace)
19	PGM2000a	2000	360	A,G,S
20	EGM 96	1996	360	A,EGM96S,G
21	GFZ95A	1995	360	A,G,GRIM4C4
22	GFZ93B	1993	360	A,G,GRIM4C3
23	GFZ93a	1993	360	A,G,GRIM4C3
24	OGE 12	1992	360	A,G,GRIM4C2
25	OSU91a	1991	360	A,G,GEMT2
26	EIGEN-51C	2010	359	A,G,S(Champ),S(Grace)
27	GFZ 97	1997	359	A,G,PGM062w

注:S 为卫星跟踪数据;G 为地面重力数据;A 为卫星测高数据。

8.3.4 高程系统的选用

高程系统的选用需要考虑的问题和坐标系统类似,主要包括以下方面。

(1)所在国的高程系统

收集所在国国家高程基准资料及国家水准点高程资料,包括高程系统名称、起算海平面、测量年代等。

(2)既有图纸资料

掌握既有基本比例尺地形图、工程图纸资料、既有水准点、相关既有工程等所用的高程系统情况,以便衔接利用。

(3)技术标准及法规

了解工程项目合同、协议、备忘录等相关条款对控制网或图纸资料高程系统的要求条款,或所在国技术标准、法规对图纸资料相关高程系统的要求。是否明确要求使用所在国或某一高程系统。

因高程系统均起算于某一平均海平面(Mean Sea Level, MSL),尽管各国选用的平均海平面高程值不同,但在工程测量中,主要关注的是控制点及工程建设时放样高程的一致性和点间高差的准确性,所以高程系统的选用相对平面坐标系统来说比较简单。

如果收集到所在国国家水准点或既有水准点,直接选用进行水准联测作为起算即可。

如有的国家水准网不健全或没有起算点时,可在测区依据既有图纸地物或GNSS测量某一点的大地高经大地水准面模型改正,建立独立的假设高程系统。

针对高程基准的统一问题,只要基于不同高程基准的两个水准点的高程值已知,只要用水准进行联测,那么这两个高程基准完全可以连接统一。如果两个高程基准之间无法用水准联测,则可以基于位理论原理,借助全球重力场模型,进行高程基准统一。

CHAPTER 9

|第 9 章|

测量精度设计

测量精度设计应根据工程项目特点、工程建设的不同阶段、测量目的、地形特征及项目所执行的技术标准等条件综合进行,涉及到控制网等级、地形测量、施工放样、变形监测等精度。本章列举了部分国家控制测量及地形图精度等级作为参考,针对境外项目特点,主要介绍了工程控制网、变形测量及地形测量的精度设计方法。

9.1 控制测量等级的确定

9.1.1 部分国家控制测量等级

1)美国控制测量技术标准

据美国大地测量管理委员 1984 年颁发的《大地测量标准》,其中平面控制测量等级及测量精度见表 9-1,高程控制测量等级及测量精度见表 9-2。

美国平面控制测量技术标准　　　　　　表 9-1

等　　级	最小距离精度
一等	$1:100000$
二等一级	$1:50000$
二等二级	$1:20000$
三等一级	$1:10000$
三等二级	$1:5000$

注:距离精度 $1:a,a=d/s$。其中,a 为距离精度分母;s 为点间误差;d 为点间距。

美国高程控制测量技术标准　　　　　　表 9-2

等　　级	最大高程精度(mm)
一等一级	0.5
一等二级	0.7
二等一级	1.0
二等二级	1.3
三等	2.0

注:高程精度 $b=s/\sqrt{d}$,其中,d 为水准路线长,单位为 km;s 为点间高差中误差,单位为 mm; b 的单位是 $mm/\sqrt{km}$。

据美国工程兵部队工程和设计工程师手册《大地测量与控制测量》(EM1110-1—1004),其中对工程和设计中平面控制测量等级及闭合差见表 9-3,高程控制测量等级及闭合差见表 9-4,原标准单位为 ft(英尺)和 mi(英里),表中对应换算为 mm 和 km。

美国平面控制测量等级及闭合差　　　　　　表 9-3

等　　级	闭　合　差	
	距离相对闭合差	角度闭合差(″)
一等	$1:100000$	$2\sqrt{N}$
二等一级	$1:50000$	$3\sqrt{N}$
二等二级	$1:20000$	$5\sqrt{N}$
三等一级	$1:10000$	$10\sqrt{N}$
三等二级	$1:5000$	$20\sqrt{N}$
四等	$1:2500$	$60\sqrt{N}$

注:N 为角度测站数。

美国高程控制测量等级及闭合差   表9-4

等　　级	闭合差(ft)	闭合差(mm)
一等一级	$0.013\sqrt{M}$	$3\sqrt{L}$
一等二级	$0.017\sqrt{M}$	$4\sqrt{L}$
二等一级	$0.025\sqrt{M}$	$6\sqrt{L}$
二等二级	$0.035\sqrt{M}$	$8\sqrt{L}$
三等	$0.050\sqrt{M}$	$12\sqrt{L}$
四等	$0.100\sqrt{M}$	$24\sqrt{L}$

注:M 单位为 mi;L 单位为 km。

美国联邦地理空间数据委员会(FGDC)在发布的地理空间定位精度标准中,还专门设立了建筑、工程、施工和设施管理标准,规定了不同应用对工程测量精度的要求。各州交通和其他工程部门也制定和发布了相应的交通或其他工程测量标准。

2)日本控制测量技术标准

日本公共测量平面控制网技术要求及精度分别见表9-5~表9-7。

日本各级平面控制网布网要求   表9-5

控制网级别	已知点间距离(m)	新设点间距离(m)
一	4000	1000
二	2000	500
三	1500	200
四	500	50

日本 GPS 测量的精度指标   表9-6

控制网级别	坐标分量闭合差(mm)		
	ΔX	ΔY	ΔZ
一~四	25	25	25

日本导线测量的主要技术要求   表9-7

导线等级	附合路线长度(km)	边长(m)	坐标闭合差(mm)	方位角闭合差(″)	导线全长相对闭合差
一	4	1000	$10\sqrt{N}\sum S$	$8\sqrt{n}$	1/50000
二	2	500	$15\sqrt{N}\sum S$	$10\sqrt{n}$	1/33333
三	1.5	200	$25\sqrt{N}\sum S$	$20\sqrt{n}$	1/14151
四	0.5	50	$50\sqrt{N}\sum S$	$50\sqrt{n}$	1/6329

注:N 为边数,$\sum S$ 为导线长(km),n 为测角数。

日本沿主要国道每2km设置一个水准点,由国土地理院在全国范围内定期进行水准测量。其在10km的路线长度中的测量误差为5~6mm。公共测量高程控制网精度指标见表9-8。

日本各等级水准测量精度   表9-8

水准测量等级	附合路线或环线闭合差(mm)
一	$2\sqrt{S}$
二	$5\sqrt{S}$
三	$10\sqrt{S}$
四	$20\sqrt{S}$
简易	$40\sqrt{S}$

注:S 为水准路线长,单位为 km。

3)德国铁路控制测量技术标准

德国标准化学会于2010年发布了德国工程测量标准,分一般要求、地形测量、放样、变形监测。德国铁路 DB883 标准:控制点的精度根据其使用目的、构成和密度对控制基准点提出特定的精度要求。这些精度要求分为绝对精度(控制点位置的可重复性)和相对精度(测量的相邻点之间的精度),见表9-9。

德国铁路控制点等级和精度   表9-9

等级	点间距	绝对精度 (mm)	相对精度 (mm)	备　注
PS0	约4km	10	5	三维(平面高程控制点:x,y,h)
PS1	800~1000m	15	10	三维(平面高程控制点:x,y,h)
PS2	约150m	15	10	平面控制点(x,y)
PS3	700~1000m	5	$\leq5\sqrt{R}$	高程控制点(h),相邻控制点之间所观测的高差的最大允许误差,R 为距离(km)
PS4	根据需要		$\leq5\sqrt{R}$	其他测量网的控制点、线路标志测设控制点

4)印度尼西亚控制测量技术标准

印度尼西亚国家标准《平面控制测量》《高程控制测量方法和标准》规定了各等级控制测量精度要求,分别见表9-10、表9-11。

227

印度尼西亚平面控制网坐标精度要求　　　　　　　表 9-10

类别	精度(ppm)	距离(km)	等　级	备　　注
3A	0.01	1000	00	国际永久跟踪站 IGS
2A	0.1	500	0	国家大地测量0级网
A	1	200	一等	大区域大地测量
B	10	10	二等	小区域大地测量
C	30	2	三等	加密测量
D	50	0.1	四等	地图测量

印度尼西亚高程控制网精度要求　　　　　　　表 9-11

等级	类　　别	误差(mm)	路线长度(km)	备　　注
L0	LAA	$2\sqrt{k}$	100 ~ 300	—
L1	LA	$4\sqrt{k}$	50 ~ 100	一等
L2	LB	$8\sqrt{k}$	20 ~ 50	二等
L3	LC	$12\sqrt{k}$	10 ~ 25	三等
L4	LD	$18\sqrt{k}$	根据需要	四等

注:k 为水准路线长,以 km 计。

9.1.2　工程控制网等级的确定

　　工程控制网一般是分级布网,逐级控制,通常先布设精度要求最高的首级控制网,随后根据工程建设的需要,再分级布设。对于测图控制网,一般分首级控制网和图根控制。用于工程建筑物放样的专用控制网,往往分二级布设,第一级作总体控制,第二级直接为建筑物放样而布设。用于变形观测或其他专门用途的控制网,通常无须分级,直接布设成高精度的控制网即可。在布网时可以逐级布设、越级布设或布设同级控制网。

　　工程控制网要有足够的精度,以满足工程建设和管理的需要。从精度要求上来说,施工和管理阶段对测量控制的精度要求比勘测设计阶段要高,控制点的密度也比测图控制网要大。不论是测图控制网,还是施工控制网,在确定了它们的分级层次后,即可根据相关技术规范确定控制网的等级,没有技术标准依据的特殊工程可进行单独设计。控制网优化设计可采用相关软件进行,通常采用的步骤一是进行控制网点点位的选择,二是进行网的优化设计。控制网的优化设计分为四类:零类设计即基准选择问题;一类设计即网形设计问题,包括网点布

置和观测量选择两个方面;二类设计即观测精度设计问题;三类设计即已有控制
网的改进与加密问题。

1)勘测或测图控制网

在工程建设的不同设计阶段,随着设计的深入,测图范围愈来愈小,测图比
例尺则要求逐渐增大,一般来说最终要求的测图比例尺为 1:1000 到 1:2000,个
别工点则为 1:500。

根据工程建设勘测设计对测量的上述要求,在进行测图控制网的技术设计
时,可以提出如下要求:在工程建设所要进行的所有测图范围,布设边长较长、精
度较高的首级控制。这一控制应能满足工程各种比例尺测图的基本控制,在精
度上则能满足局部施测 1:1000、1:500 的大比例尺测图。

由于地形图上的图解精度为图上 ±0.1mm,据此,可确定测图控制网的最弱
点点位误差为图上 ±0.1mm,因而对 1:1000 测图则要求控制网的最弱点点位
误差在实地不大于 ±10cm,对于 1:500 测图则要求不大于 ±5cm。

为了进行测图控制网的技术设计,必须解决上述控制网的最弱点点位误差
是相对什么而言的问题。对于控制地形测图来说,主要要求相邻控制点之间的
相对位置精度。对于图幅长 50cm 正方形分幅的大比例尺地形图,对 1:2000 比
例尺,一幅图的图边长度为 1km,对于 1:1000 与 1:500 地形图,相应的图边长
度为 500m 与 250m,控制点的基本作用是在同一幅图内提供测图控制。并应能
保证相邻图幅以所需要的精度进行拼接。据此,可以对测图控制网的控制点提
出相距 1km 的两控制点的相对位置精度要求在实地不大于 5cm。

2)施工控制网

施工控制网是为工程施工放样服务的,设计施工控制网时需要考虑工程构
(建)筑物对放样的精度要求、放样的程序与方法、点位的保存与恢复等因素。

工程放样时的精度要求,是根据构(建)筑物竣工时对于设计尺寸的容许偏
差(即建筑限差)来确定的。构(建)筑物竣工时的实际误差是由施工误差(包括
构件制造误差、施工安装误差等)测量放样误差所引起的,测量误差只是其中的
一部分。为了根据验收限差正确地制定工程放样的精度要求,除了测量知识之
外,还必须具有一定的工程知识。

探讨工程建筑物放样的精度要求,必须分析哪一部分精度要求最高,确保满
足了最高的精度要求,则其他的精度就自然满足要求。例如对于隧道,关键是保
证相向开挖隧道的正确贯通。贯通误差又分成纵向贯通误差、横向贯通误差、高
程贯通误差。对于直线隧道,在平面上重点是保证横向贯通精度。对于桥梁,关

键是保证桥长与桥墩放样精度。对于铁路工程,关键是满足轨道安装的平顺性。确定了放样的重点部位后,还必须对这些重点部位的精度要求作出分析,进而对施工放样的误差作出估计(对施工误差与施工测量误差作出合理分配)。

在探讨放样的精度要求时,对精度要求的绝对性与相对性应作分析。对于相对性的精度要求则应通过合适的放样程序来满足,在设计施工控制网时可以不予考虑。而绝对性的精度要求一般通过施工控制网设计来满足。

放样的程序与方法是施工控制网设计时必须考虑的问题。对于大型工程,例如水利枢纽,在合理的放样程序作业中,可以将整个枢纽分解成多个建筑物,例如将一个水利枢纽分解成船闸、电厂、泄水闸等多个建筑物。由于不同建筑物的联系比较松散,因而作为整个水利枢纽地区的施工控制网就可以降低要求。为各建筑物施工所加密的网,对该单个的建筑物来说,可视作首级控制,在这种情况下,施工控制网除按一般测量中逐级控制的原则设计外,还可以采用在低精度网下加密高精度局部网的方式进行设计。

施工放样的方法和放样所能达到的精度,都是施工控制网设计时所应考虑的问题。设计施工控制网时,必须考虑施工测量时的放样控制点的设置,包括标型、点位和等级。设计施工控制网时,还应考虑施工中所带来的干扰,应该考虑施工可能造成的点位移动,甚至部分控制点的毁坏。设计施工控制网时,除了考虑施工地区的地形条件外,还需根据施工总平面设计图进行点位的选择。一般来说,选择施工控制网的点位的活动余地较少,对于靠近施工地区的控制网点,在进行网的设计时应考虑一旦点位被毁坏时恢复或重建的方式。

3)勘察设计、施工、运营管理"三网合一"

按工程建设阶段不同一般将工程控制网分为勘测控制网、施工控制网、运营管理控制网,简称"三网"。如在铁路工程建设中,为了保证无砟轨道的勘测设计、线下施工、轨道施工及运营维护工作顺利衔接进行,将三个阶段控制网的基准进行协调统一,简称"三网合一"。"三网合一"的内容包括平面、高程系统的统一,起算基准的统一,测量精度的统一。

9.1.3 变形测量等级的确定

1)观测精度等级

变形监测的目的大致可分为三类。第一类是安全监测,希望通过重复观测能及时发现建筑物的不正常变形,以便及时分析和采取措施,防止事故的发生。第二类是积累资料,各地对大量不同基础形式的建筑物所作沉降观测资料的积累,是检验设计方法的有效措施,也是以后修改设计方法、制定设计规范的依据。第三类是为科学试验服务。它实质上可能是为了收集资料、验证设计方案,也可能是为了安全监测。只是它是在一个较短时期内,在人工条件下让建筑物产生变形。测量工作者要在短时期内,以较高的精度测出系列变形值。显然,不同的目的所要求的精度不同。为积累资料而进行的变形观测精度可以低些,另两种目的要求精度高一些。但是究竟要具有什么样的精度,仍没有解决,因为设计人员无法回答结构物究竟能承受多大的允许变形。在多数情况下,设计人员总希望把精度要求提得高一些,而测量人员希望他们定得低一些。对于重要的工程(如大坝等),则要求"以当时能达到的最高精度为标准进行变形观测"。由于大坝安全监测的极其重要性和目前测量手段的进步,加上测量费用所占工程费用的比例较小,所以,变形观测的精度要求一般较高。

变形测量主要以测定变形体的变形特征为目的。变形特征具有相对意义,因此就空间基准而言,变形测量可以采用独立的平面坐标系统及高程基准,这也是变形测量不同于其他测量的重要特点之一。但从变形测量成果的利用和变形测量与施工测量等成果衔接的角度出发,对大型或重要工程项目,应尽可能采用与项目一致的平面坐标系统及高程基准。

按我国《建筑变形测量规范》(JGJ 8—2016),下列建筑在施工期间和使用期间应进行变形测量:地基基础设计等级为甲级的建筑;软弱地基上的地基基础设计等级为乙级的建筑;加层、扩建建筑或处理地基上的建筑;受邻近施工影响或受场地地下水等环境因素变化影响的建筑;采用新型基础或新型结构的建筑;大型城市基础设施;体型狭长且地基土变化明显的建筑。

对于铁路、公路、水利、管道等不同工程,应根据不同工程对变形测量的要求进行测量。

建筑在施工期间的变形测量主要有:

(1)对各类建筑,应进行沉降观测,宜进行场地沉降观测、地基土分层沉降观测和斜坡位移观测。

(2)对基坑工程,应进行基坑及其支护结构变形观测和周边环境变形观测;对一级基坑,应进行基坑回弹观测。

(3)对高层和超高层建筑,应进行倾斜观测。

(4)当建筑出现裂缝时,应进行裂缝观测。

(5)建筑施工需要时,应进行其他类型的变形观测。

建筑在使用期间的变形测量主要有:

（1）对各类建筑，应进行沉降观测。

（2）对高层、超高层建筑及高耸构筑物，应进行水平位移观测、倾斜观测。

（3）对超高层建筑，应进行挠度观测、日照变形观测、风振变形观测。

（4）对市政桥梁、博览（展览）馆及体育场馆等大跨度建筑，应进行挠度观测、风振变形观测。

（5）对隧道、涵洞等，应进行收敛变形观测。

（6）当建筑出现裂缝时，应进行裂缝观测。

（7）当建筑运营对周边环境产生影响时，应进行周边环境变形观测。

（8）对超高层建筑、大跨度建筑、异型建筑以及地下公共设施、涵洞、桥隧等大型市政基础设施，宜进行结构健康监测。

（9）建筑运营管理需要时，应进行其他类型的变形观测。

在制定变形观测方案时，根据监测内容，首先要确定精度要求。在 1971 年国际测量工作者联合会（FIG）第十三届会议上工程测量组提出：“如果观测的目的是为了使变形值不超过某一允许的数值而确保建筑物的安全，则其观测的中误差应小于允许变形值的 1/20 ~ 1/10；如果观测的目的是为了研究其变形的过程，则其中误差应比这个数小得多。”

建筑变形测量应以中误差作为衡量精度的指标，并以二倍中误差作为极限误差。对通常的建筑变形测量项目，可根据建筑类型、变形测量类型以及项目勘察、设计、施工、使用或委托方的要求，按下列方法估算变形测量精度：

（1）对沉降观测，应取差异沉降的沉降差允许值的 1/20 ~ 1/10 作为沉降差测定的中误差，并将该数值视为监测点测站高差中误差。

（2）对位移观测，应取变形允许值的 1/20 ~ 1/10 作为位移量测定中误差，并根据位移量测定的具体方法计算监测点坐标中误差或测站高差中误差。

估算出变形测量精度后，按变形测量相应规范中的规定来确定对应精度等级，当仅给定单一变形允许值时，应按所估算的精度选择满足要求的精度等级；当给定多个同类型变形允许值时，应分别估算精度，按其中最高精度选择满足要求的精度等级。对需要研究分析变形过程的变形测量项目，宜在相应精度等级基础上提高一个等级。

2）观测周期

变形监测的时间间隔称为观测周期，即在一定的时间内完成一个周期的测量工作。观测周期与工程的大小测点所在位置的重要性、观测目的以及观测一次所需时间的长短有关。根据观测工作量和参加人数，一个周期可从几小时到几天。观测速度要尽可能快以免在观测期间某些标志产生一定的位移。

变形监测的周期应以能系统反映所测变形的变化过程且不遗漏其变化时刻为原则,根据单位时间内变形量的大小及外界影响因素确定。当观测中发现变形异常时,应及时增加观测次数。不同周期观测时,宜采用相同的观测网形和观测方法,并使用相同类型的测量仪器。对于特级和一级变形观测,还宜固定观测人员、选择最佳观测时段、在基本相同的环境和条件下观测。

观测次数一般可按荷载的变化或变形的速度来确定。在工程建筑物建成初期,变形速度较快,观测次数应多一些;随着建筑物趋向稳定,可以减少观测次数,但仍应坚持长期观测,以便能发现异常变化。对于周期性的变形,在一个变形周期内至少应观测 2 次。

如果按荷载阶段来确定周期,建筑物在基坑浇筑第一方混凝土后就立即开始沉陷观测。在软基上兴建大型建筑物时,一般从基坑开挖测定坑底回弹就开始进行沉陷观测。

一般来说,从开始施工到满荷载阶段,观测周期为 10～30d;从满荷载起至沉陷趋于稳定时,观测周期可适当放长。具体观测周期可根据工程进度或规范确定。

在施工期间,若遇特殊情况(暴雨洪水、地震等),应进行加测。及时进行第一周期的观测有重要的意义。因为延误最初的测量就可能失去已经发生的变形数据,而且以后各周期的重复测量成果是与第一次观测成果相比较的,所以,应特别重视第一次观测的质量。

9.2　地形测量标准及成图方式

各个国家对地形图的比例尺、精度、图面信息、图例符号等有所不同,但测量、成图的基本要求和方法是一致的。通过了解部分代表性国家地形图技术标准作为参考,具体到项目上,首先要按执行的技术标准、工程使用目的来对地形测量进行技术设计。测图比例尺的选择,主要依据与设计有关的地貌地物信息的显示程度、测区大小、地形的复杂程度、设计在图上要求表达的详细程度、图解设计位置的精度、清晰易读性、图纸大小利于使用、测绘工作经济合理。比例尺的适用性是一个重要的质量指标。地形测量方法应根据测区范围大小、工程用图目的和精度进行综合选择。对于测图范围大、比例尺较小(≤1∶5000)可选择卫星遥感制图;对于测图范围大、中大比例尺(1∶2000～1∶500)可选择数码航测或机载激光雷达成图;对于较大比例尺(1∶1000～1∶500)、精度要求较高、测图范围较小的工程,一般采用全站仪、RTK 全野外数字化测图;对于中小测区,可选择无人机航测技术,方便快捷,具有明显的技术经济性优势。

9.2.1 部分国家成图技术标准

1)美国地形图技术标准

美国工程兵部队工程和设计工程师手册《控制和地形测量》(EM1110-1—1005)是军用设施和土木工程中的详细施工测量规范。其中对工程用图的比例尺技术标准见表 9-12、表 9-13。

美国各种工程制图的地形图比例尺　　　　　　　　　　表 9-12

序号	比　例　尺		使　用　类　型
1	$1'' = 1' \sim 1'' = 8'$	$1 : 12 \sim 1 : 96$	大比例尺地形图,建筑平面图
2	$1'' = 20'、30'、50' \sim 1'' = 100'$	$1 : 240 \sim 1 : 1200$	工程平面图,设施设计
3	$1'' = 100' \sim 1'' = 800'$	$1 : 1200 \sim 1 : 9600$	中比例尺:规划研究、排水、线路规划
4	$\leqslant 1'' = 1000'$	$\leqslant 1 : 12000$	小比例尺:地形图,地质勘探、海洋、大气

美国各比例尺地形图等高距　　　　　　　　　　表 9-13

序号	比　例　尺		等　高　距		备　　注
			(ft)	(m)	
1	$1'' = 200' \sim 1'' = 1000'$	$1 : 2400 \sim 1 : 12000$	$5 \sim 10$	$1.5 \sim 3$	—
2	$1'' = 100' \sim 1'' = 200'$	$1 : 1200 \sim 1 : 2400$	2	0.6	

地形图的比例尺大于 1in 比 100ft 即是以详细设计为目的;比例尺为 1in 比 1000ft 的小比例尺地形图是以总体规划为目的。即详细设计用地形图比例尺 ≥1:1200;规划设计用地形图比例尺为 1:12000 ~ 1:1200。

平面精度:一般比例尺地形图,平面误差为图上 1/20in(1.3mm);当比例尺大于 1:20000 时,90% 的检测点平面误差应不大于图上 1/30in = 0.85mm;当比例尺小于 1:20000 时,90% 的检测点平面误差应不大于图上 1/50in = 0.5mm。

高程精度:90% 的检测点高程误差应 ≤0.5 倍等高距,其余的 ≤1 倍等高距。

2)日本地形图技术标准

根据日本经济建设和行政管理各部门的需要,在各种建设法规中对所需用的大比例尺地形图的比例尺都有具体的规定和要求,以及国土地理院制定的

《测量作业规程》《基本图测量作业规程》规定,地形图比例尺及相关技术标准见表 9-14。

日本各大比例尺地形图技术标准 表 9-14

序号	工 程 用 途	比例尺	等高距（m）	精 度	
				图上平面（mm）	高程
1	国土基本图	1:5000	2	≤0.7	高程注记点不大于 1/3 等高距;等高线不大于 1/2 等高距
2		1:2500	1		
3	城市规划	1:2500	—		
4	公园平面图	1:2000	—	≤0.5	高程注记点不大于 1/2 等高距
5	编制道路档案图	1:1000	—		
6	下水道设施平面图	1:600	—		
7	道路改建和道路规划设计	1:500	—		

3)德国地形图技术标准

德国选择地形图的比例尺和等高距的方法是利用地图内容信息量等级指标进行。地形图内容信息量分为四级,由其决定地形信息内容,即为满足规划设计的目的需要在地形图上表示出的地物数量及其表示的详细程度。信息量等级根据规划设计任务决定,而平面图比例尺的选择又取决于信息量等级。确定地形图上信息内容的等级标准是取决于用图情况,具有最低限度内容的地图属于一级信息,例如比例尺 1:5000 鸟瞰图,在这种地形图上应具有下列要素:房屋、街道、铁路与其他道路、桥梁、政区界线与用地界线,以及带有高程的独立点、斜坡、植被、水系等。三级信息的地图内容最多,如城市 1:500 比例尺地形图,除了包括第一、二级的全部要素外,还有平面和高程控制点及一些小构筑物,如墙壁突出部、地下室采光井、电杆、独立树、地下通道出口等。城市比例尺 1:500 和 1:1000 地形图的特点是在图上不用等高线表示地貌,在这种图上只要求每公顷标注 1~4 个高程点。测绘大比例尺图可以用一种比例尺具有两个不同等级地物点精度进行。据德国国家标准,用图部门需要选择适用的比例尺,具体见表 9-15。

4)泰国地形图技术标准

据泰国工程地质勘察局地形图测绘作业指导小组 2012 年编制的技术标准,其中对工程用图各比例尺等高距见表 9-16。

德国各大比例尺地形图技术标准   表 9-15

序号	工 程 用 途	比例尺	等高距 (m)	精 度	
				图上平面 (mm)	高程
1	城市和农村居民地规划	1:5000	确定等高距的方法是,将所要求的高程中误差与按下式计算的数值进行比较。 $$m_H = \sqrt{a^2 + b^2\tan^2 V}$$ 式中:V——地面倾斜角;a、b——决定于比例尺和等高距的常数	一级≤0.5 二级≤1.0	在城市地形图上地面点高程中误差应≤0.15m;具有特征性的地面点(如街道中窨井顶盖)高程中误差≤0.02m
2	城市和农村居民地规划、公路干线规划设计	1:2000			
3	城市和农村居民地规划、铁路和公路干线规划设计、工业建筑设计、街道规划设计	1:1000			
4	城市和农村居民地规划、工业建筑设计、街道规划设计、市政及地下工程设计	1:500			
5	工业建筑设计	1:250			
6		1:200			

泰国各比例尺地形图等高距   表 9-16

序号	比 例 尺	等高距(m)	备 注
1	1:10000	1~2	—
2	1:4000	1	—
3	1:1000~1:2000	0.25~1	—
4	1:500	0.25	—

9.2.2 遥感制图

遥感制图是利用航空和卫星数据,通过对遥感图像目视判读或利用图像处理系统对各种遥感信息进行增强与几何纠正并加以识别、分类和制图的过程,这里专指卫星遥感制图。随着卫星传感器技术、航空航天技术和数据通信技术的不断发展,航空航天遥感传感器数据获取技术趋向三多(多平台、多传感器、多角度)和三高(高空间分辨率、高光谱分辨率和高时相分辨率)的特点。卫星遥感的传感器从框幅式光学相机、缝隙、全景相机发展到光机、光电扫描仪、CCD线阵、面阵扫描仪、激光扫描仪和合成孔径雷达等。卫星遥感的空间分辨率从IKONOS 的 1m、进一步提高到 Quick bird(快鸟)的 0.61m、GEOEye-1 的 0.41m。中国 2010 年启动的高分专项计划实施以来,发射了一系列高分卫星,逐步形成全天候、全天时、全球覆盖的对地观测能力。2019 年 11 月 3 日,我国成功发射了高分七号卫星,这是我国首颗民用亚米级光学传输型立体测绘卫星。

利用卫星遥感技术进行地形资料的信息具有获取速度快、质量高的优点,可制作正射影像图、遥感影像图、地形图、三维影像图等。现有制图卫星系统主要见表9-17。

现有制图卫星系统　　　　　　表9-17

卫　　星		发射时间	国家	波段（μm）	空间分辨率（m）	幅宽（km）	周期（d）
中分辨率卫星	Landsat TM5	1984	美国	TM1～TM6	30/120	185×185	16
	Landsat ETM+	1999	美国	TM1～TM8	15/30/60	185×185	16
	Landsat 8	2013	美国	TM1～TM11	15/30/100	185×185	16
	SPOT 4	2001	法国	Pan、G、R、NIR、SWIR	10/20	60×60	26
	ASTER	1999	日本	B1～B14	15/30/90	60×60	15
高分辨率卫星	IKONOS	1999	美国	Pan、B、G、R、NIR	1/4	11×11	1.5～2.9
	SPOT 5	2001	法国	Pan、G、R、NIR、SWIR	5/10/20	60×60	26
	QuickBird	2001	美国	Pan、B、G、R、NIR	0.61/2.44	16.5×16.5	1～3.5
	EROS-B	2006	以色列	Pan	0.7	7×7/7×140(条带)	5
	CartoSAT-1(P5)	2005	印度	Pan	2.5	30×30	5
	ALOS	2005	日本	Pan、B、G、R、NIR	2.5/10	35×35/70×70	2
	北京一号小卫星	2005	中国	Pan、G、R、NIR	4/32	24.2×24.2/600×600	3～5
	KOMPSAT-2	2006	韩国	Pan、B、G、R、NIR	1/4	15×15	3
	WorldView4	2008	美国	Pan、B、G、R、NIR、海岸、黄色、红边、近2	0.5/2.4	30×30/60×60	1.1～3.7
	GEOEye-1	2008	美国	Pan、B、G、R、NIR	0.41(0.5)/1.65	15×15	2～3
	RapidEye	2008	德国	B、G、R、红边、NIR	5.8	77×77	每天
	Pleiades-1	2011	法国	Pan、B、G、R、NIR	0.5/2	20×20 100×100/20×280	每天
	SPOT 6	2012	法国	Pan、B、G、R、NIR	1.5/6	60×60	2～3

利用目前最高分辨率的卫星遥感数据,可满足比例尺 1:5000 地形图的精度,成图比例尺与遥感影像分辨率的详细关系见表9-18。

成图比例尺与遥感影像分辨率的关系 表9-18

序号	成图比例尺	影像分辨率
1	1:250000	采用30m 分辨率或者优于30m 分辨率的真彩色遥感影像
2	1:100000	采用15m 或者优于15m 分辨率的真彩色遥感影像数据
3	1:50000	采用5m 或者优于5m 分辨率的真彩色遥感影像数据
4	1:10000	采用1m 或者优于1m 分辨率的真彩色遥感影像数据
5	1:5000	采用0.5m 或者优于0.5m 分辨率的遥感影像数据

9.2.3 航空摄影

摄影测量与遥感都是利用非接触成像和其他传感器系统,通过记录、测量、分析与表达等处理,获取地球及其环境和其他物体可靠信息的工艺、科学与技术。摄影测量在工程测量中的应用主要任务是测绘各种比例尺的 4D 产品[DOM(数字正射影像图)、DEM(数字高程模型)、DRG(数字栅格地图)、DLG(数字线划地图)],为各种地理信息系统及工程应用提供基础数据,尤其是地形图、正射影像图数据在工程测量中发挥着重要作用。

在航空摄影技术设计时,参考表 9-19 中成图比例尺与航摄比例尺、地面影像分辨率的关系进行。

成图比例尺与航摄比例尺、地面影像分辨率的关系 表9-19

成图比例尺	胶片航摄比例尺	数码航摄地面影像分辨率(m)	激光雷达测量点间距(m)	激光雷达点云密度(点/m²)
1:500	1:2000 ~ 1:4000	≤0.05	0.5	≥16
1:1000	1:3000 ~ 1:6000	≤0.10	1.0	≥4
1:2000	1:6000 ~ 1:12000	≤0.20	2.0	≥1
1:5000	1:10000 ~ 1:20000	≤0.50	2.5	≥1
1:10000	1:20000 ~ 1:32000	≤1.00	5.0	≥0.25

CHAPTER 10

第 10 章

坐 标 转 换

由于国际工程测量项目所采用的坐标系统一般不同于国内,在技术设计、测量计算中经常涉及到坐标转换问题,本章专门对各类坐标转换进行较为详细的介绍。

坐标转换是从一种坐标系统中的坐标值变换到另一种坐标系统的坐标值的过程。坐标系是一组数学规则,用于确定空间某一点的位置。它包括坐标轴的定义、单位和轴的几何图形。坐标系是一个抽象的概念,本与地球无关。当坐标系通过一个基准面与地球相关,坐标系和地球基准组合成一个坐标参考系。如果使用不同的基准面,则点对应不同的坐标形式。故在测量中坐标系即指坐标参照系。

在英文文献中坐标转换表述为"Coordinate Conversions and Transformations",根据是否在同一椭球基准下进行转换这一条件的不同,分为"Coordinate Conversion"和"Coordinate Transformation",在中文中可译为"坐标变换"和"坐标转换"。但是许多测量学教材和文献中在中文表述并未特别区分或转换、变换两者混用,为了区分这两种不同的情况,本书将坐标转换的中文表述进行较为明确的界定,将 Coordinate Conversion 称为坐标变换(或坐标换算、坐标系变换),将

Coordinate Transformation 称为坐标转换(或坐标基准转换、坐标相似变换)。在不做严格区分时,将两者统称为坐标转换。

10.1 坐标变换

坐标变换(或坐标换算、坐标系变换)是指在同一椭球基准下,空间点的不同坐标表示形式间进行转换,这种转换关系或参数是既定的,因此没有误差或不受测量误差的影响。包括大地坐标、空间直角坐标、平面直角坐标之间的互相换算,不同投影方式下坐标的换算,以及坐标换带计算、投影面变化的坐标换算。

10.1.1 大地坐标和平面坐标的相互换算

1)高斯投影正反算

(1)高斯投影正算

已知椭球面上某点的大地坐标(L,B),求该点在高斯投影平面上的直角坐标(x,y),即$(L,B) \to (x,y)$的坐标变换,称为高斯投影正算。在椭球面上有对称于中央子午线的两点P_1和P_2,它们的大地坐标分别为(L,B)及(l,B),其中l为椭球面上P点的经度与中央子午线(L_0)的经度差:$l = L - L_0$,P点在中央子午线之东,l为正,在西则为负,则投影后的平面坐标一定为$P_1'(x,y)$和$P_2'(x,-y)$。

高斯投影正算公式如下:

$$
\begin{cases}
x = X + \dfrac{N}{2\rho''^2}\sin Bl''^2 + \dfrac{N}{24\rho''^4}\sin B\cos^3 B(5 - t^2 + 9\eta^2 + 4\eta^4)l''^4 + \\[4mm]
\qquad \dfrac{N}{720\rho''^6}\sin B\cos^5 B(61 - 58t^2 + t^4)l''^6 \\[6mm]
y = \dfrac{N}{\rho''}\cos Bl'' + \dfrac{N}{6\rho''^3}\cos^3 B(1 - t^2 + \eta^2)l''^3 + \\[4mm]
\qquad \dfrac{N}{720\rho''^5}\cos^5 B(5 - 18t^2 + t^4 + 14\eta^2 - 58\eta^2 t^2)l''^5
\end{cases}
\tag{10-1}
$$

(2)高斯投影反算

已知某点的高斯投影平面上直角坐标(x,y),求该点在椭球面上的大地坐标(L,B)，即$(x,y)\rightarrow(L,B)$的坐标变换，称为高斯投影反算。根据x计算纵坐标在椭球面上的投影的底点纬度B_f，接着按B_f计算$(B_f - B)$及经差l，最后得到$B = B_f - (B_f - B)$、$L = L_0 + l$。

高斯投影反算公式如下：

$$
\begin{cases}
B = B_f - \dfrac{t_f}{2M_f N_f}y^2 + \dfrac{t_f}{24M_f N_f^3}(5 + 3t_f^2 + \eta_f^2 - 9\eta_f^2 t_f^2)y^4 \\[3mm]
l = \dfrac{1}{N_f \cos B_f}y - \dfrac{1}{6N_f^3 \cos B_f}(1 + 2t_f^2 + \eta_f^2)y^3 + \\[3mm]
\qquad \dfrac{1}{120N_f^5 \cos B_f}(5 + 28t_f^2 + 24t_f^4)y^5
\end{cases}
\tag{10-2}
$$

对于 UTM 等高斯投影族坐标系的正反算，平面坐标乘以中央子午线投影长度比系数即可。

【算例1】　高斯正反算计算程序软件比较多，网络上也有不少免费共享的软件。在 GNSS 数据处理商用软件里，美国天宝公司（Trimble）开发的 TBC 软件（Trimble Business Center）功能强大，尤其适合在国际工程测量中应用，适用于各种坐标系、投影等的坐标转换，包括斜轴墨卡托投影正反算、兰勃特投影正反算均可进行。其一般步骤为利用坐标系统管理器建立坐标系（选择椭球、投影方式、投影带参数、大地水准面模型等），利用导入、导出格式编辑器定义导入、导出文本格式，按格式编辑并导入转换文件，在换带或改变投影面时在工程中设置更改坐标系完成坐标转换，导出转换后文件。对于单个点，可直接用创建点方式直接输入输出。

如新建工程后，坐标系统设置选择 CGCS2000-3-deg-117E，创建点：$B = 38°34'35''N$，$L = 118°35'35''E$，软件自动进行坐标变换，点击点属性可选择坐标类型，直接查看网格坐标显示为：$x = 4264046.811\mathrm{m}$，$y = 544459.489\mathrm{m}$。如果批量转换，可进行导入导出操作。

2）斜轴墨卡托投影正反算

利用斜轴墨卡托投影参数计算得到投影常数如下：

$$\begin{cases} B = \{1 + [e^2\cos^4\varphi_c/(1-e^2)]\}^{0.5} \\ A = aBK_c(1-e^2)^{0.5}/(1-e^2\sin^2\varphi_c) \\ t_0 = \tan(\pi/4 - \varphi_c/2)/[(1-e\sin\varphi_c)/(1+e\sin\varphi_c)]^{e/2} \\ D = B(1-e^2)^{0.5}/[\cos\varphi_c(1-e^2\sin^2\varphi_c)^{0.5}] \\ \text{当 } D < 1 \text{ 时,令 } D^2 = 1,\text{避免 } F \text{ 计算中的问题} \\ F = D + (D^2-1)^{0.5}\text{SIGN}(\varphi_c) \\ H = Ft_0^B \\ G = (F-1/F) \times 2 \\ \gamma_0 = \text{asin}[\sin(\alpha_c)/D] \\ \lambda_0 = \lambda_c - [\text{asin}(G\tan\gamma_0)]/B \\ v_c = 0 \\ u_c = (A/B)\text{atan}[(D^2-1)^{0.5}/\cos(\alpha_c)] \times \text{SIGN}(\varphi_c) \\ u_c = A(\lambda_c - \lambda_0) \text{ 当 } \alpha_c = 90° \text{ 时(如匈牙利、瑞士)} \end{cases} \tag{10-3}$$

（1）斜轴墨卡托投影正算

由给定地理坐标(φ,λ)计算投影坐标(E,N)的斜轴墨卡托投影正算公式如下：

$$\begin{cases} t = \tan(\pi/4 - \varphi/2)/[(1-e\sin\varphi)/(1+e\sin\varphi)]^{e/2} \\ Q = H/t^B \\ S = (Q-1/Q)/2 \\ T = (Q+1/Q)/2 \\ V = \sin[B(\lambda - \lambda_0)] \\ U = [-V\cos(\gamma_0) + S\sin(\gamma_0)]/T \\ v = A\ln[(1-U)/(1+U)]/(2B) \end{cases} \tag{10-4}$$

当洪特尼斜轴墨卡托投影时[在初始原点(u,v)处定义 FE 和 FN 值]：

$$u = A\text{atan}\{(S\cos\gamma_0 + V\sin\gamma_0)/\cos[B(\lambda - \lambda_0)]\}/B \tag{10-5}$$

斜校正后的坐标为：

$$\begin{cases} E = v\cos(\gamma_c) + u\sin(\gamma_c) + FE \\ N = u\cos(\gamma_c) - v\sin(\gamma_c) + FN \end{cases} \tag{10-6}$$

当斜轴墨卡托投影时[在投影中心(φ_c,λ_c)处定义东伪偏移和北伪偏移(E_c,N_c)]：

$$u = (A \operatorname{atan} \{ (S \cos \gamma_0 + V \sin \gamma_0)/\cos [B(\lambda - \lambda_0)] \}/B) -$$
$$(\mathrm{ABS}(u_c) \times \mathrm{SIGN}(\varphi_c)) \tag{10-7}$$

斜校正后的坐标为:

$$\begin{cases} E = v \cos(\gamma_c) + u \sin(\gamma_c) + E_c \\ N = u \cos(\gamma_c) - v \sin(\gamma_c) + N_c \end{cases} \tag{10-8}$$

(2)斜轴墨卡托投影反算

由给定投影坐标(E,N)计算地理坐标(φ,λ)的斜轴墨卡托投影反算公式如下。

当投影为洪特尼斜轴墨卡托时:

$$\left. \begin{aligned} v' &= (E - FE)\cos(\gamma_c) - (N - FN)\sin(\gamma_c) \\ u' &= (N - FN)\cos(\gamma_c) + (E - FE)\sin(\gamma_c) \end{aligned} \right\} \tag{10-9}$$

当投影为斜轴墨卡托时:

$$\left. \begin{aligned} v' &= (E - E_c)\cos(\gamma_c) - (N - N_c)\sin(\gamma_c) \\ u' &= (N - N_c)\cos(\gamma_c) + (E - E_c)\sin(\gamma_c) + \mathrm{ABS}(u_c) \times \mathrm{SIGN}(\varphi_c) \end{aligned} \right\}$$
$$\tag{10-10}$$

【算例2】 投影坐标系:Timbalai 1948 / R. S. O. Borneo(m),投影方法:斜轴墨卡托投影。椭球参数:Everest 1830(1967 年定义),$a = 6377298.556\mathrm{m}$,$1/f = 300.8017$,$e = 0.081472981$,$e^2 = 0.006637847$。

投影参数:

①投影中心纬度:4°00′00″ N。

②投影中心经度:115°00′00″E。

③初始线方位:53°18′56.9537″。

④网格斜方位角:53°07′48.3685″ = 191268.3685″。

⑤初始线比例因子:0.99984。

⑥投影中心东伪偏移:590476.87m。

⑦投影中心北伪偏移:442857.65m。

在 TBC 的坐标系统管理器中建立斜轴墨卡托投影坐标系,参数设置见图 10-1。在 TBC 中新建项目,选择建好的该斜轴墨卡托投影坐标系,创建点,在当地坐标中输入点大地坐标:$B = 5°23′14.1129″\mathrm{N}$,$L = 115°48′19.8196″\mathrm{E}$。

软件自动进行坐标变换,点击点属性可选择坐标类型,直接查看网格坐标显示为:$E = 679245.728\mathrm{m}$,$N = 596562.777\mathrm{m}$。如果批量转换,可进行导入导出操作。

图 10-1　建立 Timbalai 1948 / R. S. O. Borneo 斜轴墨卡托投影坐标系

3)兰勃特投影正反算

(1)兰勃特投影正算

兰勃特投影正算是已知 B、$l(l = L - L_0)$，求 x,y：

$$
\begin{cases}
\gamma = \beta l \\
\rho = \rho_0 e^{\beta(q_0 - q)} \\
x = \rho_0 - \rho \cos \gamma \\
y = \rho \sin \gamma
\end{cases}
\tag{10-11}
$$

当切圆锥投影时，β 及 K 分别按下式计算：

$$
\beta = \sin B_0
\tag{10-12}
$$

$$
\rho_0 = N_0 \cot B_0 = K e^{-\sin B_0 \cdot q_0}
\tag{10-13}
$$

$$
K = N_0 \cot B_0 e^{\sin B_0 \cdot q_0}
\tag{10-14}
$$

当割圆锥投影时，β 及 K 分别按下式计算：

$$
\beta = \frac{1}{q_2 - q_1} \ln \left(\frac{N_1 \cos B_1}{N_2 \cos B_2} \right)
\tag{10-15}
$$

$$
K = \frac{N_1 \cos B_1}{\beta e^{-\beta q_1}} = \frac{N_2 \cos B_2}{\beta e^{-\beta q_2}}
\tag{10-16}
$$

(2)兰勃特投影反算

兰勃特投影反算是已知 x、y，求 B、L

$$\begin{cases} \gamma = \arctan \dfrac{y}{\rho_0 - x} \\ l = \dfrac{\gamma}{\beta} \\ L = L_0 + l \\ \rho = \sqrt{(\rho_0 - x)^2 + y^2} \end{cases} \quad (10\text{-}17)$$

【算例3】 兰勃特等角圆锥投影(双标准纬线),投影坐标系:NAD27/Texas South Central。

椭球参数:Clarke 1866,$a = 6378206.400\text{m} = 20925832.16\text{ft}(1\text{ft} \approx 0.3\text{m})$,$1/f = 294.97870$,$e = 0.08227185$,$e^2 = 0.00676866$。

投影参数:

①伪原点纬度:27°50′00″ N。

②伪原点经度:99°00′00″ W。

③第一标准纬线纬度:28°23′00″ N。

④第二标准纬线纬度:30°17′00″ N。

⑤伪原点东偏:2000000.00ft。

⑥伪原点北偏:0.00ft。

在 TBC 软件中新建工程,坐标系设置中选择 US State Plane 1927 – Texas South Central 4204,创建点,在当地坐标中输入点大地坐标:$B = 28°30′00.00″$ N,$L = 96°00′00.00″$ W(注意西经输负值)。

在软件中查看网格坐标,显示投影结果:$E = 2963503.913\text{ft} = 903277.799\text{m}$,$N = 254759.801\text{ft} = 77650.943\text{m}$。单位在工程设置的距离单位中可设置为美国测量英尺或米。

【算例4】 兰勃特等角圆锥投影(单标准纬线),投影坐标系:JAD69 / Jamaica National Grid。

椭球参数:Clarke 1866,$a = 6378206.400\text{m}$,$f = 1/294.97870$,$e = 0.08227185$,$e^2 = 0.00676866$。

投影参数:

①初始原点纬度:18°00′00″ N。

②初始原点经度:77°00′00″ W。

③初始原点比例因子:1。

④东伪偏移:250000m。

⑤北伪偏移:150000m。

在 TBC 中新建工程,坐标系设置中选择 Jamaica – JAD69,创建点,在当地坐标中输入点大地坐标:$B = 17°55'55.80''$N,$L = 76°56'37.26''$ W(注意西经输负值)。在软件中查看网格坐标,显示投影结果:$E = 255966.582$m,$N = 142493.511$m。

10.1.2　大地坐标和空间直角坐标的相互换算

大地坐标系和空间直角坐标系换算关系如图 10-2 所示。

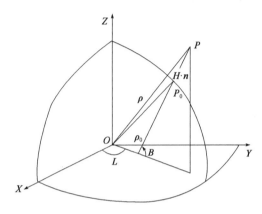

图 10-2　坐标转换示意图

大地坐标到空间坐标转换公式如下

$$\begin{cases} X = (N + H)\cos B\cos L \\ Y = (N + H)\cos B\sin L \\ Z = [N(1 - e^2) + H]\sin B \end{cases} \tag{10-18}$$

其中

$$e = \frac{\sqrt{a^2 - b^2}}{a} \text{ 或 } e = \frac{\sqrt{2f - 1}}{f} \tag{10-19}$$

$$\left.\begin{array}{c} W = \sqrt{1 - e^2\sin^2 B} \\ N = \dfrac{a}{W} \end{array}\right\} \tag{10-20}$$

式中:N——椭球面卯酉圈的曲率半径;

e——椭球的第一偏心率;

a、b——椭球的长短半径;

f——椭球扁率;

W——第一辅助系数。

空间坐标到大地坐标转换公式如下

$$\begin{cases} L = \arctan\left(\dfrac{Y}{X}\right) \\ B = \arctan\left(\dfrac{Z(N+H)}{\sqrt{(X^2+Y^2)}\left[N(1-e^2)+H\right]}\right) \\ H = \dfrac{\sqrt{X^2+Y^2}}{\cos B} - N \end{cases} \tag{10-21}$$

【算例5】 WGS 84 椭球参数：$a=6378137.000\text{m}, f=1/298.257223563$，已知 WGS 84 空间直角坐标：$X=3771793.968\text{m}, Y=140253.342\text{m}, Z=5124304.349\text{m}$。

计算得到 WGS 84 大地坐标：$B=53°48'33.820''\text{N}, L=2°07'46.380''\text{E}, H=73.0\text{m}$。

10.1.3 空间直角坐标和平面坐标的相互转换

测量过程中一项很重要也是很常见的坐标转换就是空间直角坐标与平面坐标之间的相互转换。两者之间通常是以大地坐标过渡从而间接实现坐标转换，即在进行空间直角坐标与平面坐标转换时，先将空间直角坐标(X,Y,Z)转化为(B,L,H)，然后确定投影带、加常数等条件，再根据投影正算公式将其转换为平面坐标(x,y,h)。需要将平面坐标转换为空间直角坐标时，先将平面坐标用投影反算公式转换为大地坐标，再将转换后的大地坐标转换为空间直角坐标。

10.1.4 坐标换带计算

依据中央子午线进行分带投影时，将投影控制在距离中央子午线东、西两边一定范围内，这样不但限制了长度变形，更保证了在不同投影带中计算由各种变形引起的改正时可以采用一样的简易公式或数表。然而也正由于采用了分带投影，各带的中央子午线经度并不相同，这便将原本是统一的大地坐标系，分为许多个平面直角坐标系，而在实际应用中，有时需要将某一投影带下的平面直角坐标转换为在别的投影带下的平面直角坐标以保持坐标的连贯性，从而方便平差或控制等，测量学中将这种换算称为坐标换带计算。

在实际工程测量中，一般有以下几种情况需进行坐标换带计算：

（1）如图 10-3 所示，A、B、1、2、3、4、C、D 为位于两个相邻带边缘地区并跨越两个投影带（东、西带）的控制网。假如 A、B、C、D 为某控制网的高级控制点，起算点 A、B 及 C、D 的起始坐标分属于不同投影带，为了能在同一带中进行网平差计算,就必须将 A、B 点所在的西带下的坐标换算到 C、D 点所在的东带,或者将 C、D 点的坐标换算到西带。

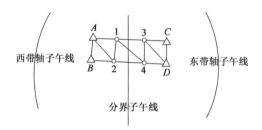

图 10-3 坐标投影换带示意图

(2)地形图测量中,如果控制点或碎部点在分界子午线附近,为了实现地形图的拼接和使用,必须将所有重叠点换算到同一带中。或者分属于不同带的地形图,需要拼接在一起进行工程规划设计,将一带中的地形图换算至另一带拼接在一起。

(3)由于国家控制点或已知控制点与项目工程测量所设计的坐标系选用的分带不一致,也需要进行坐标换带计算。

坐标换带通常采用间接换带计算法。所谓间接换带法即应用投影正、反算公式进行邻带换算的方法,在换带计算中将大地坐标作为过渡,方法是根据该点在第一带下的平面坐标 (x_1, y_1) 和中央子午线经度 L_1,按照投影反算公式反算其大地坐标 (B, L),再根据第二带的中央子午线经度 L_2,按照投影正算公式可以计算出该点在第二带下的坐标 (x_2, y_2)。采用间接换带计算法计算量较大,但其理论严密,精度较高,通用性强,并且容易实现编程计算,适用于任何情况下的换带计算工作。

10.1.5 投影面变化坐标换算

变化投影面后的坐标变换有椭球变换法、比例缩放法,椭球变换法包括椭球膨胀法、椭球平移法和椭球变形法。在工程中通常采用椭球膨胀法进行。

椭球膨胀法是在不改变扁率的前提下,改变椭球的长半轴,使改变后的椭球面与投影高程面重合,然后在改变参数后的椭球基础上进行投影。

由于归算面的抬高,相当于椭球膨胀后形成新椭球,椭球半径改变,而不改变椭球的扁率,偏心率也不发生变化。以独立坐标投影面的大地高 ΔH 作为椭球平均曲率半径的变动量,在独立坐标系中央地区基准点 P_0 上,新椭球平均曲率半径

$$R_{新} = R + \Delta H = \frac{a\sqrt{1-e^2}}{1-e^2\sin^2 B_0} + \Delta H \qquad (10\text{-}22)$$

新椭球长半轴为

$$a_{新} = a + \Delta a = a + \frac{1 - e^2\sin^2 B_0}{\sqrt{1 - e^2}}\Delta H \qquad (10\text{-}23)$$

式中：a——椭球长半轴；

e^2——椭球第一偏心率的平方；

B_0——基准点纬度，即测区平均纬度；

ΔH——平均大地高。

椭球膨胀法近似算法

以独立坐标投影面的大地高 ΔH 作为椭球长半径的变动量

$$a_{新} = a + \Delta a \qquad (10\text{-}24)$$

$$\Delta a = \Delta H \qquad (10\text{-}25)$$

新椭球大地坐标

$$B_{独} = B + \mathrm{d}B \qquad (10\text{-}26)$$

$$L_{独} = L - 0 \qquad (10\text{-}27)$$

$$\mathrm{d}B = \frac{1}{M + \Delta H}\left(\frac{e_2^2}{W}\Delta a\right)\sin B\cos B \qquad (10\text{-}28)$$

式中：$W = \sqrt{(1 - e_2^2\sin^2 B)}$；

$M = \dfrac{a_{新}(1 - e_2^2)}{W^3}$；

Δa——两椭球的长半轴之差；

e_2——第二偏心率。

【算例6】 变换投影面可通过专门的转换软件，也可使用商用 GNSS 数据处理软件进行。在 GNSS 平差计算或单独坐标转换时，将变换投影面后的工程独立坐标系在软件中建立一个新坐标系，新坐标系的椭球长半轴设置为：原选用椭球长半轴＋投影面大地高。例如在 TBC 中，新建工程，选择设置原坐标系，输入（导入）点坐标或基线文件，在工程菜单中选择更改坐标系，选用新坐标系，坐标转换自动完成计算。

10.2　坐标转换

坐标转换（或坐标基准转换、坐标相似变换）是指在不同的椭球基准间，采用适用的转换模型和转换方法，空间点从某一参考椭球基准下的坐标转换到另一参考椭球基准下的坐标，坐标转换过程就是转换参数的求解过程。与坐标换算不同的是，转换关系或参数是由经验方法确定的，因此会受到测量误差的影响。

根据转换区域选择合适的转换模型,选取坐标重合点计算模型转换参数,根据模型残差进行精度评估和检核。坐标重合点可采用在两个坐标系下均有坐标成果的点。选取的基本原则为等级高、精度高、局部变形小、分布均匀、覆盖整个转换测区。但最终重合点还需根据所确定的转换参数,计算重合点坐标残差,根据其残差值的大小来确定,若残差大于2或3倍中误差则剔除,重新计算坐标转换参数,直到满足精度要求为止,用于计算转换参数的重合点数量与转换区域的大小有关。模型参数计算用所确定的重合点坐标,根据坐标转换模型利用最小二乘法计算模型参数。不管使用何种模型进行坐标转换,必须满足相应的精度指标,对于地形图转换,转换点位的平均精度应小于图上的0.1mm;对于控制点,其转换残差应至少小于其相应等级中误差的2倍。在进行转换时,还应选择部分重合点作为外部检核点,不参与转换参数计算,用转换参数计算这些点的转换坐标与已知坐标比较进行外部检核。

10.2.1 二维四参数转换

不同平面坐标系统的转换通常采用相似变换法。相似变换法的原理是把原控制网经过平移、缩放、旋转变换而符合至目标坐标系统中。其优点是能够保留原有控制网的几何形状,从而避免了因原有控制网发生变形而导致各点间的位置关系发生变化。缺点是在利用公共点求解坐标转换参数,并实现转换后,转换后的坐标与已知的新坐标之间会有差值。如果某个公共点计算前后的差值较大,则必须剔除,采用其他的公共点求解转换参数。应用时,公共点须采用转换后的值,从而使整个控制网的几何形状不发生变化。

二维四参数转换用于局部区域内、不同投影、不同基准下的平面坐标转换,如图10-4所示,平面坐标转换包含4个转换因子,即两个平移参数(X平移:ΔX、Y平移:ΔY),一个旋转参数(旋转角:α)和一个尺度参数(尺度比:m)。此转换属于二维坐标转换,对于三维坐标,需将坐标通过高斯投影变换得到平面坐标再计算转换参数。二维四参数转换数学模型如下

$$\begin{bmatrix} x' \\ y' \end{bmatrix} = \begin{bmatrix} \Delta x \\ \Delta y \end{bmatrix} + m \begin{bmatrix} \cos\alpha & -\sin\alpha \\ \sin\alpha & \cos\alpha \end{bmatrix} \begin{bmatrix} x \\ y \end{bmatrix} \tag{10-29}$$

式中:ΔX、ΔY——平移参数;

α——旋转参数;

m——尺度参数;

x'、y'——转换后的平面直角坐标,m;

x、y——原坐标系下平面直角坐标,m。

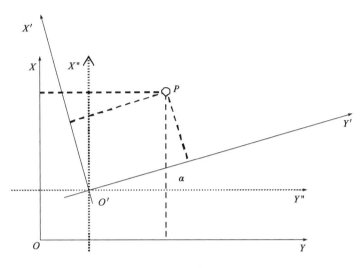

图10-4　二维四参数转换示意图

【算例7】　设二维四参数相似变换的 4 个参数为：$\Delta X = 3046565.8255\text{m}$，$\Delta Y = 611267.2865\text{m}$，$m = 0.9997728332$，$\alpha = 315°$。

若：$x = 10000\text{m}$，$y = 20000\text{m}$

正变换结果按式 10-29 计算为

$X' = 3046565.8255 + 7069.4615 - (-14138.9230) = 3067774.210(\text{m})$

$Y' = 611267.2865 + (-7069.4615) + 14138.9230 = 618336.748(\text{m})$

10.2.2　二维七参数转换

用于不同地球椭球基准下的地心坐标系向大地坐标系的点位坐标转换，涉及三个平移参数，三个旋转参数和一个尺度变化参数。转换数学模型如下

$$\begin{bmatrix} \Delta L \\ \Delta B \end{bmatrix} = \begin{bmatrix} -\dfrac{\sin L}{N\cos B}\rho'' & \dfrac{\cos L}{N\cos B}\rho'' & 0 \\ -\dfrac{\sin B\cos L}{M}\rho'' & -\dfrac{\sin B\sin L}{M}\rho'' & \dfrac{\cos B}{M}\rho'' \end{bmatrix} \begin{bmatrix} \Delta X \\ \Delta Y \\ \Delta Z \end{bmatrix} +$$

$$\begin{bmatrix} \text{tg}B\cos L & \text{tg}B\sin L & -1 \\ -\sin L & \cos L & 0 \end{bmatrix} \begin{bmatrix} \varepsilon_x \\ \varepsilon_y \\ \varepsilon_z \end{bmatrix} + \begin{bmatrix} 0 \\ -\dfrac{N}{M}e^2\sin B\cos B\rho'' \end{bmatrix} m +$$

$$\begin{bmatrix} 0 & 0 \\ \dfrac{N}{Ma}e^2\sin B\cos B\rho'' & \dfrac{(2-e^2\sin^2 B)}{1-f}\sin B\cos B\rho'' \end{bmatrix} \begin{bmatrix} \Delta a \\ \Delta f \end{bmatrix} \qquad (10\text{-}30)$$

式中:ΔB、ΔL——同一点位在两个坐标系下的纬度差、经度差,rad;

$\quad\quad\Delta a$、Δf——椭球长半轴差,m,扁率差,无量纲;

ΔX、ΔY、ΔZ——平移参数,m;

$\quad\quad\varepsilon_x$、ε_y、ε_z——旋转参数,rad;

$\quad\quad\quad m$——尺度参数,无量纲。

10.2.3　三维三参数坐标转换

当 $(X_A、Y_A、Z_A)$ 和 $(X_B、Y_B、Z_B)$ 表示不同的参心(或地心)空间直角坐标系,两坐标系各轴相互平行且比例尺度相同、坐标原点不相重合(图10-5),那么原地心坐标参照系与目的地心坐标参照系之间的关系可以用三个平移参数 ΔX、ΔY、ΔZ 进行描述。ΔX、ΔY、ΔZ 表示两参心(或地心)空间直角坐标系之间一个坐标系原点相对于另一个坐标系原点的位置向量 $O_B O_A$ 在三个坐标轴上的分量,通常称为三个平移转换参数。

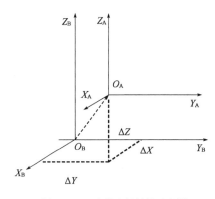

图 10-5　三参数坐标转换示意图

转换数学模型如下

$$\begin{bmatrix} X \\ Y \\ Z \end{bmatrix}_B = \begin{bmatrix} X \\ Y \\ Z \end{bmatrix}_A + \begin{bmatrix} \Delta X \\ \Delta Y \\ \Delta Z \end{bmatrix} \quad (10\text{-}31)$$

这是在假定两坐标系间各坐标轴相互平行条件下导出的,这与实际应用情况并不相符。但由于各坐标轴之间的夹角不大,求出夹角的误差与夹角本身在数值上属同一数量级,故在精度要求不高的情况下,可设各坐标轴相互平行进行近似转换。

10.2.4　三维四参数转换

用于局部区域内、不同地球椭球基准下的地心坐标系向大地坐标系间的坐标转换,涉及三个平移参数和一个旋转参数。转换数学模型如下

$$\begin{bmatrix} X_G \\ Y_G \\ Z_G \end{bmatrix} = \begin{bmatrix} X_C \\ Y_C \\ Z_C \end{bmatrix} + \begin{bmatrix} T_x \\ T_y \\ T_z \end{bmatrix} + \begin{bmatrix} Z_C\cos B_0\sin L_0 - Y_C\sin B_0 \\ -Z_C\cos B_0\cos L_0 + X_C\sin B_0 \\ Y_C\cos B_0\cos L_0 - X_C\cos B_0\sin L_0 \end{bmatrix} \cdot \alpha \quad (10\text{-}32)$$

式中:X_G、Y_G、Z_G——2000 国家大地坐标系下的坐标,m;

B_0、L_0——区域中心 P_0 点的大地经、纬度,rad;

X_C、Y_C、Z_C——大地坐标系(1954 年北京坐标系或 1980 西安坐标系)坐标,m;

T_x、T_y、T_z——坐标平移量,m;

α——旋转参数,rad。

10.2.5 布尔沙模型七参数坐标转换

如图 10-6 所示,布尔沙模型七参数也即赫尔默特七参数转换,用于不同地球椭球基准下的空间直角坐标系间的点位坐标转换,涉及七个参数,分别为三个平移参数 ΔX、ΔY、ΔZ,三个旋转参数 ε_x、ε_y、ε_z 和一个尺度参数 m。

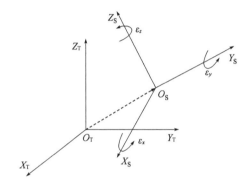

图 10-6 七参数转换示意图

转换数学模型如下

$$\begin{bmatrix} X_{\mathrm{T}} \\ Y_{\mathrm{T}} \\ Z_{\mathrm{T}} \end{bmatrix} = \begin{bmatrix} \Delta X \\ \Delta Y \\ \Delta Z \end{bmatrix} + m \begin{bmatrix} 1 & \varepsilon_z & -\varepsilon_y \\ -\varepsilon_z & 1 & \varepsilon_x \\ \varepsilon_y & -\varepsilon_x & 1 \end{bmatrix} \begin{bmatrix} X_{\mathrm{S}} \\ Y_{\mathrm{S}} \\ Z_{\mathrm{S}} \end{bmatrix} \tag{10-33}$$

式中:ΔX、ΔY、ΔZ——3 个平移参数;

ε_x、ε_y、ε_z——3 个旋转参数;

m——1 个尺度参数。

10.2.6 三维七参数转换

用于不同地球椭球基准下的大地坐标系间的点位坐标转换,涉及三个平移参数,三个旋转参数和一个尺度变化参数,同时需顾及两种大地坐标系所对应的两个地球椭球长半轴和扁率差。转换数学模型如下

$$
\begin{bmatrix} \Delta L \\ \Delta B \\ \Delta H \end{bmatrix} = \begin{bmatrix} -\dfrac{\sin L}{(N+H)\cos B}\rho'' & \dfrac{\cos L}{(N+H)\cos B}\rho'' & 0 \\[2mm] -\dfrac{\sin B\cos L}{(M+H)}\rho'' & -\dfrac{\sin B\sin L}{(M+H)}\rho'' & \dfrac{\cos B}{(M+H)}\rho'' \\[2mm] \cos B\cos L & \sin B\sin L & \sin B \end{bmatrix} \begin{bmatrix} \Delta X \\ \Delta Y \\ \Delta Z \end{bmatrix} +
$$

$$
\begin{bmatrix} \dfrac{N(1-e^2)+H}{N+H}\mathrm{tg}B\cos L & \dfrac{N(1-e^2)+H}{N+H}\mathrm{tg}B\sin L & -1 \\[2mm] -\dfrac{(N+H)-Ne^2\sin^2 B}{M+H}\sin L & \dfrac{(N+H)-Ne^2\sin^2 B}{M+H}\cos L & 0 \\[2mm] -Ne^2\sin B\cos B\sin L & Ne^2\sin B\cos B\cos L & 0 \end{bmatrix} \begin{bmatrix} \varepsilon_x \\ \varepsilon_y \\ \varepsilon_z \end{bmatrix} +
$$

$$
\begin{bmatrix} 0 \\[2mm] -\dfrac{N}{M}e^2\sin B\cos B\rho'' \\[2mm] (N+H)-Ne^2\sin^{2B} \end{bmatrix} m +
$$

$$
\begin{bmatrix} 0 & 0 \\[2mm] \dfrac{N}{Ma}e^2\sin B\cos B\rho'' & \dfrac{(2-e^2\sin^2 B)}{1-f}\sin B\cos B\rho'' \\[2mm] -\dfrac{N}{a}(1-e^2\sin^2 B) & \dfrac{M}{1-a}(1-e^2\sin^2 B)\sin^2 B \end{bmatrix} \begin{bmatrix} \Delta a \\ \Delta f \end{bmatrix} \tag{10-34}
$$

式中：ΔB、ΔL、ΔH——同一点位在两个坐标系下的纬度差、经度差、大地高差，经
    纬度差单位为 rad，大地高差单位为 m；

   $\rho = 180 \times 3600/\pi$ 弧度秒；

   Δa——椭球长半轴差，m；

   Δf——扁率差，无量纲；

 ΔX、ΔY、ΔZ——平移参数，m；

  ε_x、ε_y、ε_z——旋转参数，rad；

   m——尺度参数，无量纲。

10.2.7　多项式拟合坐标转换

  不同范围的坐标转换均可用多项式拟合。有椭球面和平面两种形式。椭球
面上多项式拟合模型适用于大范围的拟合，转换数学模型见式（10-35）；平面拟
合多用于相对独立的平面坐标系统转换，数学模型见式（10-36）。

椭球面上拟合公式:

$$\begin{cases} dB = a_0 + a_1B + a_2L + a_3BL + a_4B^2 + a_5L^2 \\ dL = b_0 + b_1L + b_2B + b_3BL + b_4L^2 + b_5B^2 \end{cases} \tag{10-35}$$

式中:B、L——纬度、经度,单位为弧度;

a_i、b_i——多项式拟合系数,通过最小二乘求解。

平面拟合公式:

$$\begin{cases} x_2 = x_1 + \Delta x \\ y_2 = y_1 + \Delta y \end{cases} \tag{10-36}$$

式中:x_1、y_1——原平面直角坐标;

x_2、y_2——目标平面直角坐标;

Δx、Δy——坐标转换改正量,Δx 或 $\Delta y = a_0 + a_1x + a_2y + a_3x^2 + a_4xy + a_5y^2 + a_6x^3 + a_7x^2y + a_8xy^2 + a_8y^3 + \cdots$,其中 a_i 为系数,通过最小二乘求解。

CHAPTER 11

第 11 章

无控制点起算的测量方法

现场外业测量与国内项目基本相同,根据项目执业的技术标准及技术设计方案进行即可。外业测量需要注意三个方面的问题,一是控制点现场埋设实施时需要考虑国外很多国家的土地私有问题,在私有土地上埋设标志,需要征得土地所有者的同意,或达成测量标志点所有权协议,埋设规格、标志的样式根据项目性质和技术标准进行设计,现场标识的文字应采用当地官方语言文字;二是控制网联测当地国家大地控制点进行起算,数据处理和国内项目基本一致,需要特别注意的是西半球、南半球国家的坐标系加常数问题,以及不同国家的基准和投影、坐标转换问题;三是对于一些经济比较落后无国家大地控制点资料,或无法获得国家控制点资料情况的项目,应采取单独的技术方案进行。可参照全球定位系统测量规范中 A、B 级 GNSS 控制网技术标准建立整个项目的框架控制网,在框架控制网的基础上建立项目工程控制网。在不具备建立框架网条件的国家,也可采用精密单点定位来建立起算基准。对于没有国家水准点起算时,可采用 GNSS 高程拟合法进行高程控制测量。

11.1 框架控制网

根据测区大小布设可以控制测区的框架控制网,点数一般不少于 3 个,如果为线性工程,可每 50 ~100km 布设 1 个点,点位选埋与一般 GNSS 点要求一致。

外业观测应使用标称精度不低于 $5mm + 1 \times 10^{-6} \times d$($d$ 为测量距离,以 km 计)的双频 GNSS 接收机,同步观测的 GNSS 接收机不应少于 3 台。一般观测 4 个时段,每时段不低于 300min,各时段宜昼夜均匀分布,夜间观测时段数不应少于 1 个。每个观测时段不宜跨越世界协调时 0 点(北京时间早 8 点)。

天线对中误差不应大于 1mm。天线高应在测前和测后各量取一次,每次应在相同的位置从天线三个不同方向(间隔 120°)量取,或用接收机天线专用量高器量取。单次天线高重复量取的读数互差不超过 ±2mm 时,取平均值;测前和测后天线高观测值读数互差不超过 ±3mm 时,取平均值作为天线高最终观测值。

同一时段的观测过程中不得关闭并重新启动仪器,不得改变仪器的参数设置,不得转动天线位置。观测过程中若遇强雷雨、风暴天气应立刻停止当前观测时段的作业。

基线向量解算使用适合长基线的高精度 GNSS 解算软件,如 GAMIT 软件(美国麻省理工学院)、BERNESE 软件(瑞士伯尔尼大学),同一时段观测值的数据剔除率不宜大于 10%,基线向量应采用精密星历进行解算,采用多基线模式进行解算,基线向量解算引入的起算点坐标位置基准为 ITRF 或 IGS 国际地球参考框架下的坐标成果,该坐标框架与采用的精密星历坐标框架保持一致。计算结果应包括基线向量的各坐标分量及其协方差阵等平差所需的元素。基线处理结果中同一基线不同时段的基线向量各分量及边长较差、基线向量的独立(异步)闭合环或附合线路的各坐标分量闭合差等质量检核满足相关规范或设计要求后,进行无约束平差,无约束平差应输出 ITRF 国际地球参考框架下各点的三维坐标、基线向量平差值及其改正数、基线坐标分量和精度信息。无约束平差满足要求后,使用附近 IGS 参考站进行约束平差,一般使用 2 个或以上 IGS 站数据进行约束,得到框架控制网最终成果。

11.2 精密单点定位(PPP)

精密单点定位(Precise Point Positioning, PPP)就是利用单台接收机多频载波相位观测数据以及精密星历数据,以精确测定观测点位置的定位方法,一般能达到分米甚至厘米级定位精度。精密单点定位的实质是空间距离后方交会,其基本原理是利用全球若干 IGS 地面跟踪站的 GNSS 观测数据计算出的精密卫星轨道和卫星钟差,然后对单台 GNSS 接收机所采集的相位和伪距观测值进行定位解算。在卫星定位测量中,主要误差源为轨道误差、卫星钟差和电离层延时。还应考虑其他特殊误差源,如对流层、天线相位中心、相对论效应、固体潮、海潮等影响,这些误差均可使用精确的数学模型进行改正。采用双频接收机时,可通过相位组合消除电离层延时的影响,因此影响精密单点定位精度的因素主要与卫星轨道精度、卫星钟差精度有关。如果使精密单点定位精度达到厘米级,那么卫星轨道精度需达到厘米级,卫星钟差改正精度需达到亚纳秒量级。而 IGS 目前提供的卫星钟差精度已优于 0.02ns,卫星轨道精度可达 2~3cm,此精度的卫星钟差和轨道,可以保证精密单点定位解算获得厘米级精度。

精密单点定位外业观测采用单台 GNSS 双频接收机进行外业观测,选取控制网中一个点进行观测,最少观测一个时段,时段长度可选 6~12h,也可与控制网中其他点一起进行同步观测。

精密单点定位的数据处理主要有两种方式,一是单机版精密单点定位软件解算;二是网络在线提供 PPP 定位解算服务。国外单机版精密单点定位数据处理软件有 GIPSY 软件(美国)、BERNESE 软件(瑞士伯尔尼大学)、EPOS 软件(德国地学研究中心)等,国内主要有 Trip 软件(武汉大学)。在线提供 PPP 定位解算服务的主要有 CSRS-PPP(加拿大自然资源部)、GAPS(加拿大新伯伦瑞克大学)、APPS(美国喷气动力实验室)、magicGNSS(西班牙 GMV 公司)、AUS-POS(澳大利亚国家制图局)等。数据处理步骤一般有数据准备,观测数据转为 RINEX 格式,下载精密星历和钟差文件;然后进行数据预处理,包括粗差剔除、周跳的探测及修复、相位平滑伪距、近似位置坐标计算、初始整周模糊度的确定等;进行各项误差的改正,包括对流层、天线相位中心、相对论效应、固体潮等;观测模型、随机模型的建立,进行参数估计,选择 IGS 站点解算出观测点的坐标成果。

经有关文献比较介绍,几种在线 PPP 软件在静态精密单点定位测量中都具有强大的数据处理能力,可获得较高的绝对定位精度,能够在工程测量中应用。以 AUSPOS 为例,AUSPOS 是澳大利亚国家制图局开发的在线定位服务系统,具备处理静态双频接收机 RINEX 格式的 GPS 数据的能力。经试算和工程应用表明:AUSPOS 使用 2h 的观测数据便能获得水平方向 2cm 和垂直方向 5cm 的定位精度。AUSPOS 网站可打开如图 11-1 所示界面,点击浏览输入单点定位 RINEX 观测数据,在 Height 处输入天线高(到相位中心的高度),在 Antenna Type 中选择使用的天线类型,在 Your Email Address 中输入自己的邮箱地址,点击 submit 即上传,提示提交的文件名、天线类型和天线量高,确认后关闭即可。上传数据后服务器会自动进行排队并处理,处理完成后发送数据处理报告到提交的邮箱内。精密单点定位作为一种新的定位方式,具有传统单点定位的灵活性和相对定位的高精度特点,能够解决无国家大点控制点起算坐标问题,满足工程控制测量起算需要。内业使用在线 PPP 软件解算,不需要使用复杂的软件计算,节省了人力,保证了控制精度,提高了工作效率。同时为了检核其结果的可靠性,也可采用 2 个或多个在线系统进行解算。

图 11-1　AUSPOS 观测数据上传界面

11.3　GNSS 高程测量

采用 GNSS 进行高程测量时,测出的三维坐标是以参考椭球为基准面的,即大地高。大地高不能直接用于工程实际,这就需要将大地高转换为正常高,如果可以计算出点位上的大地高和正常高的高程异常,那么利用 GNSS 观测数据、已知点高程及相关数学模型可以求出正常高的这个过程一般叫做高程转换或高程拟合。因此可知,高程拟合的精度取决于三个方面的因素:一是 GNSS 测量方法及精度,即在 GNSS 静态测量过程中,除应执行平面控制测量相关技术要求外,特别应注意每站均应进行重复设站,形成高程方向的闭合条件,以防止高程方向上的粗差,同时加强对天线高量取精度的控制;二是已知点分布、精度;三是采用的拟合方法及数学模型。在一些经济不发达的国家,往往无国家大地平面和水准点,在没有已知水准点起算的情况下,采用模型改正以及增加测段水准高差作为起算改正已知条件,可有效提高高程异常计算精度,是无已知水准点时 GNSS 高程测量较为可靠、有效的技术方法。

1)垂直平移

垂直平移法的原理是利用测区已知 GNSS 大地高和正常高求出平均高程异常值,然后直接将待求点的大地高代入式(8-18)中,即可推算出待求点的正常高。

这种方法简单直接,但实际上每个点的高程异常值是不相同的,用一个平均高程异常值进行改正显然精度不会太高,所以此方法可用于满足中小比例尺测图精度,且地区平坦高程异常变化较小的测区,或范围较小,高程异常变化不大的测区。在工程实践中,可先假定控制网中心一个点的正常高,使用平面控制测量成果中的大地高计算高程异常,然后利用垂直平移的方法,推算出其他控制点的高程。若用 GNSS 的单点定位结果作为起始高程,相当于网中各点的大地高偏差了一个常数,求得高程异常也相差相同的常数,不影响计算结果及各点间高差关系。

2)大地水准面模型改正

在第 2 章中对大地水准面模型进行了介绍,使用已有精度较高的模型可得到测区各待求点的高程异常值。与垂直平移法不同的是,一个测区不再仅使用一个平均的高程异常改正值进行计算。这种方法也比较简单,直接使用 GNSS 商用软件,选择适宜的大地水准面模型进行高程改正,选择一个无约束点,即可得到各点的正常高。

3)高差改正拟合

使用垂直平移和直接使用模型改正的方法,得到的正常高精度较为有限。在 GNSS 高程测量拟合中,每联测一个已知水准点高程即可建立一个观测方程,用于解算拟合系数。在无水准点的情况下,使用一个点的假定高程,增加点间高差观测值作为已知条件,再选择精度较高的大地水准面模型进行改正,选择合适的高程拟合方法,不仅可以求得正常高,还可以有效提高 GNSS 高程测量拟合的精度。

水准测段高差观测应在控制网中均匀分布,测段长度和水准测量精度的确定应以可以反映测段高程异常的变化量为原则,测段数量根据控制网大小及所用拟合方法确定。以线路工程为例,如线路控制网长度约 100km,则水准高差观测的测段应平均分布,20 ~30km 选取一个测段,每测段 4 ~8km,采用四等以上水准测量精度进行观测,利用高差观测量作为已知条件,固定测区中部一个点为假定正常高,采用多项式曲线拟合法进行拟合,其 GNSS 高程点间高差精度可达到五等水准的闭合水平。

CHAPTER 12

第 12 章

测 量 监 理

工程监理是指由独立的监理单位,受雇主委托派遣其专业人员,对工程施工的质量、投资、工期等进行全面的监督与管理。在施工过程中有测量专业监理,在勘察设计阶段的工程测量有时也有测量监理。在国际测绘工程承包中,雇主为了确保工程承包的严格性,设立了工程师与工程师代表,他们受雇主委派驻扎在施工现场,随时可检查承包人的工程进度和工程质量。当工程师或工程师代表提出有关问题时,承包人一般不能争辩,应立即按其要求办理。雇主给予工程师和工程师代表极大的权力,他们一旦发现工程质量和工程进度问题时,有权停止承包人的施工,且其后果完全由承包人负责。也只有在工程师或工程师代表认定的工程进度、完成数量与质量的条件下,承包人才可据此向雇主结算相应的工程款。在工程承包运作中,雇主一般不出面,委派由工程师或工程师代表"施展才能"进行管理,雇主一般情况下只是按工程师或工程师代表的意见与时间向承包人付清工程款项,只有当遇到重大问题,工程师或工程师代表与承包人争执不下、无法协商解决时,雇主才出面处理。因此,工程承包施工测量过程中,必须严格地做好工作记录,除记录每天的主要事宜外,重要的事宜及处理情况还应得到驻地工程师或工程师代表签字认可,以备以后查阅和处理问题时使用。

12.1 测量监理内容

12.1.1 测量监理的基本内容

工程测量监理的基本内容应包括"三控、三管、一协调"。"三控"指测量工程进度控制、质量控制和费用控制;"三管"指合同管理、信息管理和安全管理;"一协调"指监理人员与测量工程业主、测量工程承揽方进行的沟通协调工作。

1)质量控制

(1)对测量单位的技术质量管理体系运行进行监督。主要对测量单位资质、项目机构、人员、仪器设备、软件、生产计划、质量控制措施等进行审查。

(2)对测量单位有关人员进行技术培训和技术指导。

(3)对测量技术文件的审核,包括技术设计方案、技术总结、成果报告等。

(4)对测量作业过程进行旁站监理和巡视检查,检查技术设计的执行情况。

(5)监督测量单位内部质量检查、验收制度的实施。

(6)对外业记录等测量成果进行质量检查,对内业测量成果进行复核验算。

(7)按工作量一定比例进行平行检测。

2)投资和进度控制

(1)按照合同及设计要求,协助业主对测量工作内容和工作量进行计量审核。

(2)协助业主对项目进度进行控制。

3)管理与协调

(1)进行安全、合同、信息管理。

(2)协调测量单位等各相关方的工作。

(3)根据测量项目进程,主持召开测量监理工作会议,进行阶段工作总结、问题反馈与处理,安排下阶段工作。

12.1.2 工程建设各阶段测量监理工作要点

在工程建设的不同阶段,测量监理的具体工作内容有所不同。

1)勘察设计阶段的测量监理主要工作

(1)测绘技术方案的审查。

(2)承包商测绘资质、人员资质、仪器设备的审查。

(3)测绘过程的检查。

(4)测绘成果的验算及检查。

2)施工准备阶段的测量监理主要工作

(1)测量监理实施细则的编制:实施细则中的内容应当包括控制测量复测,所有施工部位的测量工作的具体限差要求,测量自检和抽检工作的手段方法,测量工作中应注意的事项及改进措施。细则编制完成后上报业主,由业主审核并修改。然后召开测量技术会议,会议的主要目的是贯彻测量监理实施细则的各项条款并指出测量施工时的注意事项。

(2)组织交接桩及复测:与业主、设计、施工单位一起将合同段内的所有控制测量点、辅助点、中线桩等进行现场校验,并立即组织承包人进行复测。在复测过程中,发现点位与实际有偏移或者埋设不稳定等情况,应立即上报业主和设计单位进行协调处理。

(3)审查承包人的测绘资质及测量技术人员资质:承包人的测绘资质等级及业务范围是否符合工程需要,测量技术人员是否具备一定的业务能力和施工经验。作为测量监理工程师,应当对技术人员尤其是测量工程师的业务能力进行考察,如发现有不符合要求的,要求承包人进行更换。

(4)检查承包人的仪器设备:要求承包人上报所使用的测量仪器和设备的名称、数量、型号及正规标定机构出具的检定证书,对其上报的仪器设备进行逐一检查,如有不符合要求的,要求承包人更换或增加。

(5)复核图纸:在拿到设计单位提供的设计图纸后,测量监理工程师应该马上对图纸进行复核,尤其对设计坐标、高程及衔接处进行复核,如果发现问题,及时与设计代表联系。

3)施工阶段的测量监理主要工作

(1)施工测量方案的审批:测量方案包括控制网复测、加密及施工放样,首先要审查测量方案的合理性和可靠性。对任何施工部位进行施工测量之前,施工单位必须申报施工放样测量方案,经测量工程师审批后方可组织实施。对施工放样应详细核算放样数据的准确性。

(2)报验单的审查和批复:施工方根据批准的施工放样方案进行放样。对工程的任何部分进行平面和高程的放样都必须填写施工放样报验单。测量监理工程师应当进行必要的现场观察和巡视,以监督方案的执行,并根据承包人提供的放样资料进行现场抽检,对抽检数据和施工单位的自检数据进行比较,如符合规范要求则签字认可。

(3)施工过程中的测量监理:定期复测控制点,对测量过程通过旁站、巡视检查、平行检测等方式进行质量控制,并对沉降观测和标段衔接进行监理。

（4）分项工程竣工测量验收：各分项工程完工后，承包人都要在构造物上定出轴线和标点，并将数据资料整理好，填写报验单报测量监理工程师审批。测量监理工程师应该先对数据进行核准，然后到实地测量检查，确保数据在允许限差范围内。

4）验收阶段的测量监理主要工作

（1）对竣工测量方案及测量过程、结果进行监理。

（2）资料整理归档。在资料整理中，测量监理工程师必须做好测量台账记录，及时填写监理日志并上交；保存好所有的原始测量记录，分类归档，作为质量评定和工程结算的重要资料。

12.2 测量监理方式

（1）建立监理组织机构及监理工作制度。

（2）开工前制定测量监理实施细则，监理结束后编写测量监理工作总结报告。

（3）设置关键监理点。根据测量项目特点，对影响测量质量的关键工序设置关键监理点，以保证质量的控制。如测量技术设计书的编制，控制点的选点、埋石，施工坐标系的设计，基准设计，平差计算，各类成果的精度，第一批地形图的规范性、图式和精度，试验段、标段搭接、沉降区的测量等。

（4）对测量现场进行旁站监理和巡视检查。

（5）填写监理日志，记录监理过程和工作内容；定期召开监理例会，沟通协调有关工作；建立周报或月报制度，通报监理工作情况。

（6）检查外业记录，审核测量资料，复核验算重要测量成果。

（7）质量抽查和平行检测。

12.3 援外项目监理

援外项目监理分设计监理和施工监理，对于测量工作来说，设计监理在于勘察设计阶段的测量工作，施工监理在于施工过程中的测量专业监理。

援外项目一般采用中国技术标准进行建设，在实施测量监理时一般也按中国技术标准和工作内容进行。只是项目实施的地域不同，但在应用中国技术标准时，也要充分考虑对当地国强制性法规的符合性问题。

CHAPTER 13

第 13 章

国外测量项目典型案例

本章选取了4个具有代表性的典型案例,第一个案例是中外合作的泰国高速铁路定测工程测量设计方案,是以中国测量技术标准为主,参考泰国有关技术标准制定的;第二个案例是塞尔维亚既有铁路改造工程测量案例,是以塞方标准完成的;第三个案例是坦赞铁路修复改造工程初测工程测量技术总结,为中国对外援助项目,按中国标准进行的;第四个案例是某国家铁路勘察设计项目招标文件中对测绘工作内容和技术标准的详细要求。

13.1 泰国高速铁路定测工程测量设计方案

13.1.1 项目概述

1)基本情况

泰国铁路是中泰两国合作项目,未来连接我国云南昆明和泰国首都曼谷。中泰铁路的修建主要通过中泰两国政府间直接合作,中国参与投资、修建一条长867km的双轨标准轨铁路,路线从泰国东北部重要口岸廊开府,到首都曼谷及东部工业重镇罗勇府。2017年12月21日下午,中泰铁路合作项目一期工程在泰国呵叻府举行开工仪式。这条铁路是泰国第一条标准轨高速铁路。一期工程全长253km,设计最高时速250km。

2)线路主要技术标准

(1)铁路轨距:1435mm。

(2)正线数目:双线。

(3)牵引种类:电气化。

(4)设计时速:250km。

3)既有资料

(1)1:5万、1:1万地形图。

(2)1:5万预可研线路平面图。

(3)已完成的线路平面和高程控制点(泰国交通部、泰国铁路公司等机构提供)。

(4)泰国国家GNSS、BM点资料。

(5)泰国国家空间地信局提供的沿线卫片、部分段落航片及DEM。

13.1.2 主要工作内容及计划(略)

13.1.3 技术设计方案

1)技术依据

(1)《铁路工程测量规范》(TB 10101—2009)。

(2)《铁路工程卫星定位测量规范》(TB 10054—2010)。

(3)《改建铁路工程测量规范》(TB 10105—2009)。

(4)《铁路工程摄影测量规范》(TB 10050—2010)。

(5)《廊开-呵叻-耿奎-玛达普线和耿奎-曼谷线铁路建设项目可行性研究及详细设计工作规定》(中泰双方签订,2015年4月)。

2)坐标和高程系统

(1)泰国国家大地坐标系

WGS 84坐标系,WGS 84椭球:$a = 6378137\text{m}$,$f = 1/298.25722$,UTM投影,$m_0 = 0.9996$,投影带47N(中央子午线东经99°)、48N(中央子午线东经105°)。

Indian 1975坐标系,Everest椭球:$a = 6377276.34518\text{m}$,$f = 1/300.80173$,UTM投影,$m_0 = 0.9996$,投影带47带(中央子午线东经99°)、48带(中央子午线东经105°)。

（2）泰国国家高程系统：MSL

（3）本项目定测使用工程坐标和高程系统

①结合收集到的各段设计文件图纸，经向泰国交通部、皇家测绘局及当地咨询公司咨询，目前泰国使用的坐标系为 WGS 84，故本项目地形图使用 WGS 84 坐标系，UTM 投影。

②定测独立坐标系。

控制测量在提供泰国国家 WGS 84 坐标系（UTM）成果的基础上，同时提供 Indian 1975 坐标系（UTM）成果。

并使用 WGS 84 六度带 TM 投影坐标系，中央子午线东经 99°、105°进行坐标转换，按设计轨面高程投影变形不大于 10mm/km，设计独立坐标系，线路设计及定测使用独立坐标系成果。

3）控制测量

（1）平面控制测量

在利用泰国政府提供已完成平面控制测量成果的基础上，进行必要的补充测量和联测，以满足详细设计的需要。补充测量和联测的技术要求如下：

①布网、选点、埋石。

②观测：平面控制测量采用 GNSS 静态测量方式进行，观测技术指标。

③数据处理。

a. GNSS 基线解算统一采用一种商用软件进行，以保证其数据的一致性，也可将原始观测文件均转换为 RINEX 文件后进行基线解算。

b. 满足 GNSS 基线及闭合环的精度指标。

c. 网平差采用经中国专业部门鉴定通过和在其他建成的铁路中应用过的软件进行，以联测的泰国国家 GNSS 点或既有铁路平面控制点为起算点。平差计算时首先在 WGS 84 坐标系中进行无约束平差，对观测值后验中误差、残差、标准残差进行统计分析，检查 GNSS 基线向量是否有粗差和明显的系统误差，对质量不好的基线进行重测。

d. 对既在控制测量、补充控制测量进行联测，通过坐标转换至同一坐标系统下，分别计算提交需要的各坐标系统成果。

e. 提交资料。

（2）高程控制测量

在利用泰国政府提供已完成高程控制测量成果的基础上，进行必要的补充测量和联测，以满足详细设计的需要，补充测量和联测的技术要求如下：

①一般规定：高程控制测量依据《国家三、四等水准测量规范》（GB 12898—

2009)三等标准施测。

②选点、埋石。

③观测：水准网的观测应按照国家三等水准测量施测,采用单路线往返观测,一条路线的往返测必须使用同一类型仪器和转点尺垫,沿同一路线进行。观测有关技术、成果的重测和取舍按《国家三、四等水准测量规范》(GB 12898—2009)有关要求执行。

④数据处理:a. 水准测量作业结束后,全线应按测段往返测高差不符值计算偶然中误差 M^Δ;当水准网的环(段)数超过 20 个时,还应按环线闭合差计算全中误差 M_w。如超限时应对较大闭合差的路线进行重测。b. 对起算点的稳定性和兼容性进行检核后,确定起算点,以联测的泰国国家水准点或既有铁路高程控制点为起算点,进行整体或分段严密平差计算,采用经过鉴定的软件进行平差。

⑤既有高程控制网的衔接和统一:对既有高程控制网进行统一联测,并与泰国国家水准点进行联测,将全线高程控制网进行统一在 MSL 基准上。

⑥提交资料。

4)航空摄影测量

地形图测绘采用机载激光雷达扫描系统数据获取及处理技术进行。

(1)坐标和高程系统

①航飞及数据的预处理:平面采用 WGS 84 坐标,高程采用大地高。

②数据的后处理:同 GNSS 控制测量坐标和高程系统,即坐标系统采用 WGS 84,UTM 投影,高程系统采用泰国 MSL。

(2)航线设计内容

①检校场航线设计—LiDAR。

②检校场航线设计—相机。

③测区航线设计。

④航线(包括检校场)设计成果。

(3)航飞地面外业工作

①仪器设备要求。

所用的外业设备在使用之前必须经过检校和检查:电池能否持续供电 8h、存储卡容量是否够用、存储卡是否能正常记录和输出数据、仪器是否经过检校、参数设置是否正确等。

②检校场外业工作。

a. 检校场选择:尽量选在机场附近;在一个检校场内满足 LiDAR 和 RCD 检

查的条件;如果无法选择既满足 LiDAR 检校要求,又满足 RCD 检校要求的场地,需要分开选择检校场;检校场的选择需要项目负责人和专业技术人员确定。

b. 布设标识:RCD 相机的检测需要在测区范围内均匀布设 20 个控制点,如果检校场内没有合适的控制点,需要在地面上布设相应的标识点,标识点的形状为直角,宽度为 40cm(RCD05 相机,相对航高 1350m),用白油漆填涂。

c. 基站架设:要求航飞之前 30min 必须架设好基站并开机,航飞结束后继续观测 30min 后关机;基站 GNSS 接收机的接收频率设为 2Hz;基站距离检校场最远不能超过 10km,基站点的选择要远离大功率发射塔,且周围不能有遮挡;基站仪器高需要量测 2 次,并记录;观测过程准确记录开关机时间。

d. 平面控制点测量:平面控制点(同样需要准确的高程)采用 GNSS 静态测量的方法进行观测,观测时间不小于 15min,卫星高度角不小于 15°,每一个联测点均要画相应点之记(电子)。

e. 高程控制点测量:平行于航线且在航线正下方沿直线连续测量 300 个点,在检校场中心("井"字中心)均匀测量 40 个高程散点,高程点的误差不大于 5cm。高程控制测量点不需要点之记。

f. 提交数据:基站观测数据,观测日志,平面控制点坐标(或者 GNSS 观测数据)和点之记,高程控制点坐标(WGS 84 坐标系,UTM/TM 投影)。数据按照规定的格式提交给现场摄影员,摄影员按照 LiDAR 数据目录树正确存放,数据的提交和保存要求航飞当天完成。

③航飞测区外业工作。

a. 基站架设:航飞起始和终点位置各架设一个基站,中间每隔 30km 布设一个基站,基站尽量选在 D 级 GNSS 点上,如果没有合适的 GNSS 控制点可用时则单独布点,埋标保存时间不少于 6 个月;航飞之前 30min 必须架设好基站并开机,航飞结束后继续观测 30min 后关机;基站 GNSS 接收机的接收频率设为 2Hz;确保基站有足够的内存和电量,在航飞期间不关机;基站位置的选择要远离大功率发射塔,且周围不能有遮挡;基站仪器高需要量测 2 次,并做好书面记录;准确记录开关机时间。

b. 提交数据:基站观测数据(原始数据 + RENIX 格式数据);观测日志文档。外业人员按照规定的数据格式提交给现场摄影员,摄影员按照 Lidar 数据目录树正确存放,数据的提供、存放要求航飞当天完成。

(4)外业调绘

①调绘的基本原则。

在调绘的过程中,可以沿着居民地和道路进行调绘,如果航片上有较大的河流、铁路和公路等重要地物,应顺着其延伸方向调绘,以免遗漏其附属建筑物。调绘本着由远及近的原则观察地物,先看地物的总体轮廓,再走近调绘具体细节,并用正确的符号、文字和数字等记录地物的属性信息,图面整饰要清楚美观,相邻的像片要接边。

②调绘面积划定应符合下列要求。

a. 调绘范围为线位两侧各 350m,调绘面积在双号片上划定,调绘面积一般应在具有 20% 重叠的像片上画出。

b. 调绘面积线宜划在航向和旁向重叠中部附近,应避免与线状地物重合或分割居民点。

c. 相邻两调绘片之间不得产生漏洞。

d. 在调绘面积线以外,应注明邻接像片号、航线号和测段号。

e. 无接边处应注明自由边。

f. 应绘制调绘片结合图,提交调绘成果应编写本阶段调绘说明,内容主要是本阶段调绘工作中需要向航测内业特殊说明的事项。

(5)数据处理

①数据预处理

a. GNSS 差分计算以及和 IMU 的联合平差。

b. LiDAR 参数检校。

c. 相机参数检校。

②坐标转换。

对项目生产中所采用的坐标系统(施工坐标系)与航飞时采用的坐标系统(WGS 84 坐标系)进行坐标变换。

③点云滤波。

a. 数据分块:首先沿线位每测 200m 范围进行分块,用来制作横断面和纵断面,分块大小结合计算机的配置来定,一般情况下,建议分块大小一般在 500 万点左右。另外,针对洞口地形、站场等进行单独分块。

b. 断面数据的滤波:根据专业要求,沿线位中线画出断面位置,沿断面线进行精细分类,如果需要纵断面,沿中线进行精细分类。

c. 生成工点地形采用点云数据的滤波:根据工点地形范围进行分块,根据范围内的地形特点进行自动分类,然后进行精细分类。

④正射影像制作。

a. DOM 的误差在 1 个像素之内。

b. 影像镶嵌过程进行色调均一化处理,使局部范围内影像色调基本一致,且色彩饱满。

c. 影像增强在 Photoshop 中进行,要求相邻影像色调一致,没有明显的色调突变(云层、烟雾除外),色彩饱满。如遇影像色调相差非常大的,色调过度要自然。

d. 提供 TIFF + TFW 格式的影像数据。

e. 正射影像的分幅沿线位进行带状分幅设计,原则上每一个影像文件的大小不超过 2GB。

f. 正射影像提供 ECW 或者 IMG 格式。

⑤1∶2000 地形图制作。

在完成正射影像和 LiDAR 点云分类的基础上制作正射影像地图。

a. 利用分类后的点云数据生成等高线、高程点等矢量数据,并综合利用点云和 DOM 提取道路、建筑物、河流等地形地貌适量信息,并在 MapEditor 中编辑,使等高线光滑平顺,高程点和等高线之间图面合理美观,不出现点线不符的情况。

b. 根据影像数据进行外业调绘,在 Mapeditor 中将调绘内容标示到地形图中。

c. 各种注记使用英文标注。

⑥三维系统制作。

利用正射影像和 DEM 数据建立三维虚拟场景,将地质资料、线位资料等相关资料叠加到三维虚拟场景上,形成三维虚拟系统,供设计专业使用。

(6)质量控制

(7)提交成果资料

5)定测专项测绘

专项测绘主要包括中线测量、桥涵测量、横断面测量、水下地形测量、工点地形、电线、道路测量、控制工点测量、放孔等设计专业需要进行的定测阶段的测量工作,其测量精度和提交成果资料形式要求应符合各设计专业的需要。

(1)中线测量

一般中线测量采用 GNSS RTK 测量方法,加桩密度按各专业需要进行。

新建铁路应注明与既有线接轨站的接线关系,以接轨站中心或联轨道岔中心里程为起点;支线和专用线应以联轨道岔中心为起点,并应注明与既有线的里程关系。新线引入既有车站,一般按新建里程进行中线定测。

中线测量分中线控制桩测量和中桩测量,中线控制桩一般设在平立交、河渠边等有工点工程的位置,周边地势平坦处,一般不超过 500m 设置一个,中线控制桩打方桩。中线桩一般经过以下位置时应加桩,其他地形类加桩根据实测桩和 LiDAR 点云数据内业处理进行,LiDAR 内业测绘中桩高程中误差不大于 ±0.2m,平面中误差不大于 ±0.1m。

隧道顶除覆盖过薄或穿越不良地质等地段及特殊要求处外一般不加桩。有条件时可采用 LiDAR 的方法测绘洞顶纵断面。新建双线铁路在左右线并行时,按面向线路终点的左线线路中心钉设桩橛,并标注贯通里程。在绕行地段,两线应分别钉桩,并分别标注里程。

线路中线测设可采用全站仪极坐标法、GNSS RTK 法、偏角法等方法进行。

(2)桥涵水文测量

①桥址平面图、局部平面图测绘。

根据专业需要采用 LiDAR 方法完成,对于出航带或特殊需要的,可采用全站仪或 RTK 实测完成。

②桥址纵断面测绘。

根据桥梁专业设计需要,桥址纵断面测量可与中线测量合并进行,其测设方法同中线测量。

③桥梁辅助断面、桥梁墩台断面、涵洞轴向断面、涵洞辅助断面测绘。

根据桥梁专业设计需要采用现场实测或 LiDAR 内业完成桥梁各类断面的测绘,精度同路基横断面。当涵洞轴向断面与线路中线斜交时,其交角应实测,角度取位至分。对于交叉沟渠、道路较复杂需要按固定角度设计涵洞并改移沟渠、道路的,必要时应做支沟(渠)测量。此时涵轴方向为固定角度,沟渠(道路)中心应以涵轴方向按支距法测出。

上游方在左侧,内容应包括测点的起点距和高程、涵洞中心里程、水流方向、沟心沟岸、公路、陡坎等;斜交或折线形断面,还应绘制平面示意图,注明线路方向和斜交角或转角、流向。

④水坡测量。

根据桥梁专业设计要求,采用 LiDAR 内业或 RTK 进行测量。

(3)横断面测量

横断面施测宽度和密度,应根据地形、地质情况和设计需要而定。一般应在公里标、百米标、线路纵、横向地形明显变化处测绘横断面,其密度和宽度应满足线路、路基、站场、隧道等专业设计的要求。

(4)局部地形图测量

由于 1:2000 地形图全部采用机载激光雷达扫描成图,由外业常规方法进行核补,对于 1:500 工点地形,也由机载激光雷达扫描成图。对于较大河流的水下地形,根据专业要求进行现场实测完成。桥梁、隧道、取土场、弃土(渣)场、大型临时工程等局部地形图测绘按各专业设计需要进行测绘,测绘精度应满足相应比例尺地形图测绘要求。

(5)交叉测量

铁路与铁路交叉处应测绘交叉位置的里程、交叉角度及交叉点的轨面高程;必要时对交叉处既有铁路进行百尺标丈量、平面测绘、中平测量及横断面测量,测绘的范围视设计需要确定。铁路与公(道)路交叉应测绘交叉位置的里程、交叉角度及交叉点路面高程,并调查路面材质和宽度。铁路与电力线、通信线交叉处应测量其交叉里程和交叉角度。电线的交叉里程应以输电线路的几何中心与线路中心交叉点为准;交叉角度应精确测量。测量跨越线路处最低的电线到地面的垂度,测量垂度的同时应记录温度。工作量大时可采用 LiDAR 内业辅助完成部分交叉测量工作。

①交叉里程测量。

与铁路的交叉里程应以轨道中心为准,交叉点高程为内轨轨面高程。与公(道)路交叉里程应以道路中心线为准,交叉点高程为路心路面高程。与电线交叉里程应以输电线路的几何中心为准。与铁路、公(道)路交叉里程应取位至0.01m;与电线叉里程应取位至0.1m。

②交叉角度测量。

交叉角度的测量可采用经纬仪置镜在交叉点直接量测,也可通过图解法量得,并绘制交叉角度示意图,交叉角度测量取位至分。直线交叉角度即为两直线方向的夹角,而曲线交叉时应为曲线在交叉点的切线方向夹角。

③电线测量。

电力线、通信线交叉角度和杆塔的距离可采用全站仪直接测量,也可以采用交会法、图解法间接测得。

电线垂度和杆塔高度可采用距离、竖直角法测量计算得出,也可以使用全站仪无棱镜测距及悬高测量程序直接测得,还可以利用手持测距仪、激光扫描仪等直接测量。

(6)管线测量

按照专业收集资料及调查后的要求,对与线路交叉的地下管线应测量交叉里程和交叉角,里程取位至分米,角度取位至分。地下管线测量可依据控制点或中线控制桩,采用全站仪或 GNSS RTK 方法测量,其测量精度同中线测量。

(7)界限净空测量

当线路下穿既有桥梁或侧向临近重要建(构)筑物时,根据专业需要进行界限净空测量。下穿上跨桥梁时,水平界限应测量线路穿过孔跨左右侧所有桥墩外缘距线路的垂直距离,量测至 cm。净高测量线路正上方梁底最低处的高程,当桥面存在一定坡度时,还应量测孔跨四角处梁底高程。界限净空测量可采用钢尺、全站仪、手持测距仪等量测,取位至 cm。净高数据应能够换算为高程。

（8）其他测量

取土场、弃土（渣）场测量、地质放孔等采用 RTK 或 RTK 配合全站仪进行测量。地质钻探工作由院本部完成时测绘专业负责放孔,如果钻探委外,由委外承担单位进行放孔,测绘专业提供中线控制桩坐标和高程基础资料。

6）既有铁路测量

对于并行既有线、跨既有线及既有车站,按专业的需要进行局部既有线的测量,主要有恢复百米标测量、平面测绘、中平测量、断面测量、站场测量等,既有线测量按《改建铁路测量规范》有关内容执行,主要使用 RTK 测量技术进行。

7）RTK 测量要求（略）

13.1.4　拟投入的人员及仪器设备（略）

13.1.5　技术质量管理（略）

13.1.6　附件:坐标系设计计算表（略）

13.2　塞尔维亚既有铁路改造工程测量案例

本案例材料摘编自塞尔维亚 Louis Berger 公司,于 2015 年 6 月编制的诺维萨德—苏博蒂卡—匈牙利边境段铁路现代化改造初步设计大地测量和摄影测量工程技术总结报告。

13.2.1　项目基准转换参数的分析和确定

1）平面基准转换——从 WGS 84 到 DKS 的三维数据转换

（1）工作范围

工作范围为诺维萨德—苏博蒂卡—匈牙利边境段铁路改造工程,目的是建立航空摄影测量所需要的平面坐标系统。

考虑坐标点在整个项目区域的几何分布和随机均匀分布,现场测量采用塞尔维亚 CORS 系统 AGROS 框架,使用全球定位系统（GPS）进行。

为了成图和完成该项目的其他测量工作,平面坐标系统需要由从塞尔维亚的大地参考框架(SREF-椭球为 WGS 84)转换到国家坐标系统(DKS-椭球为 Bessel 1841)。SREF 坐标系统是使用 AGROS 系统确定的,而国家坐标系统是由当地三角网确定的。

转换采用七参数法(3 平移,3 旋转和 1 缩放),由具有两套坐标的三角点进行计算。

(2)背景信息

塞尔维亚大地测量局(RGA)利用 GPS 定位对全境每 5 ~ 8km、超过 4400 三角点进行了测量。因此数据转换无需额外进行现场测量,只需利用线路范围内的三角点 GPS 定位成果即可。转换参数是从 RGA 数据库中的数据确定的,这些数据是由沿勘测线路 5 ~ 10km 宽度区域中的点所提供的,并确保均匀覆盖。点位分布图见图 13-1。

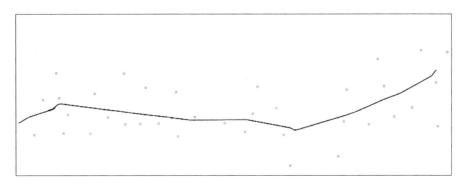

图 13-1 沿线三角点空间分布示意图

(3)数据处理

七参数三维基准转换利用最小二乘法(MNK)和布尔萨—沃尔夫(Bursa-Wolf)模型进行。

国家坐标系统 DKS 相关参数如下:

Coordinate system:

Name:National Coordinate System

Ellipsoid:

Name:Bessel 1841

a:6377397.155

b:6356078.962899997

f:299.152813948

Projection:

Name:Gauss – Kruger

Zone:7

Zone Width:3°

The Central Meridian:21°00′00″

Latitude of Origin:0°00′00″

False Northing:0

False Easting:500 000

Scaling along the central meridian:0.9999

首先由沿线附件共计 38 个三角点数据进行转换,转换后单位中误差超过了要求的 0.1m,个别点方向误差超过 0.3m。利用所有可用数据进行参数求解的结果不满足要求。

经过兼容性检查分析,排除 18 点,最终采用 20 个点进行三维转换,其中 5 个点仅使用水平坐标 Y 和 X。

估计模型的最终参数具有以下值:

①相同的点数:20

②测量的总数:60

③未知数:7

④冗余:53

⑤标准残差:0.092m

⑥平移: $t_x = -487.66777\text{m}, S(t_x) = 0.02067\text{m}$

$t_y = -146.38843\text{m}, S(t_y) = 0.02067\text{m}$

$t_z = -375.70169\text{m}, S(t_z) = 0.02067\text{m}$

⑦旋转: $e_x = 6.63523″, S(e_x) = 0.56802″$

$e_y = 1.53492″, S(e_y) = 0.32300″$

$e_z = -11.16593″; S(e_z) = 0.61886″$

⑧比例: $\text{rm} = -19.65128\text{ppm}, S(\text{rm}) = 0.65146\text{ppm}$

2)高程基准转换——从 WGS 84 到 DKS 的高程一维转换

确定空间坐系的水平分量后,应建立本地水准面模型作为项目的大地测量垂直基准。为此,收集了沿线路 30km 宽区域的精密水准测量数据。共计 47 个点,高程基准为平均海平面(AMSL),沿线分布见图 13-2。

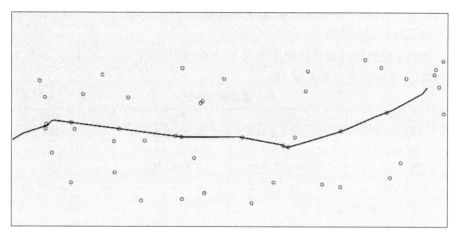

图 13-2 沿线水准点空间分布示意图

对水准点均进行 GPS 测量,从而得到每个点的大地高。

利用 WGS 84 坐标至 DKL 坐标的三维转换,用一阶和二阶多项式模型进行高程拟合,建立本项目区域大地水准面模型,通过迭代计算,47 个水准点剔除 7 个,最终选用 40 个,拟合结果的单位权中误差 $m_0 = 0.0563\text{m}$。

计算得到的多项式拟合区域水准面模型参数如下

$$N(X,Y) = A_{00} + A_{01}Y + A_{02}Y^2 + A_{10}X + A_{11}XY + A_{20}X^2 \qquad (13-1)$$

$$A_{00} = -7086.5742555252$$

$$A_{01} = 0.00080451202658688$$

$$A_{02} = 1.0513560706762 \times 10^{-11}$$

$$A_{10} = 0.0013886619346936$$

$$A_{11} = -1.2389648408275 \times 10^{-10}$$

$$A_{20} = -5.1990924363503 \times 10^{-11}$$

13.2.2 航空摄影测量

1)飞行许可和准备工作

航空摄影测量飞行经过塞尔维亚 RGA 及国防部许可,并取得许可和批准文件。

在航空摄影测量准备工作阶段,沿线左右各 50m 范围内布设可识别的像控点,其分布和密度符合有关规定,测区共设地面控制点 489 个。

2)飞行计划与执行

为满足沿线路区域及成图比例尺 1:1000 的精度标准,按空间分辨率 5cm 进行设计,具体技术参数见表 13-1。

航空摄影技术参数　　　　　　　　　　　表 13-1

比例尺	$Rs = 1:8333$	重叠带	$p = 60\%$
相机型号	DIMAC Ultralight +	带之间的重叠	$q = 20\%$
相机焦距	$c = 70mm$	现场图像大小	$449m \times 337m$
图片尺寸	$53.9mm \times 40.39mm$	成像基地规模	$b = 135\ m$
相对飞行高度	高度 = 583m		

3)像控点测量

外业采用 GNSS,首先测量得到 WGS 84 坐标,然后再通过计算出的转换参数将其转化成国家坐标系统中的坐标。

4)空中数据采集

(1)航摄仪

使用比利时 DiMAC 航摄仪进行数据采集,航摄仪照片见图 13-3,其规格参数如下:

①传感器尺寸 53.9mm × 40.4 mm(有效)。

②输出分辨率 8984ppi × 6732ppi。

③6μm 像素尺寸。

④快门速度 1/500 ~ 1/125μs。

⑤光圈 $f/16 \sim f/4$。

⑥点和耦合器件(CCD)传感技术。

⑦IT Cube 最多可容纳 8000 张图像(480 GB)。

图 13-3　DiMAC 航摄仪

（2）飞行设备

航摄仪系统被安装在型号为 SILA450C 的超轻型飞机上,见图 13-4。

图 13-4　SILA450C 型号飞机

（3）影像处理及空中三测量

采用 CaptureOne 软件进行图像处理。

13.2.3　数字地形图成果

1）数字地面模型及三维可视化

2）数字正射影像图

3）数字线化地形图

13.2.4　附件

1）已确定位置的地面控制点的坐标列表

2）航摄仪 DiMAC 校准证书

13.3　坦赞铁路修复改造工程初测工程测量技术总结案例

13.3.1　任务概述

坦赞铁路是 20 世纪 60 年代末、70 年代初我国重要的援外项目,1970 年动工,1975 年 6 月全线铺通,1975 年 10 月建成并试运营,1976 年 7 月 14 日正式移交给坦桑尼亚、赞比亚两国政府。

坦赞铁路东起坦桑尼亚达累斯萨拉姆,西至赞比亚的新卡皮里姆博希,并与赞比亚既有铁路接轨,全长1860.543km。其中坦桑尼亚境内975.911km,赞比亚境内884.632km。该铁路正线为单线,闭塞方式为区间半自动,轨距为1.067m,铺设45kg/m钢轨、混凝土轨枕、扣板式扣件,设计最大坡度为20‰,最小曲线半径200m,全线隧道22座、延长8.862km,桥梁318座、延长25.930km,无缝线路716.466km,设计年运输能力近期200万t、远期500万t。

坦赞铁路地处坦桑尼亚和赞比亚两国,两个国家均为世界上最不发达国家之一,经济落后,交通、通信、住宿、医疗等条件很差,气候炎热,黄热病、疟疾、艾滋病等传染病多发。尤其姆增加至依法卡拉段,穿越塞卢斯禁猎区和米库米国家公园,野生动物众多;姆林巴至马坎巴科段地处山区,人烟稀少,交通条件极差,给现场勘测带来很大的困难。

13.3.2　既有资料

(1)1∶5万地形图(20世纪60年代,修测后)。

(2)全线1∶2000竣工地形图(线路左右侧各150m,20世纪70年代)。

(3)全线2.5m多光谱正射影像图。

(4)水准资料:利用70年代施工测量的水准点成果。

13.3.3　技术依据

(1)《改建铁路工程测量规范》(TB 10105—2009)。

(2)《铁路工程测量规范》(TB 10101—2009)。

(3)《坦赞铁路修复改造工程初测测绘技术设计书》。

13.3.4　坐标系统和高程系统

1)坐标系统

原1∶5万平面图采用UTM投影,Clarke椭球,全线1860km,按6°带划分,中央子午线分别是27°、33°和39°。

20世纪70年代1∶2000竣工图坐标系统不明;2.5m正射影像图采用UTM投影,WGS 84椭球。

本次新建坐标系采用WGS 84坐标系,横轴墨卡托投影,3°分带。成果出6°带和3°带坐标两套坐标。勘测过程中对部分利用的20纪世70年代1∶2000竣工地形图采取修测及补测的方式,整合后统一到本次初测勘测新测绘的1∶

2000 地形图中。1∶5000 地形图按 3°分带出图,中央子午线分别是 30°、33°、36°、39°。

2)高程系统

原 1∶5 万平面图高程系统不明,高程单位为 ft。原 1∶2000 图高程系统不明,参考每册图封底标注,高程单位为 m。

本次高程系统使用收集的既有坦赞铁路水准点高程系统。

13.3.5　测绘技术方案执行情况

1)控制测量

首先进行首级平面控制测量,由于该项目沿线没有国家级控制点,加上交通和通信困难、治安不佳等原因,也无法先贯通控制测量再进行其他勘测项目,两个国家四个项目分部分段同时开展工作,又存在平面坐标系统的多段落衔接问题。为解决这一问题,本项目应用了联测国际 IGS 站网解的精密单点定位技术,每 100km 左右进行一次精密单点定位,全线共设 12 个框架网点,分 11 段进行平差解算。单点定位测量 6h 以上,利用 AUSPOS 在线定位系统进行解算,单点绝对定位精度达到 10 ～ 20cm 级。单点定位联测 HARB(南非 Barbados)、MBAR(乌干达 Mbarara)、NKLG(加蓬 N′KOLTANG)SEY1(塞舌尔)、WIND(纳米比亚 Windhoek)等全球 IGS 站进行长基线网解定位。这 12 个框架单点用于平面控制网的起算,全线统一使用 WGS 84 坐标系统,解决了全线 1860km 平面控制基准和全线衔接问题,平面控制测量每 100km 左右即可分段闭合、解算。全线整体统一在一个坐标系下,既满足了现场分段勘测对平面控制测量资料的需要,又满足了全线统一衔接。

本次 GPS 平面成果采用 WGS 84 椭球参数,投影方式采用横轴墨卡托投影。

①布网、选点、埋石。

在单点框架网基础上布设全线首级平面控制网,测量等级为铁路四等 GPS 网,点沿线位布设,点对间距离按 8 ～ 20km 一对布设。曲线地段或使用 RTK 测量的段落按 8km 左右布设,直线地段和困难山区、交通不便地段根据现场情况按 8 ～ 20km 布设。在隧道进、出口等重要工点附近加设 GPS 点对,形成由连续四边形组成的带状控制网。

②观测。

线路上 GPS 点一般以四台仪器为一组进行外业观测,形成边连式大地四边形带状网,保证控制网由边连式大地四边形组网。

③数据处理。

GPS 基线解算统一采用 LEICA Geo Office Combined 软件,将原始观测文件均转换为 RINEX 文件后进行基线解算,仪器高度转换到相位中心。网平差采用同济大学测量系的 TGPPS Win32 软件,无约束平差起算点采用单点定位三维坐标,约束平差使用单点框架网点进行起算。同时采用武汉大学 COSAGPS 进行复核。

④高程控制测量。

根据收集原有水准点资料,约 60% 既有水准点保存完好,本次水准测量充分利用了既有水准点,并联测附近的 GPS 点,建立本线的高程系统,高程系统全线统一,和原有高程系统保持一致。水准点沿线路布设,除将 GPS 平面点作为水准点进行共用外,按不超过 2km 布设一个,一般布设在桥涵等固定的建筑物上。水准点测量采用双单程水准路线方法,按国家四等水准测量进行施测。

⑤数据处理。

基平数据处理采用严密平差,起算高程采用既有水准点高程。

2)里程丈量

(1)里程测量从车站、桥梁中心或桥隧建筑物中心的既有里程引出,按原有里程递增方向连续推算。

(2)量距采用的钢卷尺经检定或与检定过的钢尺比长,或与全站仪所测距离比长,尺长相对误差大于 1/10000 时,在测距时改正。百尺标丈量使用钢尺进行,并使用全站仪测距、RTK 测量进行复核,复核较差应小于 1/2000,并编制新旧里程对照表。

(3)当既有线纵坡大于 12‰时,用极坐标法测量推算的平距,用进行坡度改正后的斜距推算连续里程。

(4)加标里程取位按以下要求:

桥梁中心、桥台挡渣墙前缘和台尾、隧道进出口、车站中心、信号机取位至 cm。涵渠、渡槽、平交道口、跨线桥、坡度标、圆曲线和缓和曲线其中点标、跨越线路的电力线、通信线、地下管线等中心,新型轨下基础、铺设无缝线路地段、木枕与钢筋混凝土轨枕、站台、路基防护、支挡工程等的起终点和中间变化点,取位至 dm。

路堤和路堑边坡最高和最低处、路堤路堑交界处、路基宽度变化处、路基病害地段,取位至 m。

(5)用钢尺丈量里程时,在直线地段用全站仪或 GPS RTK 进行检核,防止出现粗差。坦桑段落利用 GPS – RTK 替代常规钢尺丈量。

3）平面测绘

平面测绘采用全站仪或 GPS RTK 坐标法完成。在山区及困难地段推广应用了既有线 GPS RTK 一体化三贯通测量技术,将里程丈量、平面测绘、中平测量三贯通工作使用 RTK 技术一次进行。同时鉴于部分地区树木较多或高原山区地形困难或交通困难,RTK 电台传播的有效距离较短,通过增设中继站电台的作业模式,使传播距离扩大并保证测量数据可靠。

（1）GPS RTK 坐标法

观测要求:线路上各点测量间距,曲线段每 20m 测量一次,直线段用 RTK 测中平时将加桩均进行测量,如果直线段中平用水准进行测量,直线段不测平面。必须观测既有线中线点轨道的中心位置,采用方尺和对中脚架相结合或专用对点器进行,测量平面对中小于 5mm。

（2）全站仪采坐标法

当遇既有隧道、困难山区,无法采用 GPS RTK 作业时,采用全站仪坐标法或偏角法进行既有中线测量工作。

（3）曲线整正

使用《既有线平面测绘数据处理系统》软件,直接整理外业文件,进行曲线的整正计算。曲线计算中曲线半径及缓和曲线长度的选择首先依照已有台账半径长及缓和曲线长进行计算,当计算曲线的拨道量过大时,考虑重新选择。选择曲线半径和缓和曲线长度应符合技规规定。计算拨道量以最小为原则,而且内拨、外拨均匀分布,曲线起终点为零。靠近直缓点、缓直点的拨道量不得突变或过大。复线曲线计算拨道量均考虑线间距不小于安全值,并考虑曲线的内轨加宽值。

曲线计算拨道量,以符合既有线路中心为原则,其最大移动量不大于 $\pm 100\sqrt{L}$（mm）,L 为曲线长度,以百米为单位。在无砟桥梁和道口上,其拨道量不大于 50mm,有砟桥梁上不大于 70mm。个别点拨道量可以放宽。

曲线头尾的里程差等于曲线全长,没有差数,圆曲线的长度不小于 20m,特殊情况应不小于 14m。

4）既有线中平测量

既有线中平测量使用 RTK 测量和平面测绘合并进行,使用 RTK 测量按照五等水准进行,使用自动记录程序进行外业数据采集工作。

（1）直线地段测左轨轨面,曲线地段测内轨轨面。

（2）高程路线起闭于水准点,当闭合差在 $\pm 30\sqrt{K}$（mm）以内时,按转点个数平差后推算中桩高程,转点高程取位至 mm,既有钢轨面高程取位至 cm。

（3）既有钢轨面水准一二平高程检测限差不大于 20mm。

5）地形测量

利用既有地形图,对现场地形、地貌调查、核对后,完成重要地物、地貌补测工作。地形测量现场核补采用 GPS RTK 数字化测图方法和全站仪数字化测图法。

6）站场测量

使用 GPS RTK 结合全站仪设备,根据站场专业要求完成站场极坐标数据的采集工作。采用全站仪极坐标法测设岔心、股道中心等重要设备时,水平角观测一测回,角值较差在 30″ 以内时,取平均值。测距限差为 20mm。

站场范围的线间距以正线为准,用全站仪照准方向,直线地段每 100～200m 丈量一处,曲线地段不大于 40m、咽喉区每 50m 丈量一处,用钢尺丈量,距离取位至 cm。用钢尺丈量线间距时,采取绝缘措施。

7）水文勘测

采用全站仪配合 GPS-RTK 方法进行桥址、涵轴测量。除地形变化点处外,平地不超 20m 采集一处高程点。

8）横断面测量

横断面测量采用全站仪测量,以既有线中心向两侧测量,每测顺序测量砟肩、砟脚、路肩、侧沟、平台、路基边坡变化点、路堤坡脚、路堑堑顶、取土坑、弃土堆、天沟、排水沟及地形变化点。根据专业要求明确直线段、曲线段间距以及断面宽度,取位至小数点后 2 位。

9）勘探孔测量

采用 GPS-RTK 方法,放孔前首先通过 GPS 控制点进行检核,然后进行放孔工作,提供专业钻孔坐标、高程表。

13.3.6　成果资料及质量检查

1）首级框架网解算报告

2）坦赞平面控制测量成果

3）坦赞铁路水准成果表

4）控制点点之记

5）既有线平面测绘成果（交点坐标表）

6）曲线整正计算表

7）桩号标高表

8）站场测量成果

9）水文勘测成果

10)核补地形图成果

11)横断面成果

12)其他测量成果

13)各项质量检查表

14)部分仪器检定证书复印件

13.4　某国家铁路勘察设计项目测绘工作招标文件案例

13.4.1　概述

1)综述

文件规定本铁路项目设计或建造工程中所有测绘的要求。

2)强制性标准、要求

以下是测绘服务的最低要求,下列文件应作为测绘有关的设计—建造工程的指导文件(但不限于)。

3)测量内容

承包商应负责进行基本的控制测量,沿铁路走向进行平面和高程控制,并作为以后所有测量工作的基础,同时建立与业主商定的临时测量控制(详细设计和施工)和永久测量控制(维护和未来工程)。

承包商应当为设计和施工进行一切必要的土地测绘,这些测量工作包括但不限于:

(1)基本的平面和高程控制网。

(2)补充控制测量,如导线网、精密几何水准测量、公用工程测量等。

(3)编制 1∶1000、1∶500、1∶200 比例尺地形图。

(4)地籍测量、大地测量或平面测量,以确定用地界线的平面位置。

(5)位置或中线测量。

(6)建造及维修测量。

(7)竣工测量。

(8)完成工程所需的测量记录及所有其他土地测量服务。

承包商应负责核实工程设计和施工中使用的所有测量资料的准确性和完整性。地面控制工程和测绘精度应符合相关的标准和技术规定(强制性标准、要求)。测量控制标志,例如控制点和基准标志,以及地面控制精度,应足以满足轨道安装误差的要求。

13.4.2　附加技术规定

1)初步设计的测绘文件

在初步设计阶段,业主进行了下列地形测量。

(1)沿铁路走向建立基本的平面及高程工程控制网。

(2)制作了经修正的正射影像。

(3)生成数字地面模型(DTM)。

(4)编制比例尺为1:5000的等高线数字地形图。

2)框架工程控制网

框架工程控制网是沿着整个铁路走向建立的具体划定的坐标控制网,为整个初步工程提供一个平面和高程的共同基准。

框架工程控制网与国家安全局的控制点和基准点联测,并通过全球定位系统(GNSS)测量方式建立。WGS 84坐标系中主要控制点的坐标是已知的。利用国家安全局的大地水准面来确定GNSS和模拟的大地水准面高度。

(1)坐标系统:UTM。

(2)椭球:WGS 84。

(3)基准:ONGD14。

(4)采用最小二乘平差法对控制网进行约束平差。

3)附加技术规定

(1)框架工程控制网

为确保详细设计及进一步施工所需的地形测量参考系统,须沿整条铁路走向建立一致及相应的框架工程控制网。

(2)基本控制测量

基本控制测量的目的是沿着整条铁路走向建立一个实地控制网,为整个工程提供一个平面和高程的共同基准。

控制点将根据设计标准,以混凝土或预制的方式埋设在地面上。

①平面控制网:主控制网和导线网。

②高程控制网:精密几何水准测量。

(3)主控制网

主控制网将覆盖整个铁路走向,并将采用GNSS静态测量的方法进行。

主控制网是后期所有测量、详细设计及建造工程的参考系统。

在WGS 84坐标系统中,主要控制点的坐标是确定的,GNSS测量的大地高程利用国家安全局采用的大地水准面进行拟合大地水准面高程。

高程由精密几何水准测量确定,并与海平面相关。

为了将整个控制网纳入国家大地测量控制网,主控制网须联测最少数目的已知控制点和国家安全局的基准点,主控制网应作为单一的三维空间网处理,只连接一个国家安全局控制点。控制网的自由网约束平差应采用最小二乘平差法,在整个铁路走向的重心只约束一个控制点。

主控制网中的控制点以 4~5km 的间隔进行设置。

(4)独立直角坐标系

只有在业主要求为设计和建造采用独立直角坐标系的情况下,才按以下步骤执行。

①将 WGS 84 坐标系转换成笛卡尔坐标系。

考虑到工程设计和施工通常需要实测距离应接近地球物理表面的距离,有必要选择和采用特定的投影系统,使投影变形系数趋于1。投影的零点设在主控制网的重心上,圆柱将固定成倾斜或垂直于经过零点的中央子午线(切线与平行线)。在 WGS 84 坐标系和局部 UTM 直角坐标系中计算主控制网的转换坐标。

②将局部 UTM 坐标系转换为直角坐标系。

考虑到沿铁路走向地面高度的显著差异,可进行分带投影,坐标系设计应使用适当的软件来确定分带的数量和长度。每个带的重心将是一个局部直角坐标系的零点。分带之间将重叠的共同点应具有两套坐标。分带之间的重叠范围须设于铁路的直线段上。

(5)主控制网计算到国家系统

主控制网与国家系统通过七参数空间旋转(从椭球到投影面的运算)来实现。参数的计算应使用国家投影系统和 WGS 84 系统中已知的至少 5 个两套平面坐标点和高精密水准测量的 BM 点的高程来进行。

4)GNSS 测量规定

(1)接收机要求

为观测主控制网和导线网的基线,需要使用双频接收机。

所有用于该项目的天线应该是相同的,除非有软件可以适应不同天线同时使用。在主控制网和导线网测量中,须使用附有地面接收信号的天线,天线须安装在三脚架或稳定的支撑架上。当使用三脚架或支撑架时,需要使用光学垂直或准直器以确保准确地对中。不允许使用测距杆来支撑 GNSS 天线。

(2)控制网设计

①控制网。

GNSS 控制网应由一系列相互连接的闭合环的几何图形组成。控制网内每个控制点须至少连接两条不同的独立基线。避免多条基线只连接到一个控制点。

②控制网图形设计。

控制网设计应具有良好的几何图形,如果设计不好,该控制网将被拒绝使用。

良好的控制网几何图形可识别和隔离有粗差的基线,以便他们可以很容易地被删除。恶劣的控制网几何图形可显示控制网内存在粗差,但不能把有粗差的基线识别、隔离和删除。糟糕的控制网几何图形虽然可以计算未知点坐标,但不能识别控制网中可能存在的任何错误,这将导致基线粗差不能发现,而且将通过控制网向其他部分进行传递。最终的几何形状将通过模拟设计系统来优化设计。

③基线向量。

基线向量须通过处理全球定位系统接收机在基线两端同时接收的数据而确定。每个观测时段的独立(非相关)基线,须少于在该时段同时接收数据的接收机数量。相关基线的距离和方向虽然通过单独处理获得,但其为使用独立基线相同数据计算的,因此误差是相关的。

④闭合环。

每个闭合环须定义为:由至少三条独立连接的基线组成,每条基线在同一站点开始和结束,每个闭合环须至少有一条与另一闭合环有相同的基线。每个闭合环应至少由来源于两个不同的闭合环的基线组成。

⑤多余观测。

GNSS 控制网的设计应具有足够的多余观测,以检测和隔离粗差或系统误差。控制网的多余观测是通过以下方式实现的:

a.以至少两条独立基线连接每个控制网点。

b.一系列相互连接的闭合环。

c.重复基线测量。

⑥卫星几何因素。

在规划 GNSS 测量时需要考虑的卫星几何因素有:可用卫星数量、截止高度角、限制卫星接收信号的障碍物、空间位置因子(PDOP)、进行高程全球定位系统测量时垂直位置因子(VDOP)。

(3)外业观测

点位应设于相对地平线没有障碍物的位置,一般来说,需要一个开阔的天空视野。应避免接近强大的无线电传输或高压电缆塔;避免在建筑物、大型标志、围栏附近或湖泊等平坦水域附近设置基站,因为这些表面可能会反射卫星信号,产生多路径效应。如果经过适当的规划,GNSS 点附近的障碍物影响可能是可以接受的。例如,可以延长控制点观测时间以补偿障碍物信号遮挡。

(4)数据处理

①一般规定。

对 GNSS 采集的数据需进行后处理,主要计算内容有基线处理、闭合差、重复基线较差、网平差。后处理软件应能生成相应坐标成果和相应的统计量,用于三维最小二乘网平差。软件应能够对环闭合差和重复基线进行分析。

②闭合环和重复基线分析。

通过计算闭合差和重复基线较差来检查误差,并获得 GNSS 控制网的内符合精度。将闭合差和重复基线较差列表在项目文档中。闭合环中基线的超限并不意味着有关基线应该自动被删除,而是表明控制网的这一部分需要进一步分析。

③大地水准面建模方法。

利用最新大地水准面模型,由 GNSS 观测值和大地水准面模型计算拟合高程。

④最小二乘网平差。

无约束平差后,消除了控制网内部的误差,验证了控制网中的基线精度。在使用真实的先验误差估计得到满意的单位权中误差后,进行约束平差。约束网平差通过确定基准点的坐标,从而使控制网统一到参考站的基准点和历元上。约束平差应采用坐标系统一致的基准点和历元。

平差时将对所有观测值进行权重分配。控制网中使用的每个观测值都应该有相应的权重。每个观测值将通过计算观测值的标准差进行单独加权。

(5)精度指标

观测精度指标、闭合差精度指标、最短观测时间分别见表 13-2 ~ 表 13-4。

观 测 精 度 指 标 表 13-2

观 测 项 目	指 标 要 求
测量期间最大 PDOP 值	5
测量期间最大 VDOP 值	4
每时段最短观测时间	60min
所有基站同时观测到的最少卫星数目	5

续上表

观 测 项 目	指 标 要 求
数据采样的最大历元间隔	15″
基线最短观测时长	60min
截止高度角	15°

闭合差精度指标   表 13-3

检 验 项 目	指　　标
环闭合差相对误差	20ppm
闭合环中各观测分量(x, y, z)最大闭合差	5cm
重复基线中各观测分量(x, y, z)较差最大值	20ppm
网平差中基线的最大相对误差	20ppm
网平差中各观测分量(x, y, z)的最大允许残差	1.5cm

最 短 观 测 时 间   表 13-4

基线长度(km)	观测时间(min)
≤5	30
5 ~ 10	45
10 ~ 20	60
20 ~ 30	90
30 ~ 40	100

5）导线网测量

（1）导线网

导线网为主控制网的下一级控制网。导线网是一个约束网，与主控制网相连。沿铁路走向的导线点尽可能按 500m 的间隔进行设置。导线点的高程只能通过精密几何水准测量的方式测定。

（2）利用 GNSS 法观测的导线网

利用 GNSS 进行测量的导线网，应由闭合环组成，并与主控制网进行联测。

测量可使用快速静态的方法进行，观测最短时间根据观测基线长度，控制在 30 ~ 45min。数据后处理的规定与主控制网的规定相同。

6）高程控制网

高程控制网应当沿铁路走向布设，采用精密几何水准测量方法进行。

高程控制网将联测国家高程控制网。每隔 1km，建立一个 BM 点，并永久固定在稳定的地面上。

(1)精密几何水准测量

沿导线网布设的精密水准控制网,应采用几何水准测量的方法进行。前后视距差不超过1m,最大视距为40m,采用往返测的观测方式进行。

第一次测量的高差与第二次测量的高差之间的较差及往返测高差较差均应不大于 $3\sqrt{D}$ (mm)(距离 D 以 km 为单位)。

如果水准路线中联测了国家水准点,则应采用最小二乘法原理,同时参考往返测高差较差,以国家水准点为基准进行约束平差,如往返测高差较差超限,则需进行补测。

(2)设备

水准测量使用精密几何水准仪,需要配备数据记录模块和2把因瓦数字条码标尺。水准仪精度要求见表13-5。

水准仪精度要求　　　　　　　　　　表13-5

精　　　度	每公里高程测量中误差
用因瓦尺进行电子水准测量	0.3mm
距离测量(标准差)	(电子方式)1cm/20m(500ppm)
望远镜放大率	24 ×
补偿器类型	磁阻尼摆式补偿器
倾斜范围	±10′
补偿器设定精度(标准差)	0.3"

应在每个基准点和转点处记录水准尺的温度。温度是用来计算大气折射改正的。水准尺温度改正可能基于测段的平均值,但当温度变化较大时,修正每条水准路线的温度读数,可以减小测段或水准路线的闭合误差。

7)数字地形图制作

(1)工作范围

按照适当的方法,沿整个铁路走廊测制数字地形图,以备各专业进行技术和详细设计所需。通过测绘工作将反映地面的现状,包括自然地形和人造地物及其特征,并将其生成为数字地形图。主要工作内容为制作正射影像图、生成数字地面模型、形成数据库。

制作的基础地形图须满足以下要求(但不限于):

①全线1∶1000 数字地形图。

②用于特定及复杂地区的1∶500 数字地形图。例如:市区、车站枢纽、高架

桥及桥梁的桥台、隧道口、横穿既有的主要道路或高速公路。

③特殊现有结构,绘制1:200数字地形图。

(2)1:1000地形图

1:1000地形图只可通过航空摄影测量或航空激光雷达测量方式获取制作。

飞机的飞行高度应设定在合适的高度,以确保1:1000地形图的高程和平面精度。像控点测量数量须足够及精度适中,以确保1:1000基本地形图准确无误。

地面上90%以上明确地貌的平面位置,与其实际位置的较差不大于20cm,所有明确地貌的平面位置与实际位置的较差不大于30cm。

90%以上界限分明的地貌,与其实际高程的较差不大于10cm,所有界限分明的地貌高程与其实际高程的较差均不大于15cm。

(3)1:500及1:200地形图

1:500和1:200比例尺的地形图将采用详细的地面测量方法进行,以确定某些特定复杂地区的地形,如城市地区、车站枢纽、高速公路交叉口和隧道口,以及构筑物的桥梁、过桥、涵洞和水道河床的形态。

一些特别用途的1:200、1:500比例尺的地形图需特别考虑,而其他内容则按1:1000比例尺进行。附加的地形数据可以分层存储。

详细的地形测量将采用全站仪极坐标方法在导线点上进行。在导线点不通视的地方,应增设转点,增设的转点须与导线网相连接。测量应使用具有以下精度的全站仪:测角精度不低于2″,距离测量精度不低于3mm+2ppm。每次设站完成后,应重新观测后视棱镜的方向和距离。不同测站测量的同一区域,应至少设置2个公共点,以确保测量的准确性和能够发现错误。

1:500地形图精度要求:硬化地面或任何工程项目范围内的地形点:平面不大于±10cm,高程不大于±5cm;位于原始地面上的地形点:高程不大于±15cm。

1:200比例尺地形图(特殊)精度要求:硬化地面或任何工程项目范围内的地形点:平面不大于±4cm,高程不大于±2cm;位于原始地面上的地形点:高程不大于±15cm。

附录1

共建"一带一路"合作国家测绘部门及网址一览表

序号	国家名称		测绘机构	网址
1-01	苏丹	Sudan	Sudan National Survey Authority	
1-02	南非	South Africa	National GeoSpatial Information	ngi. gov. za
1-03	塞内加尔	Senegal	Direction des Travaux Géographiques et Cartographiques	www. au-senegal. com
1-04	塞拉利昂	Sierra leone	National Mapping Agency	
1-05	科特迪瓦	Cote d'Ivoire	Centre de Cartographie et de Télédétection	
1-06	索马里	Somalia	National Cartographic Directorate	
1-07	喀麦隆	Cameroon	Institute National de Cartographie（INC）	www. inc. ayoos. com
1-08	南苏丹	South sudan	South Sudan National Survey Authority	
1-09	塞舌尔	Seychelles	Ministry of Land Use and Habitat, Centre for GIS	
1-10	几内亚	Guinea	Institute Géographique National	
1-11	加纳	Ghana	Survey Department	ghanalap. gov. gh
1-12	赞比亚	Zambia	Zambia Survey	
1-13	莫桑比克	Mozambique	Centro Nacional de Cartografia e Teledetecção（CENACARTA）	
1-14	加蓬	Gabon	Institute National de Cartographie	
1-15	纳米比亚	Namibia	Directorate of Survey and General Mapping	
1-16	毛里塔尼亚	Mauritania	Direction de la cartographie et de l'information Géographique（DCIG）	
1-17	安哥拉	Angola	Angola's Geographic and Cadastral Institute	
1-18	吉布提	Djibouti	Division topographique de la République de Djibouti	

续上表

序号	国 家 名 称		测 绘 机 构	网 址
1-19	埃塞俄比亚	Ethiopia	Ethiopian Mapping Authority	ema. gov. et
1-20	肯尼亚	Kenya	Survey of Kenya, Ministry of Lands	
1-21	尼日利亚	Nigeria	Federal Surveys of Nigeria Office of the Surveyor-General of the Federation (OSGOF)	osgof. gov. ng
1-22	乍得	Chad	Service de la Cartographie, Direction du Cadastre	
1-23	刚果(布)	The Republic of Congo	Centre de Recherche Géographique et de Cartographique (CERGEC)	
1-24	津巴布韦	Zimbabwe	The Department of the Surveyor General	
1-25	阿尔及利亚	Algeria	National Institute of Cartography and Teledetection Centre de Recherche en Astronomie, Astrophysique et Géophysique (CRAAG)	www. inct. mdn. dz
1-26	坦桑尼亚	Tanzania	Surveys and Mapping Division (SMD), Ministry of Lands, Housing, and Urban Development	
1-27	布隆迪	Burundi	Institut Géographique du Burundi (IGEBU)	www. igebu. gov. bi
1-28	佛得角	Cape verde	Unidade de Coordenação do Cadastro Predial	
1-29	乌干达	Uganda	Survey and Mapping department	
1-30	冈比亚	Gambia	Department of State for Local Government and Land	
1-31	多哥	Togo	Direction de la Cartographie Nationale et du Cadastre	
1-32	卢旺达	Rwanda	National Land Office	
1-33	摩洛哥	Morocco	Agence Nationale de la Conservation Foncière du Cadastre et de la Cartographie (ANCFCC)	ancfcc. gov. ma
1-34	马达加斯加	Madagascar	Institut Géographique et Hydrographique National	www. ftm. mg
1-35	突尼斯	Tunisia	Office de la Topographie et du Cadastre (OTC)	www. otc. nat. tn
1-36	利比亚	Libya	Survey Department of Libya	

续上表

序号	国 家 名 称		测 绘 机 构	网 址
1-37	埃及	Egypt	Egyptian Survey Authority	esa. gov. eg
1-38	赤道几内亚	Equatorial Guinea	Asesor Tecnico de esta Institucion	
1-39	利比里亚	Liberia	Survey Department	
1-40	莱索托	Lesotho	Department of Lands, Surveys & Physical Planning	
1-41	科摩罗	Comoros	Direction du Cadastre et de la Topographie	
1-42	贝宁	Benin	Institut Géographique National du Bénin (IGNB)	www. ign. bj
1-43	马里	Mali	Institut Géographique du Mali (IGM)	www. igm-mali. ml
1-44	尼日尔	Niger	Institut Géographique National du Niger	
2-01	韩国	Korea	National Geographic Information Institute (NGII)	ngii. go. kr
2-02	蒙古	Mongolia	Administration of Land Affairs, Geodesy and Cartography (ALAGaC)	
2-03	新加坡	Singapore	Singapore Land Authority	www. sla. gov. sg
2-04	东帝汶	Timor-Leste	National Directorate for Land and Property Ministry of Justice	
2-05	马来西亚	Malaysia	Department of Survey & Mapping	www. jupem. gov. my
2-06	缅甸	Myanmar	Survey Department, Ministry of Forestry	www. mining. gov. mm
2-07	柬埔寨	Cambodia	General Department of Cadastre and Geography	www. mlmupc. gov. kh
2-08	越南	Vietnam	Department of Survey and Mapping	www. dosm. gov. vn
2-09	老挝	Laos	Ministry of Land Management, Urban Planning and Construction	www. ngd. la
2-10	文莱	Brunei	Survey Department, Ministry of Development	www. survey. gov. bn
2-11	巴基斯坦	Pakistan	Survey of Pakistan	surveyofpakistan. gov. pk
2-12	斯里兰卡	Sri Lanka	Survey Department of Sri Lanka	survey. gov. lk
2-13	孟加拉国	Bangladesh	Survey of Bangladesh	sob. gov. bd
2-14	尼泊尔	Nepal	Survey Department NEPAL (NSD), Ministry of Land Reform and Management	dos. gov. np

续上表

序号	国 家 名 称		测 绘 机 构	网　　址
2-15	马尔代夫	Maldives	Ministry of Construction and Public Works	surveyofmaldives. gov. mv
2-16	阿联酋	United Arab Emirates	Military Survey Department	
2-17	科威特	Kuwait	Military Survey Directorate	
2-18	土耳其	Turkey	General Command of Mapping	www. hgk. mil. tr
2-19	卡塔尔	Qatar	Center for Geographic Information Systems (QCGIS)	gisqatar. org. qa
2-20	阿曼	Oman	The National Survey Authority	nsaom. org. om
2-21	黎巴嫩	Lebanon	Geographic Affairs, Ministry of Defense	lebarmy. gov. lb
2-22	沙特阿拉伯	Saudi Arabia	General Commission for Survey (GCS)	gcs. gov. sa
2-23	巴林	Bahrain	Central Informatics Organization	cio. gov. bh bsdi. gov. bh
2-24	伊朗	Iran	National Cartographic Centre	ncc. org. ir
2-25	伊拉克	Iraq	General Directorate for Survey Ministry of Water Resources	
2-26	阿富汗	Afghanistan	Afghan Geodesy & Cartography Head Office	agcho. gov. af
2-27	阿塞拜疆	Azerbaijan	State Committee of Land and Cartography of the Republic of Azerbaijan	emdk. gov. az
2-28	格鲁吉亚	Georgia	State Geodesy and Cartography Organisation (SGCO)	ns. global-erty. net
2-29	亚美尼亚	Armenia	Center of Geodesy & Cartography (SNCO)	www. cadastre. am
2-30	哈萨克斯坦	Kazakhstan	Agency for Land Resources Management	
2-31	吉尔吉斯斯坦	Kyrgyzstan	State Agency of Cartography & Geodesy of Kyrgyz Republic	
2-32	塔吉克斯坦	Tajikistan	Agency of Land Surveying, Geodesy and Cartography	
2-33	乌兹别克斯坦	Uzbekistan	State Committee on Land Resources, Geodesy, Cartography and State Cadastre	
2-34	泰国	Thailand	Royal Thai Survey Department	www. rtsd. mi. th

续上表

序号	国 家 名 称		测 绘 机 构	网 址
2-35	印度尼西亚	Indonesia	Badan Informasi Geospasial/the Geospatial Informasion Agency	big. go. id
2-36	菲律宾	Philippines	National Mapping & Resource Information Agency (NAMRIA)	www. namria. gov. ph
2-37	也门	Yemen	Survey Authority	survey-authority. gov. ye
3-01	塞浦路斯	Cyprus	Cyprus Department of Lands and Surveys	moi. gov. cy
3-02	俄罗斯	Russia	Federal Service for State Registration, Cadastre and Cartography (Rosreestr)	www. rosreestr. ru
3-03	奥地利	Austria	Federal Office of Metrology and Surveying Bundesamt für Eich-und Vermessungswesen (BEV)	bev. gv. at
3-04	希腊	Greece	Hellenic Mapping & Cadastral Organisation	www. gys. gr
3-05	波兰	Poland	Head Office of Geodesy and Cartography	gugik. edu. pl
3-06	塞尔维亚	Serbia	Republic Geodetic Authority	rgz. gov. rs
3-07	捷克	Czech	Czech Office for Surveying, Mapping and Cadastre	www. cuzk. cz
3-08	保加利亚	Bulgaria	Geodesy, Cartography and Cadastre Agency	www. cadastre. bg
3-09	斯洛伐克	Slovakia	Geodesy, Cartography and Cadastre Authority of the Slovak Republic	skgeodesy. sk
3-10	阿尔巴尼亚	Albania	State Authority for Geospatial Information (ASIG), Agency of Legalisation Urbanisation and Integration of Informal Zone/Building	asig. gov. al
3-11	克罗地亚	Croatia	State Geodetic Administration of the Republic of Croatia	www. dgu. hr
3-12	波黑	Bosnia and Herzegovina	The Administration for Geodetic and Real Property Affairs of the Federation of Bosnia and Herzegovina	fgu. com. ba
3-13	黑山	Montenegro	Real estate administration of Montenegro	
3-14	爱沙尼亚	Estonia	Estonian National Land Board	www. maaamet. ee
3-15	立陶宛	Lithuania	National Land Service under the Ministry of Agriculture	www. nzt. lt

续上表

序号	国家名称		测绘机构	网址
3-16	斯洛文尼亚	Slovenia	Surveying and Mapping Authority of the Republic of Slovenia	www. gu. gov. si
3-17	匈牙利	Hungary	Department of Land Administration and Geoinformation	www. fomi. hu
3-18	北马其顿	Macedonia	Agency of Real Estate Cadastre	katastar. gov. mk
3-19	罗马尼亚	Romania	National Agency for Cadastre and Land Registration of Romania	geoportal. ancpi. ro
3-20	拉脱维亚	Latvia	Latvian Geospatial Information Agency	lgia. gov. lv
3-21	乌克兰	Ukraine	The State Service of Ukraine for Geodesy, Cartography & Cadastre	land. gov. ua
3-22	白俄罗斯	Belarus	The State Committee on Land Resources Geodesy and Cartography	gki. gov. by
3-23	摩尔多瓦	Moldova	Agentia de Stat Relatii Funciare si Cadastru	agency. cadastre. md
3-24	马耳他	Malta	Malta Environment and Planning Authority	pa. org. mt
3-25	葡萄牙	Portugal	Directorate General for Territory	www. igeo. pt
3-26	意大利	Italy	Italian Military Geographic Institute	www. igmi. org
3-27	卢森堡	Luxembourg	Administration of the Cadastre and Topography	www. etat. lu
4-01	新西兰	New Zealand	Land Information New Zealand	www. linz. govt. nz
4-02	巴布亚新几内亚	Papua New Guinea	The Department of Lands and Physical Planning (DLPP)	www. lands. gov. pg
4-03	萨摩亚	Samoa	Department of Lands & Environment (SDLE)	seudirdlse@ samoa. net
4-04	纽埃	Niue	Justice, Lands and Survey Department (NJLSD)	ajm. falepeau@ mail. gov. nu
4-05	斐济	Fiji	Department of Lands and Survey(FDLS)	lands. gov. fj
4-06	密克罗尼西亚联邦	Micronesia	Department of Lands	survey@ mail. fm
4-07	汤加	Tonga	Ministry of Lands, Survey & Natural Resources	
4-08	瓦努阿图	Vanuatu	Department of Lands and Surveys (VDLS)	landsurvey@ vanuatu/ com. vu

续上表

序号	国家名称		测绘机构	网址
4-09	所罗门群岛	Solomon Islands	Survey & Land Mapping Division, Ministry of Lands & Housing	
4-10	基里巴斯	Kiribati	Kiribati Land and Surveys Division (KLSD)	tskl. net. ki
5-01	智利	Chile	Instituto Geográfico Militar	www. igm. cl
5-02	圭亚那	Guyana	Guyana Lands & Survey Commission	lands. gov. gy
5-03	玻利维亚	Bolivia	Instituto Geográfico Militar	igmbolivia. gob. bo
5-04	乌拉圭	Uruguay	National Mapping Agency Servicio Geográfico Militar, SGM (Military Geographic Service)	sgm. gub. uy
5-05	委内瑞拉	Venezuela	Instituto Geográfico de Venezuela Simón Bolívar (IGVSB)	igvsb. gob. ve
5-06	苏里南	Suriname	Culture, Heritage and Globalization	
5-07	厄瓜多尔	Ecuador	Instituto Geográfico Militar (IGM)	igm. gob. ec
5-08	秘鲁	Peru	Instituto Geográfico Nacional	ign. gob. pe
6-01	哥斯达黎加	Costa Rica	Instituto Geográfico Nacional	registronacional. go. cr www. anc. cr
6-02	巴拿马	Panama	Instituto Geográfico Nacional	ignpanama. anati. gob. pa
6-03	萨尔瓦多	Salvador	Instituto Geográfico Nacional (IGN)	
6-04	多米尼加	Dominican	Instituto Cartográfico Militar (ICM)	icm. mil. do
6-05	特立尼达和多巴哥	Trinidad and Tobago	Survey and Mapping Division, Land and Surveys Division	agriculture. gov. tt
6-06	安提瓜和巴布达	Antigua and Barbuda	Survey Division, Ministry of Agriculture	agriculture. gov. ag
6-07	多米尼克	Dominica	Lands and Surveys Division (LSD), Ministry of Agriculture, Roseau	
6-08	格林纳达	Grenada	Lands and Surveys Department (LSD)	
6-09	巴巴多斯	Barbados	Lands and Surveys Department	www. gov. bb
6-10	古巴	Cuba	Instituto de Geografía Tropical	www. geotech. cu
6-11	牙买加	Jamaica	National Spatial Data Management Division (NSDMD)	mwh. gov. jm

附录 2

世界各国家或地区坐标基准一览表

序号	国家或地区		坐标基准
1	阿富汗	Afghanistan	Herat North
2	阿尔巴尼亚	Albania	ALB 86
3	阿尔及利亚	Algeria	ED 50
4	安哥拉	Angola	Arc 50, Malongo 1987
5	安提瓜和巴布达	Antigua and Barbuda	Antigua Island Astro 1943, NAD 1927
6	阿根廷	Argentina	Campo Inchauspe, South American 1969
7	亚美尼亚	Armenia	SK-42
8	澳大利亚	Australia	Australian Geodetic 1966, 1984
9	奥地利	Austria	ED 50, ED 79
10	阿塞拜疆	Azerbaijan	SK-42, SK 63
11	巴哈马	Bahama Islands	Cape Canaveral, NAD 1927
12	巴林	Bahrain	Ain el ABD 1970
13	孟加拉国	Bangladesh	Indian
14	巴巴多斯	Barbados	NAD 1927
15	巴布达	Barbuda	NAD 1927
16	白俄罗斯	Belarus	SK-42, SGR95 RB
17	比利时	Belgium	ED 50
18	伯利兹	Belize	NAD 1927
19	贝宁	Benin	UTM
20	玻利维亚	Bolivia	Provisional South American 1956, South American 1969
21	波黑	Bosnia and Herzegovina	Hermannskogel 1871
22	博茨瓦纳	Botswana	Arc 1950

续上表

序号	国家或地区		坐 标 基 准
23	巴西	Brazil	Corrego Alegre, South American 1969
24	文莱	Brunei	Bukit Timbalai 1948, GDBD 2009
25	保加利亚	Bulgaria	ED 50, SK-42, BGS 2000
26	布基纳法索	Burkina Faso	Adindan, Point 58
27	布隆迪	Burundi	Arc 1950
28	柬埔寨	Cambodia	Indian 1975, CGD 03
29	喀麦隆	Cameroon	Adindan, Minna
30	加拿大	Canada	NAD 1927, NAD 1983
31	佛得角	Cape verde	1943 Lambert
32	乍得	Chad	Adindan
33	中国	China	Beijing 1954, Xi'an 1980, CGCS 2000
34	智利	Chile	Provisional South American 1956, South American 1969, PS Chile 1963
35	哥伦比亚	Colombia	Bogota Observatory, South American 1969
36	科摩罗	Comoros	Combani 1950
37	刚果(布)	Republic of the Congo	Point Noire 1948
38	库克群岛	Cook islands	Geodetic Datum 1949
39	科尔沃岛（亚速尔群岛）	Corvo Island（Azores）	Observatorio Meteorologico 1939
40	哥斯达黎加	Costa Rica	NAD 1927
41	科特迪瓦	Cote dlvoire	Abidjan
42	克罗地亚	Croatia	Hermannskogel 1871, Vienna 1892, SK-42, ED 50
43	古巴	Cuba	NAD 1927
44	塞浦路斯	Cyprus	ED 50, Cyprus 1935
45	捷克	Czech	SK-42, ED 87
46	丹麦	Denmark	ED 50
47	吉布提	Djibouti	Aybella Lighthouse
48	多米尼克	Dominica	BWI Grid
49	多米尼加	Dominican	NAD 1927, NAD 1983

序号	国家或地区		坐标基准
50	东帝汶	Timor-Leste	Timbalai 1948 , RGFTL
51	美国	United States	NAD 1927 , NAD 1983
52	厄瓜多尔	Ecuador	Provisional South American 1956 , South American 1969
53	埃及	Egypt	ED 50 , Old Egyptian
54	萨尔瓦多	El Salvador	NAD 1927 , NAD 1983
55	赤道几内亚	Equatorial Guinea	Annobón ; Bioko ; Rio Muni ; Rio Muni ; Gabon 1951 ; M' Poraloko
56	厄立特里亚	Eritrea	Massawa
57	爱沙尼亚	Estonia	SK-42 , TM Baltic 93
58	埃塞俄比亚	Ethiopia	Adindan
59	斐济	Fiji	FGD 86
60	芬兰	Finland	ED 50 , ED 79
61	法国	France	ED 50
62	加蓬	Gabon	M'poraloko
63	冈比亚	Gambia	GAI 1941
64	加纳	Ghana	Leigon
65	直布罗陀	Gibraltar	ED 50
66	希腊	Greece	ED 50
67	格林纳达	Grenada	Grenada 1953
68	关岛	Guam	Guam 1963
69	危地马拉	Guatemala	NAD 1927 , NAD1 983
70	几内亚	Guinea	Dabola
71	几内亚比绍	Guinea-Bissau	Bissau
72	圭亚那	Guyana	Provisional South American 1956 , South American 1969
73	洪都拉斯	Honduras	NAD 1927 , NAD 1983
74	匈牙利	Hungary	1972 EOVA
75	冰岛	Iceland	Hyorsey 1955
76	印度	India	Indian

续上表

序号	国家或地区		坐 标 基 准
77	印度尼西亚	Indonesia	Indonesian 1974
78	伊朗	Iran	ED 50
79	伊拉克	Iraq	ED 50
80	爱尔兰	Ireland	ED 50，Ireland 1965
81	以色列	Israel	ED 50
82	意大利	Italy	ED 50
83	牙买加	Jamaica	NAD 1927
84	日本	Japan	Tokyo
85	约旦	Jordan	ED 50
86	哈萨克斯坦	Kazakhstan	SK-42
87	肯尼亚	Kenya	Arc 1960
88	基里巴斯	Kiribati	1962 Abaiang
89	韩国	Korea	Tokyo
90	科威特	Kuwait	ED 50
91	吉尔吉斯斯坦	Kyrgyzstan	SK-42，KYRG-06
92	老挝	Laos	Vientiane 1982，Lao 1993，Lao 1997
93	拉脱维亚	Latvia	SK-42
94	黎巴嫩	Lebanon	ED 50
95	莱索托	Lesotho	Cape
96	利比里亚	Liberia	Liberia 1964
97	利比亚	Libya	ELD 79
98	立陶宛	Lithuania	SK-42，LKS 94
99	卢森堡	Luxembourg	ED 50
100	马其顿	Macedonia	Hermannskogel
101	马达加斯加	Madagascar	Tananarive Observatory
102	马来西亚	Malaysia	Timbalai 1948
103	马拉维	Malawi	Arc 1950
104	马尔代夫	Maldives，Republic of	Gan
105	马里	Mali	Adindan
106	马耳他	Malta	ED 50

续上表

序号	国家或地区		坐 标 基 准
107	马绍尔群岛	Marshall Islands	Wake Eniwetok 1960
108	毛里塔尼亚	mauritania	Mauritania 1999
109	墨西哥	Mexico	NAD 1927, NAD 1983
110	密克罗尼西亚联邦	Micronesia	Kusaie 1951
111	摩尔多瓦	Moldova	NAD 1927
112	蒙古	Mongolia	SK-42, MONREF 97
113	黑山	Montenegro	SK-42, ED 50, GRS 80
114	蒙特塞拉特	Montserrat	Montserrat Island Astro 1958
115	摩洛哥	Morrocco	Merchich
116	莫桑比克	Mozambique	Cape, MozNet/ITRF 94
117	缅甸	Myanmar	Indian 1960, Myanmar Datun 2000
118	纳米比亚	Namibia	Schwarzeck
119	尼泊尔	Nepal	Indian
120	荷兰	Netherlands	ED 50, ED 79
121	新西兰	New Zealand	Geodetic Datum 1949, NZGD 2000
122	尼加拉瓜	Nicaragua	NAD 1927
123	尼日尔	Niger	Point 58
124	尼日利亚	Nigeria	Minna
125	纽埃	Niue	Niue 1945, NGD 91
126	挪威	Norway	ED 50, ED 79
127	阿曼	Oman	Oman
128	巴基斯坦	Pakistan	Indian 1960
129	巴拿马	Panama	NAD 1927, SIR11P 01
130	巴布亚新几内亚	Papua New Guinea	Australian Geodetic 1966, PNG 94
131	巴拉圭	Paraguay	Chua Astro, South American 1969
132	秘鲁	Peru	Provisional South American 1956, South American 1969, PSAD 56
133	菲律宾	Philippines	Luzon
134	波兰	Poland	PN 42, UKŁAD 65
135	葡萄牙	Portugal	ED 50

续上表

序号	国家或地区		坐 标 基 准
136	卡塔尔	Qatar	Qatar National
137	罗马尼亚	Romania	SK-42，Stereo 70
138	俄罗斯	Russia	SK-42
139	卢旺达	Rwanda	Arc 1950
140	萨摩亚	Samoa	SGRS 2005
141	沙特阿拉伯	Saudi Arabia	Ain El Abd 1970，ED 50，Nahrwan
142	塞内加尔	Senegal	Adindan
143	塞尔维亚	Serbia	SK-42，ED 50，AGROS 2005
144	塞舌尔	Seychelles	Seychelles 1943
145	塞拉利昂	Sierra leone	Sierra leone 1960
146	新加坡	Singapore	Kertau 1948，South Asia
147	斯洛伐克	Slovakia	SK-42，ED 87
148	斯洛文尼亚	Slovenia	D 48/GK，D 96/TM
149	所罗门群岛	Solomon Islands	GUX1（1960）
150	索马里	Somalia	Afgooye
151	南非	South Africa	Cape
152	南苏丹	South sudan	Adindan
153	西班牙	Spain	ED 50，ED 79
154	斯里兰卡	Sri Lanka	Kandawala
155	苏丹	Sudan	Adindan
156	苏里南	Suriname	Zanderij
157	斯威士兰	Swaziland	Arc 1950
158	瑞典	Sweden	ED 50，ED 79
159	瑞士	Switzerland	ED 50，ED 79
160	叙利亚	Syria	ED 50，ED 79
161	塔吉克斯坦	Tajikistan	Osh 1901
162	坦桑尼亚	Tanzania	Arc 1960
163	泰国	Thailand	Indian 1975
164	多哥	Togo	Lomé
165	汤加	Tonga	TCSG 61，TGD 2005

续上表

序号	国家或地区		坐标基准
166	特立尼达和多巴哥	Trinidad and Tobago	Naparima, BWI; South American 1969
167	突尼斯	Tunisia	Carthage
168	土耳其	Turkey	TUD 54, TNFGN – TUTGA 2001
169	特克斯和凯科斯群岛	Turks and Caicos Islands	NAD 1927
170	乌干达	Uganda	Arc 1960
171	乌克兰	Ukraine	SK-42, HSGN
172	阿联酋	United Arab Emirates	Nahrwan
173	乌拉圭	Uruguay	Yacare
174	乌兹别克斯坦	Uzbekistan	SK-42
175	瓦努阿图	Vanuatu	IGN 1960, DOS 1965
176	委内瑞拉	Venezuela	Provisional South American 1956, South American 1969
177	越南	Vietnam	Indian
178	也门	Yemen	Aden
179	扎伊尔	Zaire	Arc 1950
180	赞比亚	Zambia	Arc 1950
181	津巴布韦	Zimbabwe	Arc 1950

参 考 文 献

［1］ 王黎,陈功,易祎,袁小勇.非洲测量的现状以及坐标系统的特点［J］.绿色科技,2009(9):67-68.

［2］ 宋紫春.非洲测量现状与大地基准的统—［J］.测绘科技通讯,1992(2):47-50.

［3］ Richard Wonnacott,The Africangeodetic reference frame ［J/OL］.gim-international,2016.

［4］ Koome,Derrick & Ogaja,Clement & Rubinov,Eldar. Developing Africa one CORS at atime ［R］.Hanoi,Vietnam :Geospatial Information for a Smarter Life and Environmental Resilience,2019.

［5］ Clifford J. Mugnier,Grids & Datums-Republicof the Sudan［J］.Photogrammetrice Ngineering & Remote Sensing,:2015,4:265-267.

［6］ Sami,Kamal,Sudan reference system［C］.Sudan Survey Authority Workshop,At Khartoum,2017.

［7］ Parker B A,The South African coordinate reference system (Part 1) ［J］.PositionIT,2011,11:22-25.

［8］ The Republic of South African. Standard for the National Control Survey Network (Reference Frame):QLAS. SD. 1_v1 ［S］.National Geo-spatial Information,2010.

［9］ Clifford J. Mugnier,Grids & Datums-The Republicof Senegal［J］.Photogrammetrice Ngineering & Remote Sensing,2010,5:523-524.

［10］ Clifford J. Mugnier,Grids & Datums-The Republicof Sierra Leone［J］.Photogrammetrice Ngineering & Remote Sensing,2012,2:103,109.

［11］ Clifford J. Mugnier,Grids & Datums-The Republic of Cote d'Ivoire［J］.Photogrammetrice Ngineering & Remote Sensing,2006,2:109.

［12］ Clifford J. Mugnier,Grids & Datums-Federal Republicof Somalia［J］.Photogrammetrice Ngineering & Remote Sensing,2013,9:775.

［13］ Clifford J. Mugnier,Grids & datums -The Republic of Cameroon［J］.Photogrammetric Engineering & Remote Sensing,2007,5:493-495.

［14］ Clifford J. Mugnier,Grids & Datums-The Republic of Seychelles［J］.Photogrammetrice Ngineering & Remote Sensing,2007,9:981,983.

[15] Clifford J. Mugnier. Grids & Datums-The Republic of Argentina[J]. Photogrammetric Engineering and Remote Sensing,1999,12:1361-1363.

[16] Clifford J. Mugnier,Grids & Datums-The Republicof Ghana[J]. Photogrammetrice Ngineering & Remote Sensing,2018,2:61-63.

[17] Clifford J. Mugnier,Grids & Datums-The Republic of Zambia[J]. Photogrammetrice Ngineering & Remote Sensing,2004,10:1113.

[18] Clifford J. Mugnier,Grids & Datums-The Republicof Mozambique[J]. Photogrammetrice Ngineering & Remote Sensing,2017,5:337-340.

[19] Paula Santos,J. Nuno Lima and J. L. Quembo. Adjustment of the classical terrestrial geodetic network of mozambique tied to ITRF[R],Accra,Ghana:Promoting Land Administration and Good Governance 5th FIG Regional Conference,2006.

[20] Clifford J. Mugnier,Grids & Datums-The Republicof Gabon[J]. Photogrammetrice Ngineering & Remote Sensing,2016,5:323-324.

[21] Clifford J. Mugnier,Grids & Datums-The Republicof Namibia[J]. Photogrammetrice Ngineering & Remote Sensing,2006,8:883-884.

[22] Rachel N. Haimene. Presentation of the Namibia zero order stations and information site for directorate of survey and mapping[D]. Gavle:Department of Technology and Built Environment,University of Gavle,2007.

[23] Clifford J. Mugnier,Grids & Datums-The Islamic Republicof Mauritania[J]. Photogrammetrice Ngineering & Remote Sensing,2009,6:641-642.

[24] 王俊,王夺,杨兆田.毛里塔尼亚努瓦克肖特新国际机场控制测量[J].勘察科学技术,2008(03):52-54.

[25] Clifford J. Mugnier,Grids & Datums-The Republicof Angola[J]. Photogrammetrice Ngineering & Remote Sensing,2001,3:253-257.

[26] Clifford J. Mugnier,Grids & Datums-The Republicof Djibouti[J]. Photogrammetrice Ngineering & Remote Sensing,2008,10:1183,1185,1189.

[27] 周玉辉.埃塞俄比亚亚吉铁路工程测量技术路线探讨[J].铁道勘察,2017,43(03):8-10+14.

[28] Elias Lewi,Roger Hipkin and Addisu Hunegnaw,M. Becker and S. Leinen,et al. The ethiopian reference system and the future direction[R]. Ethiopia:Economic Commission for Africa Addis Ababa,2009.

[29] Clifford J. Mugnier,Grids & Datums-Federal Democratic Republicof Ethiopia

[J]. Photogrammetrice Ngineering & Remote Sensing,2003,3:213.

[30] Clifford J. Mugnier,Grids & Datums-The Republic of Kenya[J]. Photogrammetrice Ngineering & Remote Sensing,2003,6:593,595,597.

[31] B N Owino,Survey of Kenya,kenya country report[R]. Dresden Germany :the 26th international cartographic conference,,2013.

[32] The Republic of Kenya. Geodetic report of Kenya[R]. 2000.

[33] Clifford J. Mugnier, Grids & Datums-Federal Republicof Nigeria[J]. Photogrammetrice Ngineering & Remote Sensing,2009,2:113,116.

[34] Peter,C. Nwilo,Joseph D. Dodo, et al. The nigerian geocentric datum (NGD 2012)[R]. Nigeria:Preliminary Results FIG Working Week 2013 Environment for Sustainability Abuja,2013.

[35] Clifford J. Mugnier,Grids & Datums-Republicof Chad[J]. Photogrammetrice Ngineering & Remote Sensing,2014,8:712-713.

[36] Clifford J. Mugnier,Grids & Datums-Republicof The Congo[J]. Photogrammetrice Ngineering & Remote Sensing,2010,3:233.

[37] Clifford J. Mugnier,Grids & Datums-Republicof Zimbabwe[J]. Photogrammetrice Ngineering & Remote Sensing,2003,11:1205-1206.

[38] Clifford J. Mugnier,Grids & Datums-Democratic and People Republicof Algeria [J]. Photogrammetrice Ngineering & Remote Sensing,2001,10:1113-1116.

[39] Dr. MAYUNGA,Selassie David and Dr. MTAMAKAYA,James Daniel,Thenew Tanzania geodetic reference frame (TAREF 11)[R]. Tanzania :Ministry of Lands,Housing and Human Settlements Development.

[40] Clifford J. Mugnier,Grids & Datums-Republicof BuRundi[J]. Photogrammetrice Ngineering & Remote Sensing,2009,11:1257-1258.

[41] Clifford J. Mugnier,Grids & Datums-Republicof Cabo Verde[J]. Photogrammetrice Ngineering & Remote Sensing,2010,8:883.

[42] Clifford J. Mugnier,Grids & Datums-Republicof Uganda[J]. Photogrammetrice Ngineering & Remote Sensing,2012,8:783,786.

[43] Clifford J. Mugnier,Grids & Datums-Republicof the Gambia[J]. Photogrammetrice Ngineering & Remote Sensing,2013,2:7-8.

[44] Clifford J. Mugnier,Grids & Datums-Togolese Republic[J]. Photogrammetrice Ngineering &Remote Sensing,2013,11:987-988.

[45] Clifford J. Mugnier,Grids & Datums-Republicof Rwanda [J]. Photogrammet-

rice Ngineering & Remote Sensing,2013,4:229-230.

[46] Clifford J. Mugnier, Grids & Datums-The Kingdomof Morocco[J]. Photogrammetrice Ngineering & Remote Sensing,2017,3:177-179.

[47] Clifford J. Mugnier, Grids & Datums-The Republicof Madagascar[J]. Photogrammetrice Ngineering & Remote Sensing,2000,2:142-144.

[48] Clifford J. Mugnier, Grids & Datums-Tunisian Republic[J]. Photogrammetrice Ngineering &Remote Sensing,2007,2:115-116.

[49] Clifford J. Mugnier, Grids & Datums-Great Socialist People's Libyan Arab Jamahiriya [J]. Photogrammetrice Ngineering &Remote Sensing, 2006, 6: 621-622.

[50] Clifford J. Mugnier, Grids & Datums-Arabr Republicof Egypt[J]. Photogrammetrice Ngineering & Remote Sensing,2008,11:1307-1309.

[51] Momath Ndiaye, Casestudies in SDI components (Geodetic datum, data transformations, cadastre, planning etc)[R]. Cairo, Egypt:From Pharaohs to Geoinformatics FIG Working Week 2005 and GSDI-8,2005.

[52] Mostafa Rabah, Ahmed Shaker, Magda Farhan. Towards a semi-kinematic datum for Egypt[J]. Cairo :Positioning,2015,8:49-60.

[53] Clifford J. Mugnier, Grids & Datums-Republicof equatorial Guinea[J]. Photogrammetrice Ngineering & Remote Sensing,2009,9:1043-1044.

[54] Clifford J. Mugnier, Grids & Datums-The Republicof Liberia[J]. Photogrammetrice Ngineering & Remote Sensing,2011,3:197-199.

[55] MOTLOTLO P. MATELA. The Lesotho geodetic control network [D], Durban :University of Natal,2001.

[56] Clifford J. Mugnier, Grids & Datums-Kingdom of Lesotho[J]. Photogrammetrice Ngineering & Remote Sensing,008,6:681-682.

[57] Clifford J. Mugnier. Grids & Datums-Federal Islamic Republicof the Comoros [J]. Photogrammetric Engineering & Remote Sensing. 2004,9:1009-1010.

[58] Clifford J. Mugnier, Grids & Datums-Republicof Benini[J]. Photogrammetrice Ngineering & Remote Sensing,2003,7:733,735,737.

[59] Clifford J. Mugnier, Grids & Datums-Republicof Mali[J]. Photogrammetrice Ngineering & Remote Sensing,2010,10:1104.

[60] Clifford J. Mugnier, Grids & Datums-Republicof Niger[J]. Photogrammetrice Ngineering & Remote Sensing,2011,11:1097-1098.

［61］ 陈俊勇. 韩国和马来西亚建立本国三维地心大地坐标系统的进展［J］. 测绘科学, 2002（02）: 7-9 +2.

［62］ Clifford J. Mugnier, Grids & Datums-The Republicof Korea［J］. Photogrammetric Engineering & Remote Sensing, 2017, 8: 537-539.

［63］ Kwon Jayhyoun, Korea geodetic framework for sustainable development［R］. Bangkok: Nineteenth United Nations Regional Cartographic Conference for Asia and the Pacific, 2012.

［64］ Clifford J. Mugnier, Grids & Datums-Mongolia［J］. Photogrammetric Engineering & Remote Sensing, 2016, 8: 589-561.

［65］ Clifford J. Mugnier, Grids & Datums-Republicof Singapore［J］. Photogrammetrice Ngineering & Remote Sensing, 2006, 2: 10-11.

［66］ Clifford J. Mugnier, Grids & Datums-Democratic Republicof Timor-Leste［J］. Photogrammetrice Ngineering & Remote Sensing, 2015, 7: 529-530.

［67］ 丁海元. 马来西亚沙巴州测绘概况［J］. 水利水电工程设计, 1998（3）: 52-53.

［68］ Clifford J. Mugnier, Grids & Datums-Malaysia［J］. Photogrammetrice Ngineering &Remote Sensing, 2009, 4: 345-346.

［69］ Jamil H. GNSS Heighting and its potential use in Malaysia［J］. GNSS Processing and Analysis, 2011, 5: 5410.

［70］ Malaysia. Statusof surveying and mapping in Malaysia［R］. New York: Nineteenth United Nations Regional Cartographic Conference for Asia and the Pacific, 2012.

［71］ Departmentof Survey and Mapping Malaysia. A Country Report on the Geodetic and Tidal Activities in Malaysia［R］. Kuala Lumpur: Country Report MALAYSIA GLOSS 7th, 2001.

［72］ Kamaludin Mohd. Omar, Shahrum Ses, azhari mohamed. Enhancement of height system for Malaysia using space technology: the study of the datum bias inconsistencies in peninsular malaysia［R］. FACULTY OF GEOINFORMATION SCIENCE AND ENGINEERING UNIVERSITI TEKNOLOGI MALAYSIA 81310 UTM SKUDAI JOHOR, 2005.

［73］ Clifford J. Mugnier, Grids & Datums-Stateof Burma［J］. Photogrammetric Engineering & Remote Sensing: 2013, 10: 887-890.

［74］ Clifford J. Mugnier, Grids & Datums-Kingdomof Cambodia［J］. Photogrammetrice Ngineering & Remote Sensing, 2008, 5: 569-571.

[75] Clifford J. Mugnier, Grids & Datums-The Socialist Republicof Vietnam [J]. Photogrammetric Engineering & Remote Sensing, 2002, 5: 403, 405.

[76] Emelie Nilsson & Anna-Karin Svensson, An ArcGIS tutorial concerning transformations of geographic coordinate systems, with a concentration on the systems used in Lao PDR [R]. Lund university, The department of physical geography and ecosystem analysis, 2004.

[77] Clifford J. Mugnier, Grids & Datums-The Lao People's Democratic Republic [J]. Photogrammetrice Ngineering &Remote Sensing, 2007, 4: 343-344.

[78] Suominen K, Strengthening National geographic services in Lao PDR[J]. Spatial Data Infrastructures III, 2011, 5: 5298.

[79] Survey Department, Ministryof Development, A technical manual of the geocentric datum brunei darussalam 2009 (GDBD2009): Version 1.1 [S]. 2009.

[80] Clifford J. Mugnier, Grids & Datums-Islamic Republicof Pakistan[J]. Photogrammetrice Ngineering & Remote Sensing, 2009, 7: 753-754.

[81] S. M. P. P. Sangakkara. 09th Session of the UN Committee of Experts on Global Geospatial Information Management Country Report -Sri Lanka [R]. New York, 2019.

[82] Clifford J. Mugnier, Grids & Datums-People's Republicof Bangladesh[J]. Photogrammetrice Ngineering & Remote Sensing, 2008, 3: 273.

[83] Clifford J. Mugnier, Grids & Datums-Republicof Maldives [J]. Photogrammetrice Ngineering & Remote Sensing, 2006, 7: 729.

[84] Clifford J. Mugnier, Grids & Datums-The United Arab Emirates [J]. Photogrammetrice Ngineering &Remote Sensing, 2001, 2: 143.

[85] Clifford J. Mugnier, Grids & Datums-Stateof Kuwait[J]. Photogrammetric Engineering & Remote Sensing, 2010, 12: 1305-1306.

[86] 宋紫春. 土耳其大地测量的现状[J]. 测绘科技通讯, 1993(01): 16-19.

[87] Turkish national union of geodesy and geophysics national report of geodesy commission of Turkey 1999- 2003[R]. XXIII. GENERAL ASSEMBLY of the INTERNATIONAL UNION of GEODESY and GEOPHYSICS, 2003.

[88] Clifford J. Mugnier, Grids & Datums-Stateof Qatar[J]. Photogrammetric Engineering & Remote Sensing, 2008, 2: 11-12.

[89] Rashid AL ALAWI, Audrey MARTIN. An assessment of the accuracy of precise

point positioning in remote areas in Oman[R]. Bulgaria:FIG Working Week 2015,From the Wisdom of the Ages to the Challenges of the Modern World Sofia,2015.

[90] Clifford J. Mugnier,Grids & Datums-The Lebanese Republic[J]. Photogrammetric Engineering & Remote Sensing,2002,10:977-979.

[91] Clifford J. Mugnier,Grids & Datums-KingdomOF Saudi Arabia[J]. Photogrammetric Engineering & Remote Sensing,2008,8:949-951.

[92] Clifford J. Mugnier,Grids & Datums-Stateof Bahrain[J]. Photogrammetric Engineering & Remote Sensing,2007,10:1097.

[93] Clifford J. Mugnier,Grids & Datums-Islamic Republicof Iran[J]. Photogrammetric Engineering & Remote Sensing,2013,8:683-684.

[94] National Cartographic Centerof Iran (NCC),National report -Iran[R]. Bangkok,:Eighteenth United Nations Regional Cartographic Conference for Asia and the Pacific,2009.

[95] Clifford J. Mugnier,Grids & Datums-Republicof Iraq[J]. Photogrammetric Engineering & Remote Sensing,2014,11:1017-1018.

[96] Clifford J. Mugnier, Grids & Datums-Islamic Stateof Afghanistan [J]. Photogrammetric Engineering & Remote Sensing,2004,2:63-65.

[97] Clifford J. Mugnier, Grids & Datums-The Republicof Azerbaijan [J]. Photogrammetric Engineering & Remote Sensing,2010,9:988.

[98] Clifford J. Mugnier,Grids & Datums-GeorGia[J]. Photogrammetric Engineering & Remote Sensing,2012,6:548-550.

[99] Clifford J. Mugnier,Grids & Datums-Republicof Armenia [J]. Photogrammetric Engineering & Remote Sensing,2014,10:927-928.

[100] Clifford J. Mugnier,Grids & Datums-The Republicof Kazakhstan[J]. Photogrammetric Engineering & Remote Sensing,2010,4:351-352.

[101] Clifford J. Mugnier, Grids & Datums-Kyrgyz Republic[J]. Photogrammetric Engineering & Remote Sensing,2014,9:827-831.

[102] Huaan Fan,Akylbek Chymyrov,Coordinate transformation between SK-63 and ITRF in Kyrgyzstan[R]. Urumqi,China:Roceedings of the GIS in Central Asia Conference -GISCA 2015,2015.

[103] Clifford J. Mugnier,Grids & Datums-Republicof Tajikistan[J]. Photogrammetric Engineering & Remote Sensing,2014,11:1099-1100.

［104］ Clifford J. Mugnier,Grids & Datums-Republicof Uzbekistan［J］. Photogram-metric Engineering & Remote Sensing,2016,7:473-474.

［105］ Royal Thai Survey Department. Report of Thailand on cartographic activities ［R］. Bangkok:Seventeenth United Nations Regional Cartographic Conference for Asia and the Pacifi,2006.

［106］ 张冠军,匡团结,张志刚. 泰国铁路测绘技术现状与思考［J］. 铁道勘察, 2015,41(06):32-35.

［107］ Clifford J. Mugnier,Grids & Datums-Republicof Indonesia［J］. Photogrammet-rice Ngineering & Remote Sensing,2009,4:344-345.

［108］ Parluhutan Manurung,Joko Ananto,And Sri Handayani. Realtime coastal sea level network supporting indonesian tsunami early warning system［R］. Aus-tralia :IUGG General Assembly Melbourne,2011.

［109］ Hasanuddin Z. Abidin,Heri Andreas,Irwan Gumilar,et al. On the use of GPS CORS for cadastral survey in indonesia［J］. GNSS CORS Networks Case Studies,2011.

［110］ Charisma Victoria D. Status of the geodetic infrastructure of the Philippines ［R］. Manila,Philippines:IAG/FIG/UNGGIM/UNICG/PhilGEGS Reference Frame in Practice,2013.

［111］ 张志刚. 菲律宾北吕宋铁路工程平面控制测量［C］. 中国测绘学会 2012 工程测量分会年会论文集. 2012.

［112］ The Royal Thai Survey Department. Thailand report on the geodetic work ［R］. Sapporo,Japan:International Union of Geodesy and Geophysics,2003.

［113］ Indonesian National Committee. Indonesian national committee country report ［R］,Beijing:International Union of Geodesy and Geophysics,2011.

［114］ Standar Nasional Indonesia,Jaring kontrol vertikal dengan metode sipatdatar: SNI 19-6988-2004［S］. Jakarta:Pusat Sistem Jaringan dan Standardisasi Data Spasial Badan Koordinasi Survei dan Pemetaan Nasional,2004.

［115］ Junl Pilapil La Putt. Highersurveying ［M］. Baguio City,Philippines:Baguio Reseanch and Publishing Center,2008.

［116］ 党亚民,陈俊勇. 国际大地测量参考框架技术进展［J］. 测绘科学,2008 (01):33-36 +246.

［117］ 陈俊勇. 大地坐标框架理论和实践的进展［J］. 大地测量与地球动力学, 2007(01):1-6.

[118] Clifford J. Mugnier, Grids & Datums-Republicof Cyprus［J］. Photogrammetric Engineering & Remote Sensing,2006,4:343,345.

[119] Clifford J. Mugnier, Grids & Datums-Russian Federation［J］. Photogrammetric Engineering & Remote Sensing,2015,10:759-761.

[120] 白鸥,俄罗斯国家测绘发展综述[J].测绘文摘,2004(03):7-11.

[121] 白鸥,俄罗斯国家测绘局与军事测绘局互利合作的问题[J].测绘文摘,2005(04):2-3.

[122] Clifford J. Mugnier, Grids & Datums-Republicof Austria［J］. Photogrammetric Engineering & Remote Sensing,2004,3:265-266.

[123] 肖学年,朱鸿清.奥利地的大地测量工作[J].测绘标准化,1995(04):28-34.

[124] Clifford J. Mugnier, Grids & Datums-The Hellenic Republic［J］. Photogrammetric Engineering & Remote Sensing,2002,12:1237-1238.

[125] Vassilios D. Andritsanos, Michail Gianniou and Dimitra I. Vassilaki. Effect of the transformation between global and national geodetic reference systems on gcps and cps accuracy［R］. Sweden:35th EARSeL Symposium-European Remote Sensing,2015.

[126] Clifford J. Mugnier, Grids & Datums-The Republicof Poland［J］. Photogrammetric Engineering & Remote Sensing,2018,5:243-245.

[127] 无.波兰大地测量和专题制图技术及管理[J].测绘科技通讯,1990,13(2):31-35.

[128] Gosto.,M,赵吉先.南斯拉夫地籍图的发展[J].华东地质学院学报,1993(03):212-240.

[129] Clifford J. Mugnier, Grids & Datums-Republic Czech［J］. Photogrammetric Engineering & Remote Sensing,2017,10:663-665.

[130] J. Douša, V. Filler, J. Kostelecký jr., J. Kostelecký, V. Pálinkáš, J. Šimek, P. Štěpánek, P. Václavovic, M. Lederer, J. Nágl, J. Řezníček 2,EU-REF Related Activities in the Czech Republic 2016-2017 National Report［R］. Wroclaw, Poland:Symposium of the IAG Subcommission for Europe-EUREF 2017,2017.

[131] Koleva M,Anchev A. National Report of Bulgaria［J］. 2004:2:232-235.

[132] Clifford J. Mugnier, Grids & Datums-Republicof Bulgaria［J］. Photogrammetrice Ngineering & Remote Sensing,2002,2:20-21.

[133] Clifford J. Mugnier, Grids & Datums-Slovak Republic[J]. Photogrammetrice Ngineering &Remote Sensing,2011,7:663-664.

[134] Clifford J. Mugnier, Grids & Datums-Republicof Albania[J]. Photogrammetrice Ngineering & Remote Sensing,2012,2:5-6.

[135] Pal NIKOLLI, Bashkim IDRIZI, Coordinate Reference Systems Used in Albania to Date [R]. Morocco :FIG Working Week 2011, Bridging the Gap between Cultures Marrakech, ,2011,5:18-22.

[136] Clifford J. Mugnier, Grids & Datums-Republicof Croatia[J]. Photogrammetrice Ngineering & Remote Sensing,2012,7:662-663.

[137] Rozic N, Razumovic I. Vertical crustal movements on the territory of the Croatia, Bosnia and Hercegovina, and Slovenia[J]. Bollettino di Geodesia e Scienze Affini,2010,69(2-3):195-209. .

[138] Marinko Bosiljevac and Marijan Marjanovi ć, Newofficial geodetic datum of croatia and CROPOS system as its implementation[R]. Munich :XXIII FIG Congress,2006.

[139] Clifford J. Mugnier, Grids & Datums-Boznia and Herzegovina[J]. Photogrammetrice Ngineering &Remote Sensing,2013,3:229-230.

[140] Clifford J. Mugnier, Grids & Datums-Republicof Estonia [J]. Photogrammetrice Ngineering & Remote Sensing,2007,8:869-870.

[141] Ivars Aleksejenko, Janis Kaminskis, Janis Sakne. Levelling network connection between latvia and lithuania, environmental engineering [C]. Vilnius, Lithuania :The 8 th International Conference,2011:5:1269-1277.

[142] Clifford J. Mugnier, Grids & Datums-Republicof Lithuania [J]. Photogrammetrice Ngineering & Remote Sensing,2008,12:1455.

[143] Clifford J. Mugnier, Grids & Datums-Republicof Slovenia [J]. Photogrammetrice Ngineering & Remote Sensing,2011,10:975.

[144] Geodeticdata exchange between hungary and slovenia[R]. Draft document prepared for the GURS － FÖMI meeting at Lentihegy,2008.

[145] Clifford J. Mugnier, Grids & Datums-Republicof Hungary [J]. Photogrammetrice Ngineering & Remote Sensing,2017,2:14-16.

[146] György Busics -Mihály Ágfalvi, Thenew role of geodetic networks in Hungary [R]. Hanoi, Vietnam :7th FIG Regional Conference Spatial Data Serving People,2009.

［147］ Clifford J. Mugnier, Grids & Datums-Republicof Macedonia［J］. Photogrammetrice Ngineering & Remote Sensing,2012,5:449-450.

［148］ Clifford J. Mugnier, Grids & Datums-ROMÂNIA［J］. Photogrammetrice Ngineering &Remote Sensing,2001,5:545-546.

［149］ Clifford J. Mugnier, Grids & Datums-The Republicof Latvia［J］. Photogrammetrice Ngineering & Remote Sensing,2002,9:881-882.

［150］ Clifford J. Mugnier, Grids & Datums-Ukraine［J］. Photogrammetrice Ngineering &Remote Sensing,2004,6:667-668.

［151］ Clifford J. Mugnier, Grids & Datums-Republicof belaRus［J］. Photogrammetrice Ngineering & Remote Sensing,2013,2:115-116.

［152］ Clifford J. Mugnier, Grids & Datums-Republicof Moldova［J］. Photogrammetrice Ngineering & Remote Sensing,2013,5:403,405.

［153］ International Committee on Global Navigation Satellite Systems. Development of geodetic databases for MOLDPOS services［R］. Vienna :United Nations International Meeting on the Applications of GNSS,2011.

［154］ Clifford J. Mugnier, Grids & Datums-Republicof Malta［J］. Photogrammetrice Ngineering & Remote Sensing,2010,7:756.

［155］ Clifford J. Mugnier, Grids & Datums-The Portuguese Republic［J］. Photogrammetrice Ngineering &Remote Sensing,2002,4:305,307.

［156］ Clifford J. Mugnier, Grids & Datums-Italian Republic［J］. Photogrammetrice Ngineering &Remote Sensing,2005,8:889-890.

［157］ 宋紫春. 意大利大地坐标系统简述［J］. 测绘科技通讯,1996(03):12-15.

［158］ Clifford J. Mugnier, Grids & Datums-Grand Duchyof Luxembourg［J］. Photogrammetrice Ngineering & Remote Sensing,2005,11:1248.

［159］ Clifford J. Mugnier, Grids & Datums-New Zealand［J］. Photogrammetrice Ngineering &Remote Sensing,2005,5:547-549.

［160］ Clifford J. Mugnier, Grids & Datums-Independent Stateof Papau New Guinea ［J］. Photogrammetrice Ngineering & Remote Sensing,2005,3:249-251.

［161］ Clifford J. Mugnier, Grids & Datums-The Islandsof samoa［J］. Photogrammetrice Ngineering & Remote Sensing,2011,8:763-764.

［162］ Clifford J. Mugnier, Grids & Datums-Niue［J］. Photogrammetrice Ngineering &Remote Sensing, April 2001,4:427-429.

［163］ David Chang, Development on modernisation of Fiji's geodetic datum（E/

CONF. 104/IP. 8）［R］. Chejudo：20th United Nations Regional Cartographic Conference for Asia and the Pacific，2015.

［164］ Clifford J. Mugnier，Grids & Datums-Federated Statesof Micronesia［J］. Photogrammetrice Ngineering & Remote Sensing，2014，7：607-608.

［165］ Vaipo Mataora，Status of geodetic infrastructure in the pacific region—Cook slands［R］. FIG Commission 5 Position and Measurement United Nations Global Geospatial Information Management— Asia Pacific，2013.

［166］ Clifford J. Mugnier，Grids & Datums-Kingdomof Tonga［J］. Photogrammetrice Ngineering & Remote Sensing，2014，5：394，404.

［167］ Viliami Folau，Tonga's geodetic infrastructure current status［J］. Nuku'alofa： Geodetic Survey Services Ministry of Lands and Natural Resources Tonga，2017.

［168］ Clifford J. Mugnier，Grids & Datums-Republicof Vanuatu［J］. Photogrammetrice Ngineering & Remote Sensing，2004，4：387-388.

［169］ Clifford J. Mugnier，Grids & Datums-Solomon Islands［J］. Photogrammetrice Ngineering &Remote Sensing，2014，6：495-496.

［170］ Clifford J. Mugnier，Grids & Datums-The Republicof Kiribati［J］. Photogrammetrice Ngineering & Remote Sensing，2002，8：780，783-784.

［171］ 党亚民，陈俊勇. 国际大地测量参考框架技术进展［J］. 测绘科学，2008 （S2）：3-6.

［172］ Clifford J. Mugnier，Grids & Datums-Republicof Chile［J］. Photogrammetrice Ngineering & Remote Sensing，2007，2：11.

［173］ Clifford J. Mugnier，Grids & Datums-Co-operative Republicof Guyana［J］. Photogrammetrice Ngineering & Remote Sensing，2003，4：321.

［174］ Clifford J. Mugnier，Grids & Datums-Republicof Bolivia ［J］. Photogrammetrice Ngineering & Remote Sensing，2001，7：777-778.

［175］ Clifford J. Mugnier，Grids & Datums-The Oriental RepublicOf Uruguay［J］. Photogrammetrice Ngineering & Remote Sensing，2002，11：1127，1141.

［176］ Clifford J. Mugnier，Grids & Datums-The Bolivarian Republicof Venezuela ［J］. Photogrammetrice Ngineering & Remote Sensing，2000，12：1406-1408.

［177］ 胡茂林. 委内瑞拉国家测绘系统简介［J］. 电力勘测设计，2017（S1）： 70-73.

［178］ Clifford J. Mugnier，Grids & Datums-Republicof Suriname［J］. Photogrammetrice Ngineering & Remote Sensing,2002,3:211.

[179] Clifford J. Mugnier, Grids & Datums-The Republicof Ecuador[J]. Photogrammetrice Ngineering & Remote Sensing,2017,2:81-82.

[180] Clifford J. Mugnier, Grids & Datums-Republicof Peru[J]. Photogrammetrice Ngineering & Remote Sensing,2006,5:495-496.

[181] Clifford J. Mugnier, Grids & Datums-Republicof Costa Rica [J]. Photogrammetrice Ngineering & Remote Sensing,2008,4:391-393.

[182] Clifford J. Mugnier, Grids & Datums-Republicof Panama[J]. Photogrammetrice Ngineering & Remote Sensing,2007,7:733-734.

[183] Clifford J. Mugnier, Grids & Datums-Republicof El Salvador[J]. Photogrammetrice Ngineering & Remote Sensing,2005,7:785.

[184] Clifford J. Mugnier, Grids & Datums-Dominican Republic [J]. Photogrammetrice Ngineering & Remote Sensing,005,12:1352.

[185] Clifford J. Mugnier, Grids & Datums-The Republicof Trinidad and Tobago [J]. Photogrammetrice Ngineering & Remote Sensing,2000,11:1307-1308.

[186] Keith M Miller, Tyrone Leong, Silburn Clarke, A new geodetic infrastructure for Trinidad and Tobago[C]. London:Cambridge Conference Ordnance Surveys,2007.

[187] Clifford J. Mugnier, Grids & Datums-Antigua and Barbuda [J]. Photogrammetrice Ngineering &Remote Sensing,2003,9:943-944.

[188] Clifford J. Mugnier, Grids & Datums-Commonwealthof Dominica[J]. Photogrammetrice Ngineering & Remote Sensing,2012,4:293.

[189] Clifford J. Mugnier, Grids & Datums-Grenada[J]. Photogrammetrice Ngineering &Remote Sensing,2005,2:127-129.

[190] Clifford J. Mugnier, Grids & Datums-Barbados[J]. Photogrammetrice Ngineering &Remote Sensing,2007,6:605.

[191] Clifford J. Mugnier, Grids & Datums-Republicof Cuba[J]. Photogrammetrice Ngineering & Remote Sensing,June 2010,6:644-645.

[192] Trevor Shaw, The Status of The Geodetic Infrastructure for Jamaica[R]. Surveys and Mapping National Land Agency Jamaica,2013.

[193] Clifford J. Mugnier, Grids & Datums-Jamaica[J]. Photogrammetrice Ngineering &Remote Sensing,2003,5:497-500.

[194] 孔祥元,郭际明,刘宗泉. 大地测量学基础[M]. 南京:武汉大学出版

社,2006.

[195] 孙达,蒲英霞.地图投影[M].南京:南京大学出版社,2005.

[196] 孔祥元,梅是义.控制测量学[M].武汉:武汉大学出版社,2002.

[197] 陈永奇,张正禄,等.高等应用测量[M].武汉:武汉测绘科技大学出版
社,1996.

[198] 宁津生,等.地球重力场模型理论[M].武汉:武汉武汉测绘科技大学出
版社,1990

[199] 岳建平,田林亚.变形监测技术与应用[M].北京:国防工业出版社,2007

[200] 顾毓生.国际测绘工程承包实践[M].北京:煤炭工业出版社,1996

[201] 中国铁路设计集团有限公司.铁路工程测量手册[M].北京:中国铁道出
版社,2018

[202] 中华人民共和国铁道部.高速铁路工程测量规范:TB 10601—2009 [S].
北京:中国铁道出版社,2009.

[203] 国家铁路局.铁路工程测量规范:TB 10101—2018 [S].北京:中国铁道出
版社,2018.

[204] 中华人民共和国国家质量监督检验检疫总局,中国国家标准化管理委员
会.大地测量术语:GB/T 17159—2009 [S].北京:中国标准出版
社,2009.

[205] 国家测绘地理信息局.大地测量控制点坐标转换技术规范:CH/T 2014—
2016 [S].北京:测绘出版社,2017.

[206] 中华人民共和国住房和城乡建设部.建筑变形测量规范:JGJ 8—2016
[S].北京:中国建筑工业出版社,2016.

[207] 中华人民共和国住房和城乡建设部.工程摄影测量规范:GB 50167—
2014 [S].北京:中国计划出版社,2014.

[208] 国家测绘地理信息局.机载激光雷达数据获取规范:CH/T 8024—2011
[S].北京:测绘出版社,2011.

[209] Federal Geodetic Control Committee. Standards and specifications for geodetic
control networks[S]. Rockville, Maryland,1984.

[210] Departmentof The ARMY US Army Corps of Engineers, Engineering and de-
sign geodetic and control surveying: EM 1110-1-1004 [S].
Washington,2002.

[211] Departmentof The ARMY US Army Corps of Engineers, Engineering and de-
sign control and topographic surveying : EM 1110-1-1005 [S].

Washington,2007.

[212] 南珂.实施境外工程常见风险及应对策略[J].建筑技术开发,2016 (05):133-135.

[213] 张冠军.国外铁路工程测量中 UTM 投影变形的计算与分析[J].工程勘察,2012(增刊):121-124.

[214] 宋紫春.越南测绘概览[J].解放军测绘研究所学报,2002,22(3):54-58.

[215] Geomaticsguidance note number 7,part 2,Coordinate conversions and transformations including formulas:IOGP Publication 373-7-2 [Z].2019.

[216] 党亚民,陈俊勇.国际大地测量参考框架技术进展[J].测绘科学,2008, 33(1).

[217] 李亚磊,刘晗.兰勃特投影在东西向高速铁路中的应用研究[J].测绘与空间地理信息,2017,40(09):216-219+224.

[218] 李建成,褚永海,徐新禹.区域与全球高程基准差异的确定[J].测绘学报,2017,46(10):1262-1273.

[219] 丁剑,许厚泽,章传银.基于大地水准面经典定义的地球重力场模型评价[J].中国科学院大学学报,2016,33(04):528-536.

[220] 郭金运.基于星载 GPS 的低轨卫星动力学定轨和地球重力场模型解算[M].西安:西安地图出版社,2006.

[221] 高攀,郭斐,吕翠仙,等.精密单点定位在线 GNSS 数据处理精度比较分析[J].全球定位系统,2011,(3):21-25.

[222] 李黎,戴吾蛟,李浩军,等.AUSPOS 在线定位系统研究分析[J].全球定位系统,2008(5):43-46.